AUF DER SERVIETTE ERKLÄRT

Für Isabelle.

*Du hast dieses Buch lange vor mir kommen sehen,
und du hast es auf jede Weise durchgesehen. Das nenne ich Liebe.*

AUF DER SERVIETTE ERKLÄRT

Probleme lösen und Ideen verkaufen mithilfe von Bildern

DAN ROAM

Bibliografische Information der Deutschen Nationalbibliothek
Die Deutsche Nationalbibliothek verzeichnet diese Publikation in der Deutschen Nationalbibliografie. Detaillierte bibliografische Daten sind im Internet über http://dnb.d-nb.de abrufbar.

Für Fragen und Anregungen
info@redline-verlag.de

Neuauflage 2019
8. Auflage 2019

Nymphenburger Straße 86
D-80636 München
Tel.: 089 651285-0
Fax: 089 652096

Die amerikanische Originalausgabe erschien 2008 bei Portfolio (Penguin Group, USA) unter dem Titel *The Back of the Napkin.*

Übersetzung: Jordan Wegberg, Berlin
Umschlaggestaltung: Laura Osswald, München
Satz: Andreas Linnemann, München
Druck: Florjancic Tisk d.o.o., Slowenien
Printed in EU

ISBN Print 978-3-86881-762-1
ISBN E-Book (PDF) 978-3-96267-146-4
ISBN E-Book (EPUB, Mobi) 978-3-96267-147-1

Weitere Informationen zum Verlag finden Sie unter
www.redline-verlag.de
Beachten Sie auch unsere weiteren Verlage unter www.m-vg.de

INHALTSVERZEICHNIS

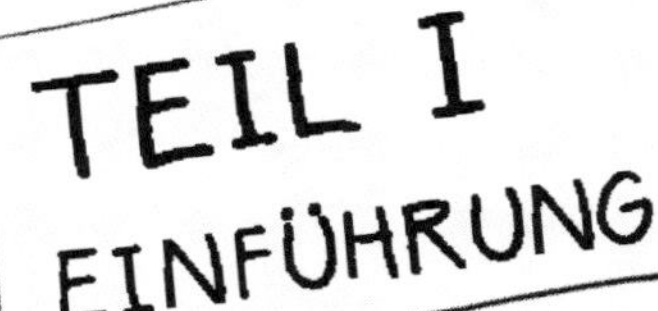

Jederzeit, jeder, überall:
Problemlösung mithilfe von Bildern

KAPITEL 1

Das Geschäft mit anderen Augen sehen

Welches ist das schlimmste geschäftliche Problem, das Sie sich vorstellen können? Ist es ein globales und teures oder ein kleines und persönliches? Ist es politisch, technisch oder emotional? Geht es um Geld, Prozesse oder Menschen? Hat es seine Ursachen im Alltagsgeschäft Ihres Unternehmens oder schwebt es hoch oben im konzeptionellen Äther? Ist Ihnen das Problem wohlbekannt, das Sie vor Augen haben, oder haben Sie sich nie zuvor damit befasst?

Ich wette, Sie können ein Problem vorbringen, auf das alle diese Kriterien zutreffen. Ich kann das jedenfalls: als Leiter von Unternehmen in San Francisco, Moskau, Zürich und New York hatte ich selbst mit Problemen dieses gesamten Spektrums zu tun – und sah viele andere, mit denen Kollegen zu tun hatten, Vorgesetzte, Angestellte und Kunden. Es stimmt: Der Kern der Geschäftsführung ist die Kunst der Problemlösung.

Was wäre, wenn es eine Methode gäbe, um Probleme schneller zu erkennen, intuitiver zu begreifen, souveräner damit umzugehen und anderen schneller zu vermitteln, was wir entdeckt haben? Was wäre, wenn es eine Methode gäbe, um die Lösung geschäftlicher Probleme effizienter, effektiver und – so ungern ich das auch sage – vielleicht sogar ein bisschen *amüsant* zu machen? Es gibt eine.

Sie nennt sich visuelles Denken, und darum dreht sich dieses Buch: um das Lösen von Problemen mithilfe von Bildern.

Das ist mein Elevator Pitch:

Visuelles Denken heißt, Ihr inneres Sehvermögen zu nutzen – sowohl mit den Augen als auch mit Ihrer Vorstellungskraft –, um Ideen zu entdecken, die sonst unsichtbar sind, diese Ideen schnell und intuitiv zu entwickeln und sie anderen dann so zu vermitteln, dass diese sie leicht begreifen.

Das ist alles. Willkommen bei einer ganz neuen geschäftlichen Sichtweise.

»Ich bin nicht so der visuelle Typ«

Ehe ich Ihnen einen kurzen Überblick über dieses Buch gebe, lassen Sie mich mit dem Wichtigsten beginnen: Die Problemlösung mithilfe von Bildern hat nichts mit künstlerischer Ausbildung oder Talent zu tun. Wirklich – *nichts.* Ich betone das ausdrücklich, denn jedes Mal, wenn ich in einem Unternehmen die Problemlösung mit Bildern vorstellen soll oder mich mit Geschäftsleuten über visuelles Denken unterhalte, sagt irgendjemand: »Warten Sie mal. Für mich ist das nichts – ich bin nicht so der visuelle Typ.«

Woraufhin ich sage: »Okay, prima, dann lassen Sie es mich mal so sagen: Wenn Sie in der Lage waren, heute Morgen diesen Raum zu betreten, ohne auf die Nase zu fallen, dann garantiere ich Ihnen, dass Sie ein genügend visueller Typ sind, um alles zu verstehen, über das wir reden, und einen Nutzen daraus zu ziehen.«

Tatsächlich ist es so (aus Gründen, die wir im Verlauf dieses Buchs untersuchen werden), dass die Leute, die zuerst sagen »Ich kann aber nicht zeichnen«, am Ende fast immer die aussagekräftigsten Bilder erschaffen. Wenn Sie also von Ihren zeichnerischen Fähigkeiten nicht überzeugt sind, legen Sie dieses Buch bitte noch nicht aus der Hand. Blättern Sie stattdessen direkt weiter zur Seite 36 – wenn

Sie das Kästchen, den Pfeil und das Strichmännchen zeichnen können, die Sie dort sehen, ist dieses Buch das Richtige für Sie.

Visuelles Denken in vier Lektionen

Jetzt erkläre ich Ihnen, wie dieses Buch funktioniert. *Auf der Serviette erklärt* ist in vier Teile gegliedert – diese Einleitung und dann jeweils ein Teil für das *Entdecken* von Ideen, das *Entwickeln* von Ideen und das *Verkaufen* von Ideen, alles nur mithilfe unserer Augen, unserer Vorstellungskraft, unserer Hände, eines Stiftes und eines Zettels. (Ein Whiteboard geht auch.)

In dieser Einleitung definieren wir, über welche *Probleme* wir eigentlich reden (jedes Einzelne), über welche *Bilder* wir sprechen (sehr einfache) und *wer* das überhaupt kann (wir alle). Dann werden wir sehen, wie das geht – obwohl unsere angeborenen Fähigkeiten des visuellen Denkens unterschiedlich sind –, und wir werden sogar eine kurze Checkliste durcharbeiten, die uns besser begreifen lässt, zu welcher Sorte von visuellen Denkern wir gehören. Anschließend sprechen wir darüber, wie einfach der Prozess visuellen Denkens eigentlich ist und dass wir im Grunde jeden einzelnen Schritt bereits kennen.

In Teil II, Ideen entdecken, betrachten wir die Grundlagen guten visuellen Denkens: wir lernen *besser hinzusehen, gründlicher zu betrachten* und uns die Dinge *deutlicher vorzustellen.* Dann machen wir uns mit den Grundwerkzeugen visuellen Denkens vertraut: SQVID (das unser Gehirn zu visueller Wahrnehmung zwingt, ob wir wollen oder nicht), dem <6><6>-Modell (das uns dabei hilft, das Gesehene in das umzuwandeln, was wir zeigen wollen) und dem Kodex visuellen Denkens (eine Art Spickzettel für den Einstieg in jedes Bild, das wir uns nur vorstellen können).

In Teil III, Ideen entwickeln, nehmen wir eine Seite aus einem typischen MBA-Programm und arbeiten uns Schritt für Schritt durch eine Fallstudie aus dem

Geschäftsbereich – und wir werden auf dieser Seite *zeichnen*. Wenn wir damit fertig sind, haben wir die sechs grundlegenden Schemata von Problemlösungs-Bildern in der Praxis erprobt – und so ganz nebenbei ein Unternehmen gerettet.

Schließlich kommen wir zum letzten Teil, Ideen verkaufen, wo wir alles zusammenfassen, um eine Verkaufspräsentation zu erstellen und zu halten, die keine Computer, keine Software, keinen Projektor und keine bunten Handzettel erfordert – nur uns, den Kunden, eine große Schautafel und eine Menge wohldurchdachter Ideen.

Wie alles begann: Englisches Frühstück (oder Wie visuelles Denken meinen Speck rettete)

Als ich Sie weiter oben bat, sich das schlimmstmögliche geschäftliche Problem vorzustellen, dachte ich meinerseits an eine bestimmte Herausforderung, der ich vor einigen Jahren gegenüberstand, ein Ereignis, das mich veranlasste, näher über all das nachzudenken, was Sie in diesem Buch lesen können.

Vielleicht waren Sie schon mal in einer ähnlichen Situation: Man hat Sie im letzten Moment gebeten, für einen Kollegen einzuspringen, und Sie haben ja gesagt, nur um festzustellen, dass Sie damit in den schlimmsten Albtraum Ihres Lebens geraten sind. In diesem Fall musste mein Kollege das Büro wegen eines medizinischen Notfalls verlassen und bat mich, bei einer Rede einzuspringen, die er am nächsten Tag halten sollte. Ich sagte zu und fand dann heraus, dass die Rede in Sheffield in England gehalten werden sollte (wir waren in New York), und zwar vor einem Publikum aus Bildungsfachleuten, die vom neu gewählten britischen Premierminister Tony Blair eingeladen worden waren. Mein Kollege hatte mir nicht gesagt, um welches Thema es gehen sollte – irgendwas mit Internet – oder wo seine Notizen versteckt waren (wenn es denn welche gab).

Am nächsten Morgen saß ich also in einem Zug, der die Londoner St. Pancras Station in Richtung Sheffield verließ, ich hatte ein Jetlag von dem Transatlantik-Flug und war umringt von einer Gruppe britischer Kollegen, die ich noch nie gesehen hatte und die mir überschwänglich dafür dankten, dass ich gekommen war, um »ihr Verkaufsgespräch zu retten«. Verkaufsgespräch retten? Ich wusste nicht mal, wie spät es war.

Aber dann machte ich eine wunderbare Entdeckung: das englische Frühstück bei British Rail. Während der Train durch die British Midlands raste, servierten uns Kellner in weißen Jacken ein Festmahl: Rühreier, pochierte Eier, gekochte Kartoffeln, Bratkartoffeln, Kartoffelpuffer, Blutwürstchen, Weißwürstchen, gegrillte Würstchen, weiße Sauce und Tabasco, Toast, Brötchen, Roggenbrot, Reispudding, Kaffee, Tee, Milch, Orangensaft, Aprikosensaft und Eiswasser. Es war eine Offenbarung.

Nachdem ich das Frühstück beendet hatte, fühlte ich mich wieder wie ein Mensch. Zu diesem Zeitpunkt fragte mich Freddie (der britische Teamleiter), ob ich ihm kurz meine PowerPoint-Präsentation vorstellen könne. Moment mal – meine PowerPoint-Präsentation? Aber ich hatte gar keine Präsentation, erklärte ich; ich wusste nicht mal genau, worüber wir reden sollten.

»Na … die Rolle des Internets in der amerikanischen Bildung«, sagte Freddie mit einem Anflug von Panik in seiner Mimik. »Sie wissen doch was darüber, oder?«, flehte er.

»Eigentlich … nicht«, antwortete ich, wandte mich zum Fenster und dachte darüber nach, wie ich am besten aus dem Zug springen könnte. Aber dann entwickelte sich vor meinem inneren Auge eine andere Idee, deshalb zog ich einen Stift aus meiner Jackentasche und nahm mir einen Stapel Servietten vom Tisch.

»Ich habe nicht viel Ahnung von Bildungswebseiten im Speziellen, aber ich weiß einiges über das Erstellen von kommunikationsorientierten Websites«, sagte ich mit dem Stift über der Serviette. »Darf ich Ihnen mal etwas zeigen, das Ihre Bildungsexperten interessieren könnte? Ich habe eine Idee.«

Ehe Freddie antworten konnte, war mein Stift schon in Bewegung. Und das zeichnete ich: einen Kreis mit dem Wort »Marke« in der Mitte.

»Wissen Sie, Freddie«, sagte ich, »heutzutage wissen viele Menschen nicht genau, wie sie eine nützliche Website erstellen sollen – und ich nehme an, das trifft auch auf unser heutiges Publikum zu. Aber meiner Meinung nach gibt es eigentlich nur drei Dinge, auf die man achten muss. Das erste ist die Marke selbst. Die anderen beiden sind der Inhalt und die Funktionalität.« Ich zeichnete zwei weitere Kreise ein und beschriftete sie entsprechend, dann fuhr ich fort. »Wenn wir wissen, was wir in diese drei Kreise einsetzen können, können wir jede beliebige Homepage für jedes beliebige Publikum erstellen, einschließlich Ihre Bildungsfachleute.

Die Frage ist nur: Woher sollen wir wissen, was da reingehört? Und das ist die Antwort.« Ich zeichnete neben jeden Kreis einen kleinen Smiley und gab jedem eine Überschrift. »Was die Leute TUN wollen (oder was wir wollen, das sie tun sollen), bestimmt die *Funktionalität;* was die Leute WISSEN wollen (oder was wir wollen, das sie wissen sollen), bestimmt den *Inhalt;* und woran sie sich ERINNERN sollen, bestimmt die *Marke.*«

»All das können wir anhand der Unternehmensvision unseres Kunden festlegen, anhand von Marktstudien und grundlegender Bildungsforschung. Wir müssen gar nicht alle Antworten heute schon kennen; das Entscheidende bei diesem Bild ist, dass es uns einen guten Ansatzpunkt dafür liefert, *nach wem* und *nach was* wir suchen sollten.«

Als Nächstes zeichnete ich drei weitere Smileys mit Überschriften ein, welche die drei Kreise miteinander verbanden. »Wenn unsere Forschungen ergeben haben, *was* wir in diese drei Kreise einsetzen sollen, kann unser Website-Team die Homepage erstellen. Unsere Programmierer liefern die funktionalen Komponenten; unsere Texter definieren, schreiben und bearbeiten den Inhalt; und unsere Designer schaffen eine bleibende Erinnerung.«

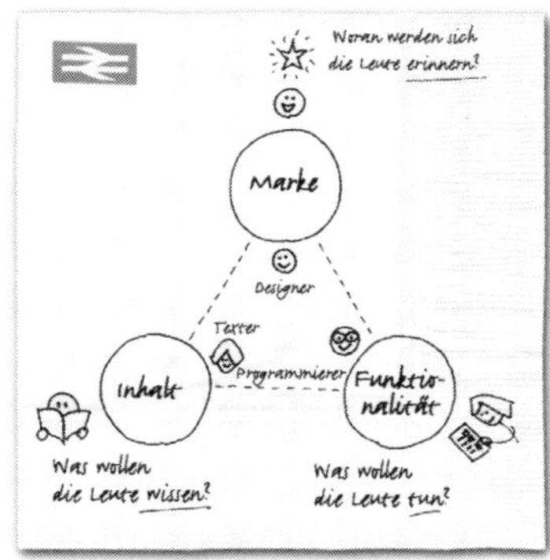

»Das hört sich einfach an, aber es ist eine ganze Menge.«

Anschließend versah ich die Serviette mit einer Überschrift und einer Legende.

»Was meinen Sie, Freddie? Könnte ich unserem Publikum so was in der Art näherbringen?« Meine Serviette war alles andere als schön, aber sie schien mir verblüffend klar, einleuchtend und nachvollziehbar – und so einfach sie auch war, gab sie mir doch rund ein Dutzend Ausgangspunkte, um detaillierter über jeden beliebigen Aspekt beim Erstellen einer nützlichen Website zu sprechen.

Freddie riss mir die Serviette aus den Händen. »Das ist brillant! Das ist nicht nur ein Teil unserer Präsentation – das ist die gesamte! Denken Sie mal daran, wen wir vor uns haben werden«, erklärte Freddie. »Unser Publikum ist eine Gruppe hochgebildeter Regierungsbürokraten, alle wenig vertraut mit dem Internet. Eine hohe Summe an öffentlichen Geldern soll für ihr Online-Bildungsprojekt ausgegeben werden, und sie halten dafür die Köpfe hin. Am wichtigsten ist ihnen eine solide Basis, auf der sie stehen können, um sich dann voller Zuversicht weiterzuentwickeln. Ihre Serviette bietet genau die Struktur, die sie haben wollen. Das ist perfekt« – Freddie lehnte sich zurück und sah mich an –, »aber glauben Sie, dass Sie darüber 45 Minuten lang reden können?«

»Das werden wir dann ja sehen«, antwortete ich.

Es stellte sich heraus, dass die klassischen Hörsäle der Sheffield University über die größten Tafeln verfügten, die ich je gesehen hatte. Also zeichnete ich meine Serviette vor einem Publikum von 50 Experten Schritt für Schritt noch mal nach und führte sie durch meine Überlegungen hindurch, wie ich es beim Frühstück mit Freddie gemacht hatte. Wir sprachen nicht nur 45 Minuten darüber; der Prozess gefiel ihnen so gut, dass wir uns schließlich fast zwei Stunden lang unterhielten. Freddies Team erhielt den Zuschlag, und damit begann das zeitlich längste Projekt des Londoner Büros.

Und ich? Das Präsentieren einer schlichten Serviette in diesen ehrwürdigen Universitätssälen war mein persönlicher Wendepunkt für die Einsicht in die Kraft von Bildern. Ich dachte an all die Probleme, die jene einfache Serviettenzeichnung gelöst hatte: Erstens hatte ich nur allein durch das Zeichnen eine vormals vage Idee in meinen Gedanken konkretisiert. Zweitens war ich in der Lage, das Bild fast augenblicklich zu zeichnen, ohne mich auf irgendeine Technologie außer Stift und Papier stützen zu müssen. Drittens konnte ich das Bild meinem Publikum auf eine übersichtliche Weise zeigen, bei der Kommentare erwünscht waren und die zur Diskussion anregte. Und schließlich konnte ich mich, da ich direkt von dem Bild ausging, auf jedes beliebige Thema konzentrieren, ohne Notizen, Stichpunkte oder ein Skript zu benötigen.

Für mich war das eine deutliche Lektion. Wir können die Einfachheit und Unmittelbarkeit von Bildern verwenden, um Ideen zu finden und zu verdeutlichen, und mit denselben Bildern können wir unsere Gedanken anderen vermitteln und ihnen gleichzeitig dabei helfen, auch für sich selbst etwas Neues zu entdecken.

Der Erfolg dieses englischen Frühstücks hatte mir die Augen geöffnet, und ich kehrte voller Eifer nach Hause zurück, um alles zu erfahren, was mit der Verwendung von Bildern zur Problemlösung zu tun hatte. Wieder in New York, konzentrierte ich mich darauf herauszufinden, wie weit ich den Einsatz von Bildern bei der Entdeckung, Entwicklung und Vermittlung von Geschäftsideen vorantreiben konnte. Ich las alles, was ich über Visualisierung im Unternehmensbereich auftreiben konnte, besuchte Workshops bei den Gurus der Informationsvisualisierung und suchte und sammelte sämtliche visuellen Erklärungen, die ich in der Businesspresse finden konnte.

Zwei Dinge überraschten mich. Zum einen war ich erschrocken, wie wenig Material ich über visuelles Denken als Problemlösungsansatz finden konnte – und wie wenig davon praktische Ratschläge für den Geschäftsalltag gab –, und zum anderen erwies sich das, was anfangs eine riesige Bandbreite von Informationen zu sein schien, letzlich nur als kleine Auswahl alltäglicher Themen. Dieser letzte Punkt erschien mir besonders überzeugend. Wenn visuelles Denken sich sinnvoll auf eine kleine Anzahl häufig verwendeter Techniken herunterbrechen ließ, konnte es vielleicht zu einem anerkannten Ansatz bei allen möglichen geschäftlichen Herausforderungen werden, von der Ideenfindung über die Konzeptentwicklung bis zur Verkaufskommunikation.

Ich stellte auch fest, dass sich diese häufig verwendeten Techniken am besten überprüfen ließen, indem man sie bei realen geschäftlichen Beratungsgesprächen und Verkaufsaufträgen in die Praxis umsetzte. Von diesem Moment an beschloss ich also, überall in meinem Beruf Bilder zu verwenden, wo es möglich war. Der Rest dieses Buches handelt davon, was dann passierte.

KAPITEL 2

Was für Probleme, was für Bilder, und wer ist überhaupt »wir«?

A Was Sie hoffentlich aus diesem Buch lernen können

Anfang des Jahres arbeitete ich innerhalb von nur zehn Wochen mit vier sehr unterschiedlichen Unternehmen zusammen – Google, eBay, Wells Fargo und Peet's Coffee and Tea –, um sie in vier sehr unterschiedlichen geschäftlichen Fragestellungen zu beraten: Festlegen einer Geschäftsstrategie, Einführung eines neuen Produkts, Entwerfen einer Technologieplattform und Start einer neuen Verkaufsinitiative. Oberflächlich gesehen hatten die vier Unternehmen und ihre vier Probleme nichts gemeinsam: Suche, Verkauf, Bankenwesen und Getränkeherstellung. Normalerweise hätte jedes von ihnen eines anderen Problemlösungsansatzes bedurft.

Aber unter der Oberfläche hatten sie alle etwas gemeinsam: Die Probleme waren schwer zu erkennen und ihre Lösungen nahezu unsichtbar. Das war der Punkt, an dem visuelles Denken ins Spiel kam: Jedes Problem kann mit einem Bild deutlicher gemacht werden, und jedes Bild kann mithilfe derselben Werkzeuge und Regeln erstellt werden.

Das ist es, was Sie hoffentlich aus diesem Buch mitnehmen werden – eine neue Sichtweise von Problemen und eine neue Sichtweise von Lösungen. Ich möchte, dass Sie dieses Buch in derselben Zeit lesen können, die Sie brauchen, um von einer Küste zur anderen zu fliegen, damit Sie am nächsten Tag Ihren Konferenzraum, Ihren Hörsaal oder Ihr Büro betreten und unverzüglich anfangen können, Probleme anhand von Bildern zu lösen.

Probleme? Was für Probleme?

Wenn ich mich sagen höre: »Wir können Probleme mithilfe von Bildern lösen«, kommen mir immer sofort drei Fragen in den Sinn: Erstens, was für Probleme? Zweitens, was für Bilder? Und drittens, wer ist »wir«?

Fangen wir mit den Problemen an. Welche davon können mithilfe von Bildern gelöst werden? Die Antwort lautet: praktisch alle. Denn Bilder können komplexe Konzepte darstellen und riesige Mengen an Informationen zusammenfassen, und zwar so, dass es für uns leicht zu erkennen und zu begreifen ist, sie sind hilfreich beim Verdeutlichen und Lösen von Problemen aller Art: geschäftliche Belange, politische Sackgassen, technische Vielschichtigkeiten, organisatorische Zwickmühlen, planerische Konflikte, sogar persönliche Herausforderungen.

Da ich nun mal ein Geschäftsmann bin und mit anderen Geschäftsleuten zusammenarbeite, haben die Probleme, mit denen ich normalerweise konfrontiert werde, etwas mit Geschäften zu tun: Teammitgliedern beibringen, wie ein System funktioniert und welche Position sie darin innehaben, Entscheidungsträgern beim Sortieren ihrer Gedanken und beim Vermitteln ihrer Ideen an andere helfen, einen Markt beurteilen und die potenziellen Auswirkungen von Veränderungen auf ein Produkt einschätzen.

Da es bei diesen Problemen typischerweise um viel Geld geht und sie Auswirkungen auf die Arbeitsplätze vieler Menschen haben – und da das Verständnis ihrer entscheidenden Nuancen typischerweise jahrelanges Lernen und persönliche Erfahrung erfordert –, ist es leicht, diese Probleme als spezifisch geschäftlich zu betrachten. Aber das sind sie gar nicht. Für eine Einführung in das visuelle Denken ist es viel erhellender, diese Probleme als repräsentativ für eine größere Anzahl häufiger Herausforderungen zu sehen, denen wir alle täglich gegenüberstehen, sowohl im geschäftlichen als auch im privaten Leben.

Wenn wir das große Ganze betrachten, bündele ich die meisten Probleme zu den folgenden grundlegenden (und vertrauten) Kategorien.

DIE SECHS PROBLEM-»BÜNDEL« (DIE 6 W)

1. **Wer- und Was-Probleme.** Herausforderungen in Bezug auf Dinge, Menschen und Rollen.
   - Was geschieht um mich herum, und wohin gehöre ich?
   - Wer hat die Leitung, und wer gehört noch dazu? Wo liegt die Verantwortung?

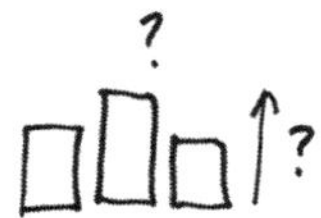

2. **Wie-viel-Probleme.** Herausforderungen in Bezug auf Messen und Zählen.
   - Haben wir genug X, um damit auszukommen, solange wir es brauchen?
   - Wie viel X werden wir brauchen, um weitermachen zu können? Wenn wir dies hier erhöhen, können wir dann jenes dort senken?

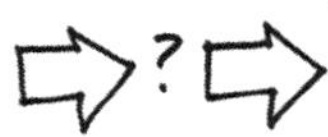

3. **Wann-Probleme.** Herausforderungen in Bezug auf Planung und Zeitablauf.
   - Was kommt als Erstes, und was kommt danach?
   - Wir haben eine Menge zu erledigen: Wann sollen wir das alles machen?

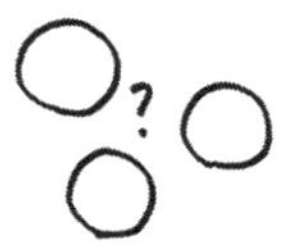

4. **Wo-Probleme.** Herausforderungen in Bezug auf Richtung und Zugehörigkeit.
   - Wohin gehen wir? Zielen wir in die richtige Richtung, oder sollten wir einen anderen Weg einschlagen?
   - Wie passen all diese Teile zusammen? Was ist am wichtigsten, was ist weniger wichtig?

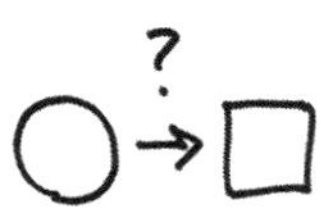

5. **Wie-Probleme.** Herausforderungen in Bezug auf gegenseitige Beeinflussung.
   - Was passiert, wenn wir dies tun? Oder jenes?
   - Können wir die Ergebnisse ändern, wenn wir unsere Handlungen verändern?

6. **Warum-Probleme.** Herausforderungen in Bezug auf das Erkennen des großen Ganzen.
   - Was tun wir eigentlich und warum? Ist es das Richtige, oder sollten wir etwas anderes tun?
   - Wenn wir etwas ändern müssen, welche Optionen haben wir? Wie können wir entscheiden, welche dieser Optionen die besten sind?

Im Laufe der Jahre habe ich Bilder gesehen oder erschaffen, die Probleme aller sechs Kategorien lösen konnten. Da dieses simple 6-W-Modell praktisch jedes Problem abdeckt, mit dem ich meines Wissens jemals zu tun hatte, wird es uns im Verlauf dieses Buches immer wieder begegnen. Vor einiger Zeit, zu Anfang meiner Initialzündung in Richtung visuelle Problemlösung, habe ich sogar ein kleines Mantra dazu erfunden: »Jedes Problem kann mit einem Bild gelöst werden.« Ich habe das so oft gesagt, dass ich meine Kollegen in den Wahnsinn getrieben habe, besonders bei Projekten wie dem folgenden.

Problembeispiel Nummer eins: Daphne und die Informationsüberflutung

Ein paar Jahre nach meiner London-Reise erhielt unsere Beratungsfirma einen Telefonanruf von einer potenziellen Kundin. Die Anruferin – nennen wir sie Daphne* – war die stellvertretende Leiterin der Kommunikationsabteilung eines großen Verlags, und Daphne hatte eine Identitätskrise. Ihr Unternehmen, ein Konzern mit 10 Milliarden Dollar Jahresumsatz, der Fachleute weltweit mit Business-Informationen versorgte, hatte bei einer Branchenumfrage soeben erschreckend niedrige Werte erzielt. Es war nicht so, dass die Fachleute das Unternehmen negativ beurteilten – das Problem war, dass trotz der Größe der Firma niemand je von ihr gehört hatte.

Das war nicht nur ein Problem der Wahrnehmung; dieser Mangel an Anerkennung warf ein noch viel größeres finanzielles Problem auf. Das Unternehmen wollte in ein paar Jahren an die New Yorker Börse gehen, und wenn keiner wusste, wer es war, würde auch keiner seine Aktien kaufen. Was Daphne also brauchte, war eine Möglichkeit, um dem Namen ihrer Firma bei den Investoren zu mehr Bekanntheit zu verhelfen, und dabei musste sie strategisch vorgehen. Wenn sie Millionen Dollar ausgab, um die Marke zu bewerben, brauchte sie schon einen wasserfesten Plan in der Tasche und eine kristallklare Vision vor Augen. Selbst nachdem das *Wann* (in zwei Jahren), das *Wo* (USA, besonders New York) und das *Warum* (Aufmerksamkeit der Investoren wecken) festgezurrt waren, musste Daphne immer noch die Fragen nach dem *Wer*, dem *Was* und dem *Wie* beantworten.

Um zu erfahren, was Investoren und Kunden über ihr Unternehmen und über die Konkurrenz wussten, beauftragte Daphne eine Firma für Markenforschung, in alle Welt auszuschwärmen und es herauszufinden.

---

* Alle Personen, Firmen und Projekte in diesem Buch existieren tatsächlich, aber ich habe die meisten Namen geändert.

Über einen Zeitraum von drei Monaten führte die Firma persönliche Interviews mit Hunderten von Entscheidungsträgern in Unternehmen und telefonierte mit weiteren Hunderten. Es war ein umfangreiches und teures Unterfangen und erbrachte, wie erhofft, eine enorme Menge an Daten.

Das Problem war, es erbrachte zu viel, und deshalb rief Daphne uns an. Ihr Ziel war es nicht, alles über das Verlagswesen zu wissen; sie wollte nur die richtigen Dinge wissen, die ihr helfen würden, ihren Plan und ihre Vision zu verwirklichen. Am meisten wollte Daphne letztlich, dass wir ihr zu erkennen halfen, was diese Daten tatsächlich aussagten.

Daphne mailte uns alle Dokumente der Umfrage. Es gab Dutzende davon, eins dicker und ausführlicher als das andere. Selbst die Datei »Kurzfassung« war 60 Seiten stark und zum Bersten voll mit mehr Informationen, als wir in den zwei Wochen, die Daphne uns eingeräumt hatte, verarbeiten konnten. Dies ist nur ein Ausschnitt aus einem der Dokumente, die Daphne uns weitergeleitet hat.

Es war ein sprudelnder Quell von Stichpunkten und Charts. Die ersten paar Tage brachten wir damit zu herauszufinden, was am wichtigsten war – und sicherzustellen, dass wir nicht irgendein kleines, aber entscheidendes Detail übersahen. Wir erfuhren eine Menge, aber wir verloren uns zunehmend in Details auf Kosten des großen Ganzen. Das Traurige war, dass es viele hervorragende Informationen und Erkenntnisse gab; nur waren die so tief vergraben und so breit gestreut, dass keiner sie finden konnte.

Wir brachen also alles, bei dem es nur möglich war, auf die sechs »Problemkategorien« herunter und kämmten es dann durch, wobei wir unsere Erkenntnisse schriftlich festhielten:

1. Das *Wer/Was:* Die Liste der Mitbewerber, die zugehörigen Branchen und die angebotenen Produkte.

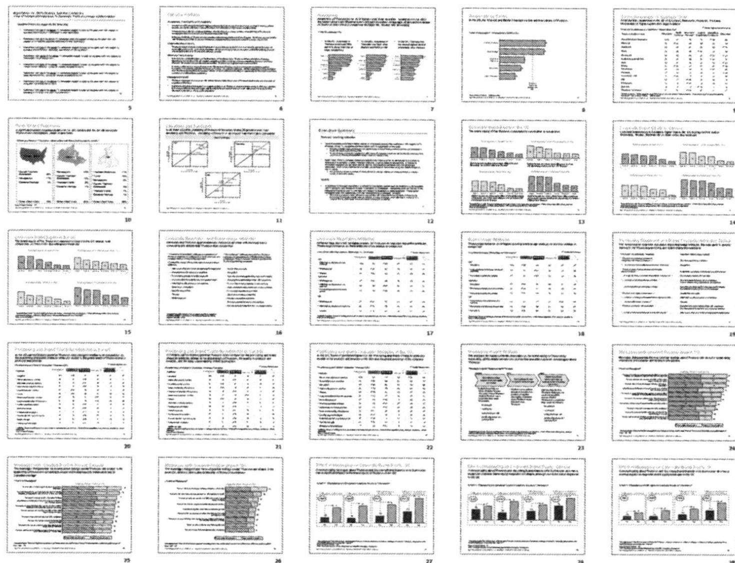

2. Das *Wie viel:* Die Größe jedes Mitbewerbers auf der Grundlage von Gesamtumsatz und Umsatz pro Branche.
3. Das *Wann:* Die zwei Jahre, für die wir gute Verkaufs- und Umsatzzahlen hatten.
4. Das *Wo:* Die Branchen, in denen jeder Mitbewerber aktiv war.

Dann stellten wir zuoberst dar:

5. Das *Wie:* Wie lassen sich die Ergebnisse der Markenumfrage (Markenbekanntheit) mit all diesen Faktoren verknüpfen?

Was dabei herauskam, war ein einziges Bild, das alle Daten zusammenfasste und die wichtigste aller Einsichten wiedergab:

6. Das *Warum:* Als Daphne sich die Grafik ansah, konnte sie endlich erkennen, warum ihr Unternehmen den Kunden nicht bekannt war und warum eine Veränderung zum Positiven möglich war.

Das ist das Bild, das wir entworfen haben.

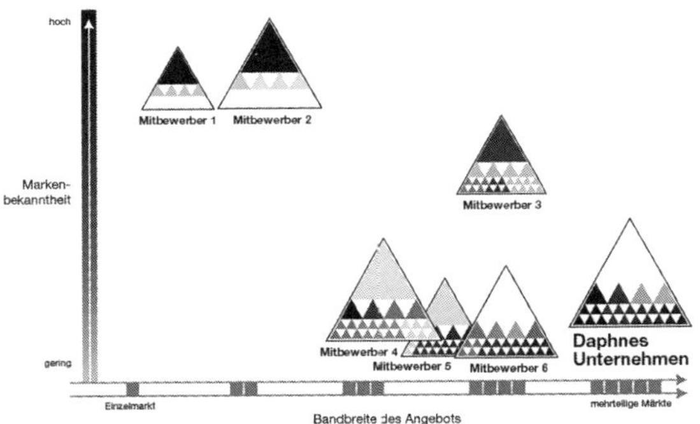

Dieses eine Bild fasste all das zusammen, was in den Hunderten Seiten von Informationen stand, die uns überlassen worden waren. Zugegeben, das ist keine Grafik, die man auf den ersten Blick erfassen kann, aber das musste sie ja auch nicht sein. Sie sollte als visuelle Kurzfassung von Hunderten Daten dienen und in ein paar Minuten erklärt werden können (und im letzten Kapitel dieses Buches werden wir sehen, warum das eine *gute* Sache ist). Verglichen mit der undurchdringlichen Mauer an Umfragedaten leistete dieses Bild Daphne gute Dienste, sowohl als Zusammenfassung dessen, was sie mit ihrer weltweiten

Studie herausgefunden hatte, wie auch als Einführung dessen, wohin sie ihre Marke führen wollte.

Als Daphne es ihrem CEO zeigte, erläuterte er 30 Minuten lang, was er in dieser Grafik erkannte, und bat dann um ein gerahmtes Exemplar, das er hinter seinem Schreibtisch aufhängen wollte, damit er es jedem zeigen konnte, der ihn nach der gegenwärtigen und zukünftigen Marktstellung seines Unternehmens fragte. Zwei Jahre später ging die Firma erfolgreich an die New Yorker Börse, und die Grafik hängt noch heute im Büro des CEO.

Bilder? Was für Bilder?

Bevor wir fortfahren, möchte ich noch zwei Dinge über Daphnes Bild sagen. Erstens, es wurde unter Verwendung einer teuren Software am Computer erstellt. Das erkennen Sie daran, dass die Linien alle gerade sind, dass es viele unterschiedliche Farbabstufungen hat, dass die Formen geometrisch perfekt und die Beschriftungen sauber und gut leserlich sind. Zweitens, es ist das einzige Bild in diesem Buch, das an einem Computer erstellt wurde. Ich zeige diese Grafik gern zu Beginn, weil sie illustriert, was man alles machen kann, wenn man erst mal die Grundlagen des visuellen Denkens begriffen hat. Aber jetzt haben Sie sie gesehen, und ich möchte, dass Sie sie wieder vergessen. Und zwar deshalb: Die Grundlagen visuellen Denkens haben nichts mit dem Erstellen von Grafiken am Computer zu tun. Visuelles Denken heißt, mit den Augen denken zu lernen, und dazu braucht man überhaupt keine fortschrittliche Technologie.

Es gibt eigentlich nur drei Werkzeuge, die wir brauchen, um Probleme mithilfe von Bildern lösen zu können: unsere Augen, unsere Vorstellungskraft und ein kleines bisschen Auge-Hand-Koordination. Ich nenne sie unsere »eingebauten« Werkzeuge des visuellen Denkens:

Damit haben wir alles bereit, was wir brauchen, um loszulegen. Außerdem gibt es noch etwas hilfreiches Zubehör.

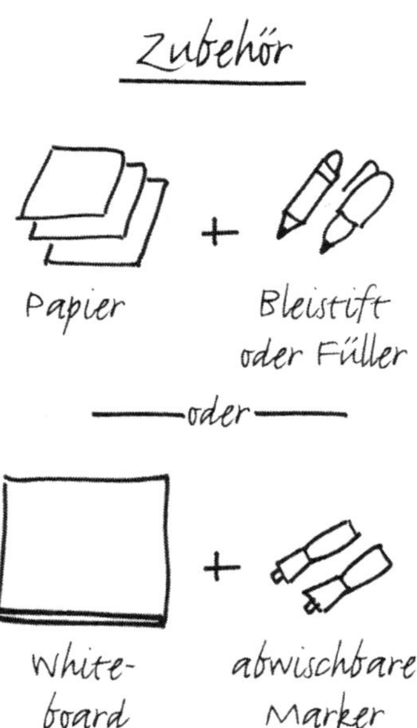

Wir werden deshalb keine Computersoftware oder ausgeklügelten Zeichenprogramme benötigen, weil jedes Bild, das wir erstellen, nur aus ein paar simplen Teilen besteht, die wir alle bereits zu zeichnen in der Lage sein sollten. Wenn Sie das Folgende kritzeln können (egal wie hässlich Sie Ihre Ergebnisse finden), werden Sie unter Garantie ein besserer visueller Denker.

Im gesamten Buch handelt es sich bei den Bildern, die wir uns anschauen und die wir erstellen, um Grafiken, Diagramme, Schemata, Ablaufdiagramme, Karten, Koordinatenschaubilder, Konzeptentwürfe, Netzwerkmodelle und viele andere Formen von Anschauungsmaterial, und für kein einziges davon werden wir mehr als diese Bestandteile brauchen.

Als kleine Aufwärmübung nehmen Sie bitte Stift und Papier und zeichnen Sie die Grundfiguren.

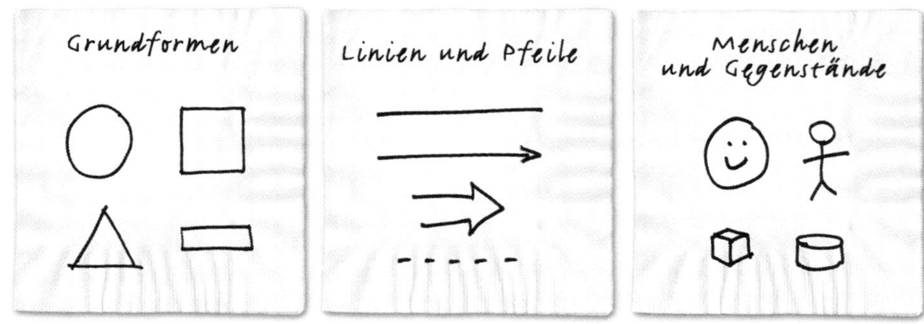

Wenn Sie bis jetzt ein Präsentationsprogramm verwendet haben (PowerPoint, Keynote, Star Office et cetera), werden Sie das oben Dargestellte als Bestandteile der »Zeichenpalette« wiedererkannt haben. Es gibt einen Grund dafür, dass sie so häufig auftauchen: Diese wenigen Formen sind das Kernstück visuellen Denkens. Genau wie die geschriebene Sprache eine begrenzte Zahl von Symbolen verwendet, um Tausende von Klängen und Wörtern zu repräsentieren, kann die Kombination dieser Symbole Millionen von wirkungsvollen Bildern erzeugen.

Sehen Sie sich die folgende Zusammenfassung von Bildern an, die in diesem Buch auftauchen, und achten Sie darauf, ob Sie die Grundfiguren darin wiederfinden. Obwohl jedes der Bilder eine andere Geschichte erzählt, bestehen sie alle aus denselben Teilen. Wenn es Ihnen leichtfällt, das oben Stehende zu zeichnen, können Sie auch alles machen, was auf der nächsten Seite steht.

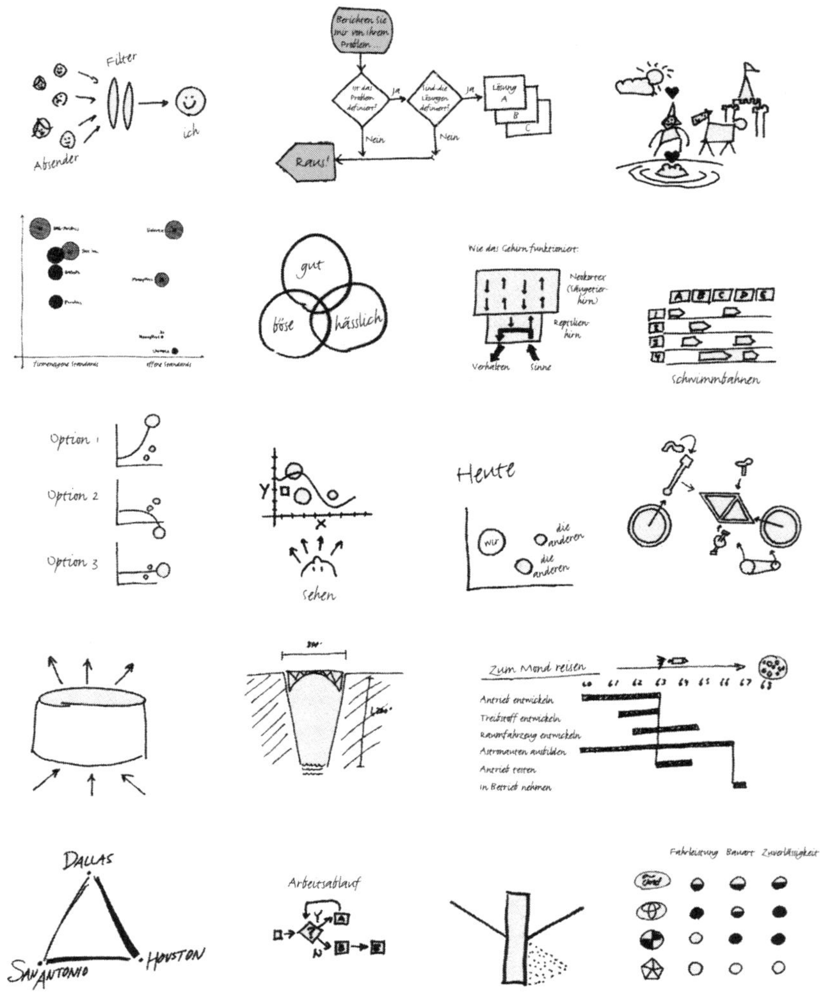

Filter
Absender
ich
Berichten Sie mir von Ihren Problem...
Ist das Problem definiert?
Ja
Sind die Lösungen definiert?
Ja
Lösung A
B
C
Nein
Nein
Raus!
Firmeneigene Standards
offene Standards
gut
böse
hässlich
Wie das Gehirn funktioniert:
Neokortex (Säugetierhirn)
Reptilienhirn
Verhalten
Sinne
A B C D E
1 2 3 4
Schwimmbahnen
Option 1
Option 2
Option 3
Y
X
sehen
Heute
wir
die anderen
die anderen
Zum Mond reisen
60 61 62 63 64 65 66 67 68
Antrieb entwickeln
Treibstoff entwickeln
Raumfahrzeug entwickeln
Astronauten ausbilden
Antrieb testen
In Betrieb nehmen
Dallas
San Antonio
Houston
Arbeitsablauf
Y
N
Fahrleistung
Bauart
Zuverlässigkeit

Die Hand ist mächtiger als die Maus

Unabhängig von den Namen, die wir ihnen später geben werden (und wir werden ihnen allen Namen geben): das ist die Art von Bildern, um die es in diesem Buch geht. Sie können alle von Hand gezeichnet werden, und es ist wichtig, besonders am Anfang, dass wir sie auch wirklich von Hand zu zeichnen lernen. Teilweise ist das eine Frage visueller Souveränität: Je besser wir uns auf unsere drei »eingebauten« Werkzeuge visuellen Denkens verlassen können (Augen, Vorstellungskraft, Hand-Auge-Koordination), umso mehr werden wir unsere angeborenen Fähigkeiten des visuellen Denkens entdecken.

Dieses Vertrauen auf unsere eingebauten Werkzeuge zahlt sich auch aus, wenn es darum geht, unsere Bilder anderen zu zeigen:

1. **Menschen sehen sich gern die Bilder anderer Menschen an.** In den meisten Präsentationssituationen spricht das Publikum besser auf handgezeichnete Bilder an (egal wie kunstlos) als auf ausgefeilte Grafiken. Die Spontaneität und Ursprünglichkeit handgezeichneter Bilder macht sie weniger einschüchternd und einladender – und nichts macht ein Bild (sogar ein komplexes Bild) nachvollziehbarer als das Beobachten seiner schrittweisen Entstehung.
2. **Handgezeichnete Bilder sind schnell gemacht und leicht zu verändern.** Wie wir sehen werden, ist das Denken mit Bildern fließend, und visuelle Versuche und Irrtümer geschehen ständig. Nur selten wird das Bild am Ende genau dem entsprechen, was Sie im Sinn hatten, als Sie angefangen haben, also ist es wichtig, dass man zurückgehen und Änderungen vornehmen kann.

3. **Computer machen es zu leicht, das Falsche zu zeichnen.** Die meisten Softwareprogramme zum Erstellen von Bildern haben verschiedene Grafikfunktionen. Das ist toll, vorausgesetzt, Sie wissen, mit welcher Art von Grafik Sie sich am besten verständlich machen … eine Voraussetzung, die praktisch nie gegeben ist.

Der wichtigste Grund, sich auf unsere eingebauten Werkzeuge zu verlassen, ist jedoch dieser: Beim visuellen Denken geht es nicht um perfekte Präsentationen, sondern darum, wie wohl wir uns beim Denken mit den Augen fühlen.

Schwarzer Stift, gelber Stift, roter Stift: Wer bin ich?

Wenn ich sage, dass ich geschäftliche Probleme mit Bildern lösen kann, reagieren die Leute immer auf eine von drei Arten. Sie sagen: »Toll! Wie geht das denn?« Oder: »Klingt interessant … aber funktioniert das wirklich?« Oder: »Vergessen Sie's. Ich bin kein visueller Typ.«

Die erste Gruppe sind die »Geben-Sie-mir-den-Stift«-Menschen. Gemäß meiner hochgradig unwissenschaftlichen Forschungen in Meetings, an denen ich teilgenommen habe, stellen diese Menschen typischerweise ungefähr ein Viertel der Teilnehmer. Ich nenne sie die Schwarzen Stifte, weil sie nicht zögern, die ersten kühnen Striche auf ein leeres Blatt Papier zu zeichnen. Sie glauben sofort an die Macht der Bilder als Problemlösungswerkzeug und haben nur wenig Bedenken bezüglich ihres Zeichentalents – egal als wie primitiv ihre Illustrationen sich erweisen mögen. Diese Menschen nutzen die Chance, ans Whiteboard zu gehen und Bilder zu zeichnen, um darzulegen, was sie denken. Sie verwenden gern visuelle Metaphern und Analogien für ihre Ideen und zeichnen mit viel Selbstvertrauen einfache Bilder, sowohl um ihre Ideen zusammenzufassen als auch um sie anderen zu erklären.

Es gibt drei Arten visueller Denker: diejenigen, die es kaum abwarten können zu zeichnen (die Schwarzen Stifte), diejenigen, die gerne einen Beitrag zur Arbeit anderer leisten (die gelben Textmarker), und diejenigen, die alles infrage stellen bis zu dem Augenblick, wo sie den roten Stift nehmen und alles noch mal neu zeichnen.

Die zweite Gruppe sind die »Ich-kann-zwar-nicht-zeichnen-aber«-Menschen, auch als Gelbe Stifte (oder Textmarker) bekannt, weil sie oft sehr gut die wichtigsten oder interessantesten Aspekte dessen identifizieren können, was jemand anderer gezeichnet hat. Diese Gruppe macht ungefähr die Hälfte der Meeting-Teilnehmer aus. Solche Leute beobachten sehr gerne, wie andere am Whiteboard arbeiten – und geben nach ein paar Minuten wertvolle Kommentare –, aber sie müssen mit sanfter Gewalt dazu gebracht werden, zur Tafel zu gehen und etwas darauf zu zeichnen. Wenn sie erst mal vorne stehen und den Stift zögernd in der Hand wiegen, sagen sie zunächst immer: »Ich kann zwar nicht zeichnen, aber …«, und dann erschaffen sie planerische Meisterwerke. Diese Menschen neigen mehr zum Verbalen, verwenden im Allgemeinen mehr Wörter und Beschriftungen in ihren Zeichnungen und ziehen eher Vergleiche zu Ideen, die unterstützende mündliche Beschreibungen benötigen.

Die letzte Gruppe bezeichne ich als »Ich-bin-kein-visueller-Typ«-Menschen oder Rote Stifte. Sie stellen das letzte Viertel der Meeting-Teilnehmer und fühlen sich bei der Verwendung von Bildern in geschäftlichen Zusammenhängen am wenigsten wohl … zumindest anfangs. Sie schweigen eher, während die anderen zeichnen, und wenn man sie zu einem Kommentar bewegen kann, schlagen sie meist zunächst mal eine kleinere Korrektur dessen vor, was bereits zu sehen ist. Aber das ist im Allgemeinen nur Tarnung. Sehr oft haben die Roten Stifte den detailliertesten Zugang zu dem betreffenden Problem – sie müssen nur dazu gebracht werden, sich mitzuteilen. Rote Stifte halten sich für quanitativ orientiert – nahezu mathematisch –, aber nach dem ersten Anstoß liefern sie in überzeugenden Worten tiefgründige Hintergrunderläuterungen. Achtung: Wenn auf dem Whiteboard eine Vielzahl von Bildern und Ideen festgehalten wurde, atmen die Roten Stifte tief durch, nehmen widerwillig den Stift in die Hand und gehen zur Tafel … wo sie alles noch mal neu zeichnen und dabei oft das klarste Bild von allen abliefern.

Eine interessante Fußnote zu diesen drei Gruppen ist, dass sie in puncto Alter, Bildungsstand, Hintergrund, beruflicher Position oder Titel keine Gemeinsamkeiten aufweisen. Ich habe schon mal mit dem CEO einer weltweit tätigen Unternehmensberatung zusammengearbeitet, der alles auf Zeitungspapier zeichnet, weil dies seine Art ist, ein Problem zu durchdenken und dem Team seine Ideen zu vermitteln, und ich habe auch schon mal mit einem anderen CEO gearbeitet, der zu den charismatischsten und spontansten Rednern gehört, die ich kenne, aber er zittert bei dem Gedanken, etwas an ein Whiteboard zeichnen zu müssen. Sehr oft arbeite ich mit einem Arzt vom Johns-Hopkins-Krankenhaus zusammen, der wunderbare visuelle Beschreibungen sogar von komplizierten Plänen kreiert, und ich habe auch schon mit Hardcore-Computerfreaks gearbeitet, die es kaum erwarten konnten zu zeichnen.

Welche Farbe hat Ihr Stift?

Ehe wir fortfahren, nehmen wir uns einen Moment Zeit, um herauszufinden, welche Stiftfarbe Sie bevorzugen. Stellen Sie sich vor, Sie nehmen an einem

Meeting teil oder gehören zu einer Gruppe, die ein Problem lösen soll, in welcher der drei Farbstift-Gruppen sehen Sie sich selbst? Verändert sich Ihr Ansatz in Abhängigkeit davon, mit welchem Problem Sie befasst sind, wer mit Ihnen zusammen ist und ob Sie in einer Gruppe oder alleine arbeiten?

WELCHE FARBE HAT IHR STIFT? TESTEN SIE SICH SELBST

Wählen Sie die jeweils zutreffendste Antwort für jede der folgenden Situationen:
Ich nehme an einem Brainstorming in einem Konferenzraum teil, der mit einem großen Whiteboard ausgestattet ist.

1. Ich möchte zur Tafel gehen, einen Stift nehmen und Kreise und Kästchen zeichnen.
2. Ich möchte entziffern, was bereits an der Tafel steht.
3. Ich möchte zum Whiteboard gehen und verschiedene Listen erstellen.
4. Ich möchte das, was bereits dort steht, ein bisschen verdeutlichen.
5. »Vergesst jetzt mal das Whiteboard, Leute, wir müssen arbeiten!«
6. Ich hasse Brainstormings.

Jemand gibt mir den Ausdruck einer komplexen Tabelle mit vielen Seiten.

1. Ich werfe einen kurzen Blick darauf, dann lege ich sie weg und hoffe, dass sie verschwindet.
2. Ich blättere sie durch und lasse meine Augen über all diese Zahlen schweifen, um zu sehen, ob mir etwas Interessantes – irgendwas – auffällt.
3. Ich lese ganze Zeilen oder Spalten der Reihe nach durch und versuche, die einzelnen Kategorien zu identifizieren.
4. Ich wähle willkürlich eine Zeile und eine Spalte aus und betrachte das Endergebnis, dann suche ich nach ähnlichen (oder verschiedenen) Ergebnissen in anderen Spalten.
5. Ich suche die größten oder kleinsten Werte und verfolge sie zurück, um ihre Kategorien zu identifizieren.
6. Ich blättere vor und zurück, um das Muster einzukreisen, das mir sofort aufgefallen ist.

Jemand gibt mir einen Stift und bittet mich, eine bestimmte Idee zu skizzieren.

1. Ich bitte um weitere Stifte, am besten in mindestens drei verschiedenen Farben.
2. Ich fange einfach an zu zeichnen und schaue, was dabei herauskommt.
3. Ich sage »Ich kann zwar nicht zeichnen, aber …« und male dann ein fürchterliches Strichmännchen.
4. Ich schreibe ein paar Wörter und zeichne dann Kästchen drumherum.
5. Ich setze den Stift an das Whiteboard und beginne zu reden.
6. Ich sage »Nein, danke, ich kann nicht zeichnen« und belasse es dabei.

Auf dem Heimweg von einer großen Konferenz treffe ich in der Flughafenbar einen Kollegen, der mich bittet, etwas genauer zu erklären, was meine Firma so macht.

1. Ich greife mir eine Serviette und bitte den Barmann um einen Stift.
2. Ich nehme drei Tütchen Süßstoff, platziere sie auf der Theke und sage: »Also, das bin ich …«
3. Ich nehme eine Seite aus meiner PowerPoint-Präsentation – eine wirklich gute Seite – und fange an, es zu beschreiben.
4. Ich erkläre: »Es gibt drei Bereiche, in denen wir tätig sind …«
5. Ich bestelle eine weitere Runde, weil dieses Gespräch eine Weile dauern wird.
6. Ich sage, es sei zu kompliziert, um es zu erklären, frage ihn jedoch dasselbe.

Auf einem Auto sehe ich einen Aufkleber mit der Aufschrift VISUALISIERE DEN WELTFRIEDEN.

1. Ich versuche mir vorzustellen, wie Frieden aussehen sollte.
2. Ich stelle mir John Lennons Brille vor.
3. Ich wiederhole die Worte für mich und kaue sozusagen darauf herum: »Weltfrieden«.
4. Ich denke darüber nach, was das über den Fahrzeughalter aussagt.
5. Ich denke »Wählt Friedel«.
6. Ich verdrehe die Augen und murmle »Scheißkalifornier«.

Wenn ich ein Astronaut im Weltall wäre, würde ich als Erstes

1. tief durchatmen, mich entspannen und die Aussicht genießen.
2. versuchen, mein Haus zu entdecken … oder wenigstens meinen Kontinent.
3. zu schildern beginnen, was ich sehe.
4. wünschen, ich hätte einen Fotoapparat dabei.
5. die Augen schließen.
6. versuchen, wieder ins Raumschiff zurückzukommen.

Addieren Sie jetzt Ihre Punktzahl und dividieren Sie sie durch 6. Hier ist Ihre Bewertung:

Punktzahl	bevorzugte Stiftfarbe
1 bis 2,5	Schwarzer Stift (Geben Sie mir mal den Stift!)
2,6 bis 4,5	Gelber Stift (Ich kann zwar nicht zeichnen, aber …)
4,6 bis 6	Roter Stift (Ich bin nicht so der visuelle Typ)

Zwei wichtige Erkenntnisse liefert Ihnen diese Übung. Die erste ist, dass Sie je nach Ihrer bevorzugten visuellen Denkweise den größten Nutzen aus verschiedenen Bereichen dieses Buches ziehen werden. Wenn Sie ein Schwarzer Stift sind und bereits einiges Vertrauen in Ihr Zeichentalent besitzen, nehme ich an, dass Teil II für Sie der interessanteste Ausgangspunkt sein wird, weil dort beschrieben wird, wie Sie besser sehen und wahrnehmen können. Wenn Sie ein Roter Stift sind und nicht so recht an die analytische Kraft von Bildern glauben, fangen Sie vielleicht besser mit Teil III an (Visuelles Denken für Fortgeschrittene), wo Sie lernen, wie Bilder ein geschäftliches Problem auf praktische Weise lösen können. Wenn Sie ein Gelber Stift sind, besonders gut im Identifizieren des Wichtigsten, wird Ihnen Teil IV am meisten zusagen, denn er beschreibt, wie Sie jemand anderem ein Bild zeigen können.

Die zweite Erkenntnis aus dieser Übung ist sogar noch weitreichender.

Unabhängig von seinem Vertrauen in visuelles Denken oder der Stiftfarbe verfügt jeder bereits über die Fähigkeit des visuellen Denkens, und jeder kann diese Fähigkeit mit Leichtigkeit noch verbesssern.

Visuelles Denken ist kein Talent einiger Auserwählter und beschränkt sich nicht auf Menschen, die ihm jahrelange Studien gewidmet haben. Die Ergebnisse des Stiftfarben-Tests helfen Ihnen zwar, dieses Buch auf die sinnvollste Weise einzusetzen, aber das Wichtigste ist, dass visuelles Denken eine uns allen angeborene Fähigkeit ist, unabhängig von der Punktzahl. Der Beweis sind die physiologischen, neurologischen und biologischen Systeme, mit denen wir auf die Welt kommen, und die sehkraftabhängigen geistigen, körperlichen und sozialen Fähigkeiten, die wir von Geburt an erwerben: nämlich unsere wunderbare Fähigkeit zu sehen, zu betrachten, vorzustellen und zu zeigen.

Wie Sie am besten mit diesem Buch arbeiten

Die Essenz dieses Buches kann auf einen zentralen Gedanken verdichtet werden.

Visuelles Denken ist ein außergewöhnlich wirkungsvolles Mittel der Problemlösung, und auch wenn es etwas Neues zu sein scheint, wissen wir tatsächlich bereits, wie es funktioniert.

Obwohl wir mit einem bemerkenswerten Gesichtssinn auf die Welt kommen, denken wir nur selten über unsere visuellen Fähigkeiten nach, und noch seltener haben wir eine Ahnung, wie wir sie verbessern können. Es ist, als hätten wir einen Supercomputer der Luxusklasse geschenkt bekommen, wüssten aber nicht, wo wir neue Software herkriegen sollen. Obwohl der Gesichtssinn bei den meisten von uns am weitesten entwickelt ist, beschränken wir uns in Bezug auf visuelles Denken auf den Lieferstandard. Das ist schade, denn durch ein besseres Verständnis der Sehwerkzeuge, über die wir bereits verfügen (und durch das Kennenlernen einiger neuer), können wir lernen, auf bemerkenswerte Art Probleme mithilfe von Bildern zu lösen.

Betrachten Sie dieses Buch als eine Art Führseil, das Sie von hier aus, wo wir gute, aber vielleicht zu wenig genutzte Fähigkeiten des visuellen Denkens besitzen, dorthin führt, wo wir über exzellente Fähigkeiten visuellen Denkens verfügen, die wir zuverlässig abrufen können, wann immer wir sie brauchen. Dieses Führseil besteht aus drei Strängen, die wiederum in Fäden unterteilt sind, jede davon ein einfaches Thema, leicht zu erklären und leicht zu verstehen. Diese drei Stränge sind der Prozess *(Sehen, Betrachten, Vorstellen, Zeigen)*, unsere eingebauten biologischen Werkzeuge *(Augen, Vorstellungskraft, Hand/ Auge)* und die Arten des Sehens *(wer/was, wie viel, wo, wann, wie, warum)*.

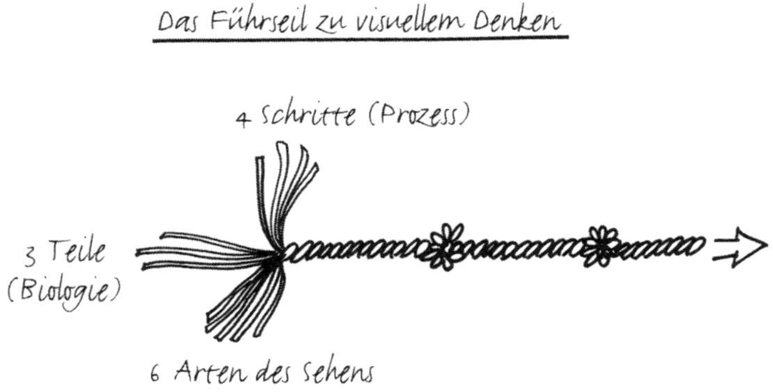

1. **Ein vierstufiger Prozess: Es gibt einen erlernbaren, wiederholbaren und nützlichen Prozess zum visuellen Denken.**

   Das Rückgrat dieses Buches ist ein sehr einfacher Prozess. Er besteht aus nur vier Stufen, und das Schöne an diesen Stufen ist, dass wir bereits wissen, wie wir jede Einzelne davon erklimmen müssen. Genau genommen sind wir darin so gut, dass wir gar nicht bewusst darüber nachdenken. Doch indem wir unsere Aufmerksamkeit auf diese Stufen lenken und die Unterschiede zwischen ihnen herausstreichen, verstehen wir unverzüglich besser, wie visuelles Denken funktioniert. Durch die stufenweise Einführung von Werkzeugen und Erkenntnissen können wir darüber hinaus unsere Fähigkeiten graduell und koordiniert verbessern.

2. **Drei eingebaute Werkzeuge zur Verbesserung: Um visuell zu denken, verlassen wir uns auf das Zusammenspiel unserer drei »eingebauten« Werkzeuge: unserer Augen, unserer Vorstellungskraft und unserer Auge-Hand-Koordination. Wir können alle drei verbessern, und je besser wir bei dem einen werden, desto besser werden wir auch bei den anderen.**

   Während unsere Augen die Werkzeuge sind, mit denen wir die Welt um uns herum betrachten und visuelle Muster darin erkennen, ist es unsere Vorstellungskraft, mit der wir diese Muster manipulieren, auseinandernehmen und neu aufbauen, auf den Kopf stellen und schütteln, um zu sehen, was dabei herausfällt. Wenn wir diese Muster dann einmal umgewälzt haben und etwas erforschen, aufzeichnen und mitteilen möchten, verlassen wir uns auf die Koordination zwischen unseren Händen und unseren Augen, um diese Gedanken zwecks Feinabstimmung und Präsentation zu Papier zu bringen.

3. **Sechs Arten des Sehens: Es gibt sechs grundlegende Fragen, die uns anleiten, wie wir die Dinge sehen und wie wir die Dinge dann zeigen – und diese sechs sind für jedermann wiedererkennbar.**

Unabhängig von den geschäftlichen Bedingungen, der Projektverantwortlichkeit oder dem Zeitplan, jedes Problem lässt sich letztlich auf die sechs grundlegenden Fragen herunterbrechen, die wir bereits kennengelernt haben. Uns allen sind diese Fragen vertraut. Die 6 W wurden uns schon in der Grundschule als die Basis guten Erzählens vorgestellt: wer, was, wann, wo, wie, warum. Diese sechs sind so außergewöhnlich wirkungsvoll für das visuelle Denken, weil sie exakt mit dem übereinstimmen, wie wir die Welt um uns herum wahrnehmen.

Wenn wir diesem Führseil durch das Buch folgen, werden diese drei Hauptthemen immer und immer wieder auftauchen. Mit dem Stift in der Hand sind wir also bereit, den Prozess visuellen Denkens zu durchlaufen. Aber zuerst machen wir einen Abstecher ins Spielzimmer, wo wir bei einer Partie Poker die Dinge ins Laufen bringen wollen.

KAPITEL 3

Ein Spiel ohne Verlierer: Die vier Stufen des visuellen Denkens

Texas Hold'em: der Table Stake des visuellen Denkens

Eine exzellente Methode, anderen Menschen das visuelle Denken näherzubringen – besonders Menschen, die sich selbst nicht für visuelle Typen halten –, besteht darin, den Prozess mit einer Partie Poker zu vergleichen. Oft leite ich Workshops zum visuellen Denken damit ein, dass ich alle ein paar Runden Texas Hold'em spielen lasse. Das Spiel ist so einfach, dass auch jemand, der nie zuvor Karten gespielt hat, die Grundregeln in ein paar Minuten versteht, und die Lektion dieses Spiels – wie man sich ein Blatt ansieht und ein Muster hervortreten sieht, wie man sich vorstellt, welche Karten nötig sind, um dieses Muster zu vervollständigen, wie man sich ein Blatt aufbaut, das man mit der größtmöglichen Wirkung den anderen zeigt – ist visuelles Denken wie aus dem Bilderbuch.

Ich will Ihnen mal zeigen, was ich meine, indem ich mit Ihnen ein Blatt von Texas Hold'em durchgehe. Wie bei jedem Pokerspiel ist das Ziel, die beste Kombination von fünf Karten zu erzielen, wie die folgende Übersicht zeigt.

Bei Texas Hold'em erhält jeder Spieler zwei verdeckte Karten, die nur er anschauen darf. Der Geber legt fünf weitere Karten für jedermann sichtbar auf den Tisch. Aus diesen sieben Karten (zwei »geheime« und fünf »öffentliche«) konstruiert sich jeder Spieler sein bestmögliches Blatt.

Nehmen wir mal an, Ihre geheimen Karten sind ein Bube und der Herz-König.

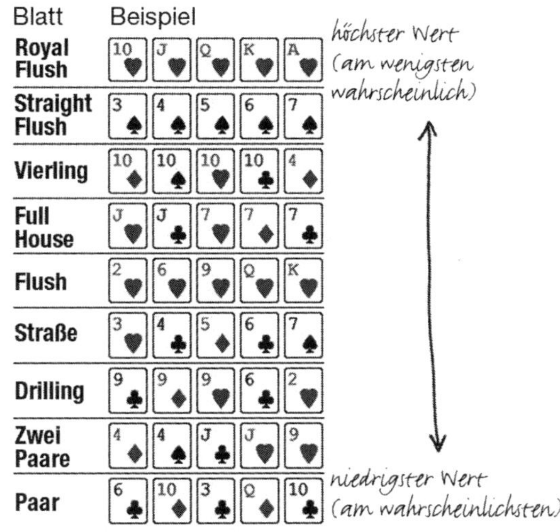

Gewinnblätter beim Poker bis niedrigster Wert.

Da es eine Vielzahl von Kombinationen mit hohem Punktwert gibt, die Ihnen begegnen könnten, ist das ein sehr gutes Ausgangsblatt. Geben Sie also einen guten Einsatz ab, und das Spiel geht weiter. Schritt für Schritt deckt der Geber nun die fünf öffentlichen Karten auf dem Tisch auf, und Sie sehen, wie Ihr Blatt besser und besser wird. Gleichzeitig erhöhen Sie Ihren Einsatz, denn Sie können sich vorstellen, dass die Chancen für jemand anderen, ein besseres Blatt zu haben, zunehmend geringer werden.

Nachdem der Geber auch die letzte öffentliche Karte aufgedeckt hat, sehen Sie, dass Sie ein Full House haben (ein tolles Blatt beim Texas Hold'em), also machen Sie einen richtig großen Einsatz. Wenn die Spieler, die noch dabei sind, ihre Karten zeigen, ist Ihr Full House der Gewinner, und Sie nehmen das Geld.

Prima. Da Sie nun ein gutes Gefühl bezüglich Ihrer Pokerfähigkeiten haben, lassen Sie uns dieses Spiel mit dem visuellen Denken in Verbindung bringen. Das Poker-Beispiel passt aus verschiedenen Gründen.

1. **Es handelt sich um einen Prozess, und er wird von Regeln bestimmt.** Wie jede Handlung, die eine Abfolge von Schritten erfordert, muss auch Poker in einer bestimmten Reihenfolge gespielt werden. Das Spiel würde nicht funktionieren, wenn wir zuerst unser gesamtes Blatt zeigten, dann unsere Einsätze abgäben und zum Schluss die Karten ausspielten. Ähnlich ist es beim visuellen Denken, das ebenfalls ein von Regeln bestimmter Prozess ist.
2. **Wir müssen auf der Grundlage von unzureichenden Informationen Entscheidungen treffen.** Beim Poker müssen wir vor jedem einzelnen Schritt abschätzen, wie sich die Dinge entwickeln werden, lange bevor wir alle Karten gesehen haben. Dasselbe gilt für visuelles Denken. Oft müssen wir wichtige Entscheidungen darüber treffen, welche Bilder wir verwenden, ehe wir alle Informationen bekommen haben.
3. **Aus einer kleinen Zahl von Elementen entsteht eine komplette Bildersprache.** Beim Poker sind alle Daten in den 52 Karten des Spiels und den darauf gezeigten Symbolen enthalten. Obwohl wir nur neun Zahlen (2, 3, 4, 5, 6, 7, 8, 9, 10), vier Bilder (Ass, König, Dame, Bube) und vier Farben (Herz, Karo, Kreuz, Pik) haben, gibt es dennoch eine unendliche Vielfalt von Spielarten. Auch beim visuellen Denken steht eine kleine Auswahl von Bildmotiven für eine unbegrenzte Zahl von Problemlösungen.

Und das Wichtigste von allem:

4. **Der Ablauf eines Pokerspiels ist eine ausgezeichnete Analogie zum Ablauf des visuellen Denkens.** Zunächst erhalten wir ein paar Karten und sehen sie an. Ohne die Karten anzuschauen können wir nicht einschätzen, wie unsere Gewinnchancen sind, also kommt das Spiel ohne Anschauen gar nicht erst in Gang.
   Es reicht aber nicht aus, sich einfach nur die Karten anzusehen, um zu wissen, was sie bedeuten. Als Nächstes müssen wir also betrachten, was daraufsteht. Welche Farbe haben sie? Welche Zahl oder welches Bild tragen sie? Haben wir alle Karten, die wir haben sollten? Fehlt irgendetwas? Wenn das Sehen der halbpassive Prozess des Aufnehmens visueller Informationen ist, so ist das Betrachten der aktive Prozess der Auswahl derjenigen visuellen Informationen, die am wichtigsten sind, und dann das Erkennen ihrer musterbildenden Komponenten.
   Sobald wir gesehen haben, was wir in den Händen halten, müssen wir uns vorstellen, wie das sich herauskristallisierende Muster zusammengesetzt sein könnte. Wir müssen uns vorstellen, wie die von uns ausgespielten Karten ein Muster bilden könnten, das uns zum Gewinn verhilft. Außerdem müssen wir uns vorstellen, was die anderen Spieler haben könnten, und uns vorzustellen versuchen, ob wir sie schlagen können oder nicht.
   Der letzte Schritt des Spiels ist das Zeigen. Am Ende muss jeder, der noch im Spiel ist, seine Karten auf den Tisch legen und zeigen, was er hat. Falls nicht jemand am Tisch ein unglaublich guter Bluffer mit einem undurchdringlichen Pokerface ist und alle anderen dazu getrieben hat, vorzeitig auszusteigen, kann es keinen Gewinner geben, bis alle gezeigt haben. Dasselbe gilt für das visuelle Denken. Wir mögen uns fantastische Dinge vorgestellt haben, aber wenn wir keine Möglichkeit haben, sie anderen zu zeigen, wird der Wert unserer Ideen niemals erkannt.

Da haben wir es also: sehen, betrachten, vorstellen, zeigen. Die vier Schritte beim Poker entsprechen genau den vier Stufen des visuellen Denkens. Und wie das Kartenspiel zeigt, ist daran nichts Magisches oder Geheimnisvolles. Wir vollziehen dieselben Schritte in derselben Reihenfolge, wann immer wir visuell denken.

Der Prozess visuellen Denkens

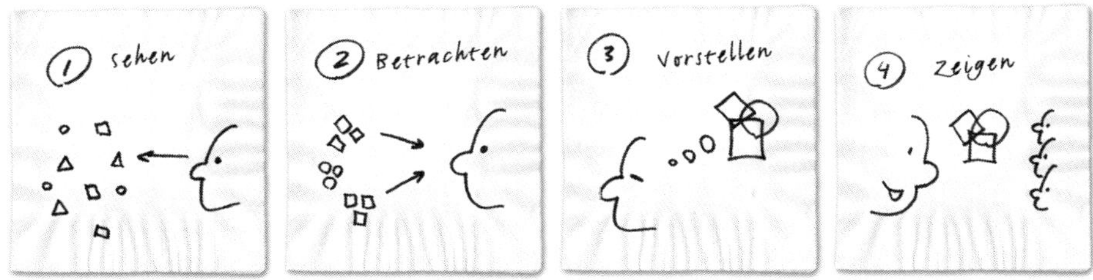

Dieser Prozess sollte keine Überraschung für Sie sein. Schließlich absolvieren Sie diese Schritte täglich Tausende Male – zum Beispiel wenn Sie eine Straße überqueren. Sie schauen in beide Richtungen, und wenn Sie ein nahendes Auto sehen, halten Sie an. Ist das Auto noch weit entfernt, stellen Sie sich vor, ob Sie es hinüberschaffen, ehe es ankommt, und falls ja, zeigen Sie Ihren Entschluss, indem Sie zügig über die Straße gehen, oder Sie warten, bis das Auto sicher vorbeigefahren ist.

Der vierstufige Prozess visuellen Denkens beim Überqueren einer Straße.

Oder wenn Sie einen Geschäftsbericht vorbereiten: Erst sehen Sie sich das Material an, das Sie vermitteln wollen; dann betrachten Sie, was das Interessanteste, Relevante oder Nützliche daran ist; dann stellen Sie sich vor, auf welche Weise Sie Ihre Botschaft vermitteln wollen, und schließlich präsentieren Sie den Bericht Ihren Kollegen.

Der vierstufige Prozess visuellen Denkens beim Schreiben eines Berichts.

Oder wenn Sie bei einer geschäftlichen Präsentation eine Grafik erklären müssen: Sie sehen sich an, was die Grafik enthält (die Legende, die Koordinaten, die Datensätze, die Quellen), dann betrachten Sie, welches Muster die Daten ergeben (vielleicht steigt die X-Achse schneller als die Y-Achse, oder das blaue Segment des Tortendiagramms ist viel größer als das rote), dann stellen Sie sich vor, was diese Muster bedeuten (die Kosten steigen schneller als die Gewinne; die südwestliche Region überflügelt die nordwestliche Region), und dann stehen Sie auf und präsentieren all diese

Erkenntnisse voller Selbstvertrauen Ihrem Publikum, indem Sie es Schritt für Schritt durch genau denselben Prozess führen, den Sie gerade selbst vollzogen haben.

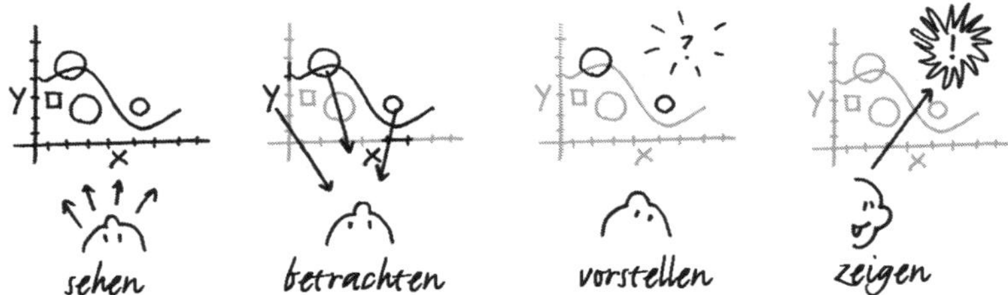

Der vierstufige Prozess visuellen Denkens beim Vorstellen einer Grafik.

Da wir in diesem gesamten Ablauf so gut sind, denken wir nicht viel darüber nach. Aber das liegt nur daran, dass wir ihn so oft geübt haben, dass der Prozess uns zur zweiten Natur geworden ist. Beobachten Sie mal eine Gruppe Kindergartenkinder, die Hand in Hand auf dem Weg zum Zoo sind, dann sehen Sie, dass das Überqueren einer Straße kein intuitiver Vorgang ist. Ohne die Hilfestellung der Lehrer würden viele Kinder einfach auf die Straße rennen, also den zeigenden Teil des Prozesses ausführen, ohne die Schritte Sehen, Betrachten und Vorstellen durchlaufen zu haben … mit katastrophalem Ergebnis. Wie wir später noch sehen werden, ist dies genau das, was die meisten Geschäftsleute tun, wenn sie eine Grafik erstellen. Und deshalb lohnt es sich, noch ein paar Minuten mit dem Erlernen des Prozesses zu verbringen.

Der Prozess visuellen Denkens, Schritt für Schritt

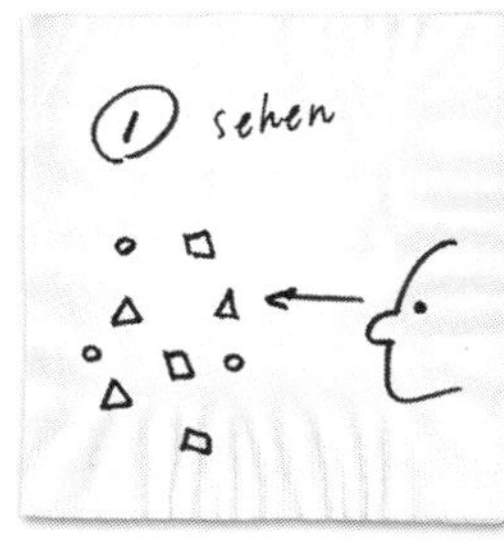

Sehen

Dies ist der halbpassive Vorgang des Aufnehmens der visuellen Informationen rund um uns herum. Beim Sehen sammeln wir Eindrücke und nehmen erste grobe Einschätzungen des Vorhandenen vor, um zu wissen, wie wir damit umgehen müssen. Das Sehen ist ein Abtasten der Umgebung, um ein erstes Gespür für das große Ganze zu entwickeln, während wir gleichzeitig ein Feuerwerk an Fragen zünden, die unserem Verstand eine vorläufige Einschätzung dessen ermöglichen, was wir vor uns haben.

Sehen = Sammeln und Selektieren

Fragen beim **Sehen:**

- Was ist da? Gibt es viel davon? Was ist nicht da?
- Wie weit kann ich schauen? Wo wird mein Blick in in dieser Situation begrenzt und eingeschränkt?
- Was erkenne ich sofort, und was verwirrt mich?
- Sehe ich das, was ich erwartet habe? Kann ich es rasch erfassen, oder brauche ich zusätzliche Zeit, um herauszufinden, was ich da sehe?

Aktivitäten beim **Sehen:**

- Das gesamte Panorama mit den Blicken abtasten. Ein großes Ganzes erstellen; bemerken, dass es Wälder und Bäume gibt … und auch Blätter.
- Die Begrenzungen finden und bestimmen, wo oben ist. Die Grenzen des Blickes und die grundlegenden Koordinaten der Informationen bestimmen.

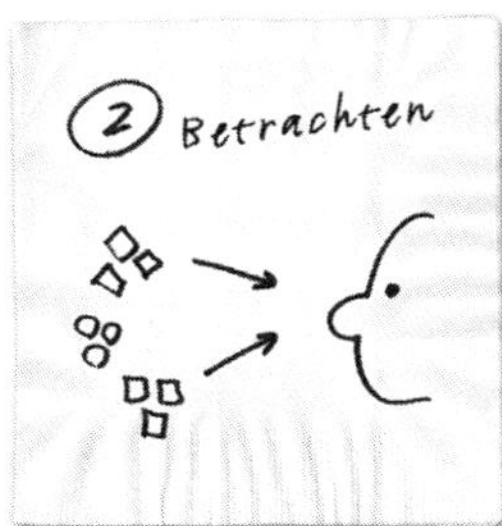

Betrachten

Dies ist die andere Seite der Medaille des visuellen Inputs, und hierbei werden unsere Augen bewusster eingesetzt. Beim Sehen haben wir die gesamte Szene abgetastet und erste Eindrücke gesammelt. Beim Betrachten wählen wir aus, welche Eindrücke eine eingehendere Untersuchung wert sind. Die Grundlage dafür ist das Erkennen von Mustern – manchmal bewusst, oft aber auch nicht.

Betrachten = Auswählen und Zusammenfassen

Fragen beim **Betrachten:**

- Weiß ich, was ich betrachte? Habe ich so was schon mal gesehen?
- Lassen sich irgendwelche Muster ausmachen? Gibt es etwas, das besonders hervortritt?

- Was kann ich aus dem Gesehenen aufgreifen – welche Muster, welche Prioritäten, welche Interaktionen –, um diese Umgebung mit Sinn zu erfüllen, damit ich Entscheidungen darüber treffen kann?
- Habe ich genügend visuelle Eindrücke gesammelt, um dem Gesehenen einen Sinn zu geben, oder muss ich einen Schritt zurückgehen und weiter sehen?

Aktivitäten beim **Betrachten:**

- Nach Relevanz filtern: aktive Auswahl derjenigen visuellen Eindrücke, die einen zweiten Blick lohnen, und Aussortieren anderer. (Später dann zurückgehen und erneut überprüfen.)
- Kategorisieren und Unterscheidungen treffen: die Spreu vom Weizen trennen durch verschiedene Kategorien.
- Muster erkennen und kreativ zusammenfassen; visuelle Gemeinsamkeiten zwischen den Eindrücken und größere Gemeinsamkeiten zwischen den Kategorien herstellen.

Vorstellen

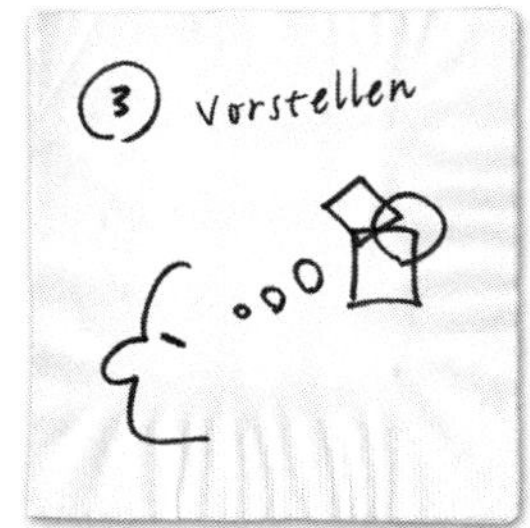

Das Vorstellen setzt ein, sobald die optischen Eindrücke gesammelt und selektiert worden sind und der Zeitpunkt gekommen ist, sie zu manipulieren. Die Vorstellung lässt sich am besten auf zwei Arten beschreiben: entweder als Sehen mit geschlossenen Augen oder als Sehen von etwas, das nicht da ist.

Vorstellen = Sehen, was nicht da ist

Fragen beim **Vorstellen:**

- Wo habe ich so was schon mal gesehen? Kann ich Analogien zu Dingen herstellen, die ich in der Vergangenheit gesehen habe?
- Gibt es noch bessere Arten, um die Muster anzuordnen, die ich sehe? Kann ich sie anders aufstellen, damit sie mehr Sinn ergeben?
- Kann ich diese Muster beeinflussen, damit etwas Unsichtbares sichtbar wird?
- Gibt es ein verborgenes System, das alles Gesehene miteinander verbindet? Kann ich dieses System verwenden, um andere Dinge einzuordnen, die ich gesehen habe?

Aktivitäten beim **Vorstellen:**

- Die Augen schließen, um mehr zu sehen: die frischen visuellen Eindrücke mit geschlossenen Augen betrachten und feststellen, ob sich neue Verbindungen ergeben.
- Analogien finden: »Wo habe ich so was schon mal gesehen?« fragen und sich dann vorstellen, wie analoge Lösungen in dieser neuen Situationen funktionieren würden.
- Die Muster manipulieren: Bilder auf den Kopf stellen, von links nach rechts drehen, Koordinaten vertauschen und von innen nach außen verschieben. Sehen, ob sich etwas Neues abzeichnet.

- Das Offensichtliche verändern: visuelle Ideen fördern durch das Erfinden zahlreicher Möglichkeiten, dasselbe zu vermitteln.

Zeigen

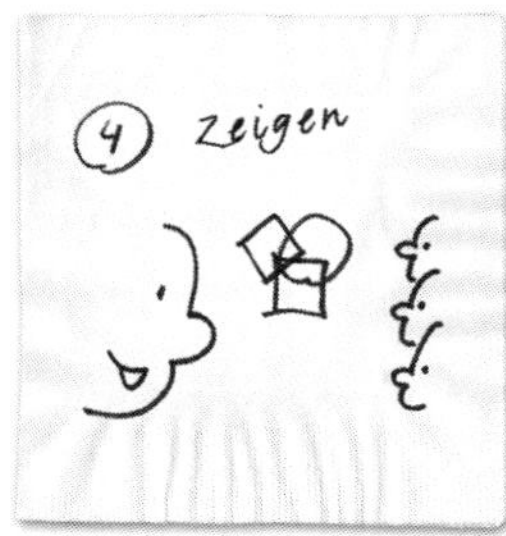

Wenn wir erst mal ein Muster entdeckt, es für sinnvoll befunden und herausgefunden haben, wie wir es beeinflussen können, um etwas Neues zu entdecken, müssen wir dies alles anderen präsentieren. Wir müssen alles zusammenfassen, was wir gesehen haben, das beste System finden, um unsere Gedanken visuell darzustellen, das Ganze zu Papier bringen, erläutern, was wir uns vorgestellt haben, und dann die Fragen der Zuhörer beantworten.

Zeigen = alles verdeutlichen

Fragen beim **Zeigen:**

- Welche drei Bilder haben sich von all dem, was ich mir vorgestellt habe, als die wichtigsten herauskristallisiert – sowohl für mich als auch für meine Zuhörer?
- Auf welche Weise kann ich meine Gedanken am besten visuell vermitteln? Welches visuelle Gerüst ist am besten geeignet, um das Gesehene mitzuteilen?
- Wenn ich zu dem zurückgehe, was ich ursprünglich betrachtet habe, ergibt das, was ich jetzt zeige, immer noch Sinn?

- Sagen Sie: »Das habe ich gesehen.« Dann fragen Sie Ihre Zuhörer: »Ergibt das für Sie Sinn? Sehen Sie dasselbe oder etwas anderes?«

Aktivitäten beim **Zeigen:**

- Die besten Ideen verdeutlichen: alle visuellen Ideen nach Prioritäten sortieren, damit die relevantesten zuoberst stehen.
- Zu Papier bringen: ein geeignetes visuelles Gerüst auswählen und die Ideen auf Papier oder an die Tafel bringen.
- Alle W abdecken: sicherstellen, dass *Wer/was, Wie viel, Wo* und *Wann* jederzeit erkennbar sind; *Wie* und *Warum* als visuelle Pointe gestalten.

Es verläuft natürlich nicht immer linear

Im weiteren Verlauf des Buches sind dies die vier Schritte, die wir jedes Mal gehen werden, sobald wir mithilfe eines Bildes ein Problem lösen. Genau genommen ist das restliche Buch um diese vier Schritte herum aufgebaut. Doch wir müssen uns noch einer weiteren Nuance bewusst werden, die uns bei der Anwendung des Prozesses von Nutzen ist. Wenn wir noch mal zum Pokerspiel zurückkehren, so erkennen wir einen bestimmten Punkt, in dem das Spiel vom visuellen Denken abweicht: nämlich das Verzeihen. Beim Poker sind die Regeln festgelegt, und wenn Sie Ihr Geld erst mal eingesetzt haben, können Sie nicht mehr zurück. Beim Problemlösen mithilfe von Bildern dagegen ist das Zurückgehen und Verändern einer der wertvollsten Aspekte des ganzen Ansatzes.

Ich verrate Ihnen jetzt ein nützliches Geheimnis des Prozesses. Obwohl die vier Schritte immer in ihrer natürlichen Reihenfolge ablaufen, müssen wir sie nicht in einer geraden Linie von 1 bis 4 durchlaufen. Tatsächlich erweist sich der ganze Prozess eher als eine Abfolge von Schleifen, ungefähr wie in der Zeichnung rechts.

Merken Sie, wie Sehen und Betrachten sich immer und immer wiederholen und einander speisen? Diese beiden Schritte, in denen die visuellen Informationen eingeholt werden, sind so eng miteinander verbunden, dass der eine ohne den anderen einfach nicht möglich ist. Das heißt aber nicht, dass wir uns ihre Unterschiede nicht zunutze machen könnten, indem wir unsere Fähigkeit des visuellen Denkens verbessern – im Gegenteil, in den folgenden beiden Kapiteln werden wir sehen, wie hilfreich diese Schleife für uns sein kann.

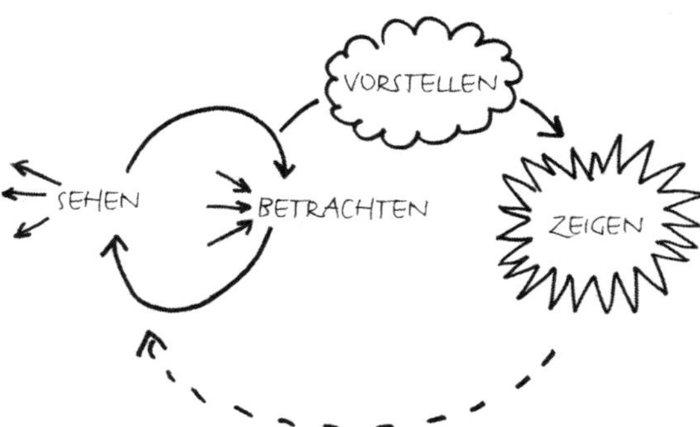

Der Prozess visuellen Denkens, wie er tatsächlich abläuft.

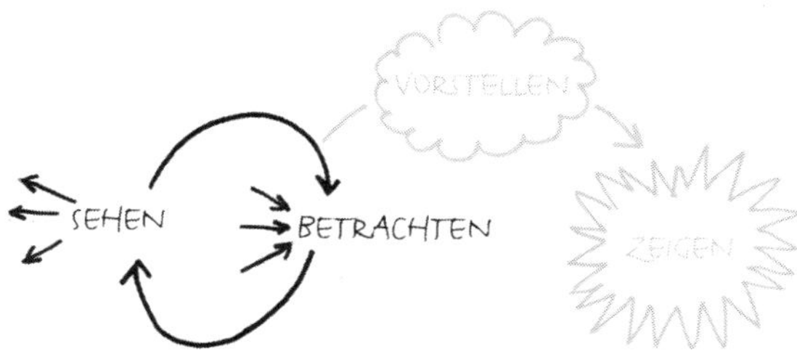

Auf eine ganz andere Weise ist das Vorstellen – das Zusammenfassen all dessen, was wir gesammelt und selektiert haben, und dann das Betrachten mit geschlossenen Augen – die Brücke, die uns von den *eingehenden* visuellen Informationen hinüberführt zum *Ausgeben* des Visuellen. Über diesen nahezu magischen Schritt werden wir viel erfahren und ein neues Werkzeug kennenlernen, das unsere Vorstellung zu einer zuverlässigeren und weniger geheimnisvollen Aktivität macht.

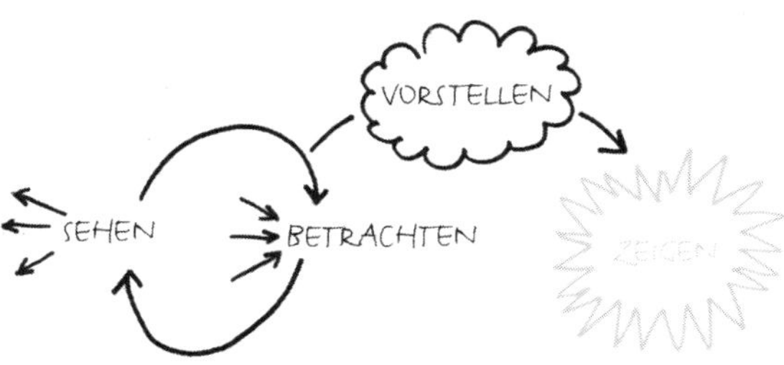

Noch eine letzte Bemerkung zu dem Prozess: Haben Sie die gepunktete Linie bemerkt, die das *Zeigen* wieder mit dem *Sehen/Betrachten* verbindet? Fakt ist, wenn wir alles richtig gemacht haben, dann beginnen die anderen im selben Moment, in dem wir ihnen unsere Arbeit zeigen, mit ihrem eigenen Prozess visuellen Denkens, sie schauen unsere Bilder an, betrachten das, was daran für sie interessant ist, und stellen sich vor, wie sie das Gezeigte beeinflussen und verändern könnten. Damit beginnt die Schleife des visuellen Denkens immer wieder aufs Neue.

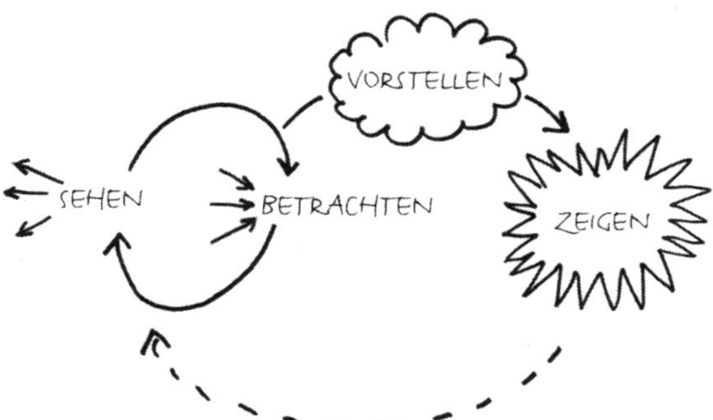
VORSTELLEN
SEHEN
BETRACHTEN
ZEIGEN

Besser hingucken, genauer betrachten, weiter denken: Werkzeuge und Regeln für gutes visuelles Denken

KAPITEL 4

Nein danke, ich will nur mal gucken

Ein Grund, warum die meisten Menschen nicht wissen, wie man Probleme mithilfe von Bildern lösen soll, liegt darin, dass sie ihr Zeichentalent nicht richtig einschätzen können. Besonders Rote und Gelbe Stifte denken, sie könnten visuelles Denken nicht bei komplexen Herausforderungen einsetzen, weil sie *nicht zeichnen können*. Das ist traurig, denn diese Annahme hindert viele der potenziell vielversprechendsten visuellen Denker daran, überhaupt anzufangen.

Drehen wir dieses Denken mal herum. Statt zu glauben, dass man erst zeichnen können muss *(zeigen)*, stellen wir uns einen Augenblick lang vor, dass das Zeichentalent größtenteils ein Ergebnis der Fähigkeit zu *betrachten* ist, und die Fähigkeit zu betrachten resultiert unmittelbar aus der Fähigkeit *hinzuschauen*. Mit anderen Worten:

Wenn man das visuelle Denken als vollständigen Prozess betrachtet, bedeutet dies, dass der Ausgangspunkt nicht darin liegt, besser zeichnen zu lernen, sondern besser sehen zu lernen. Deshalb ist der Prozess so wertvoll: Er stellt das Sehen – etwas, das wir alle von Geburt an gut können – an den Anfang der Linie.

Aus dieser Perspektive betrachtet ist die beste Methode, mit dem visuellen Denken zu beginnen, eine größere Vertrautheit damit, wie unser internes Sehvermögen die Welt erfasst.

Wie wir sehen

In jeder Sekunde, in der unsere Augen geöffnet sind, nehmen wir Millionen von visuellen Signalen in Form von Photonen auf, die von der Netzhaut in elektrische Impulse umgewandelt und dann über den Sehnerv in verschiedene Bereiche des Gehirns transportiert werden, wo sie analysiert, gefiltert, verglichen, kategorisiert und neu angeordnet werden – bis sie ein vollständiges Bild ergeben, das wir im Kopf sehen.

Dieser ganze Prozess findet jede Sekunde Hunderte Male statt, vollkommen unbewusst, und Neurologen und Spezialisten für das Sehvermögen fangen gerade erst an zu verstehen, wie das alles funktioniert. Je mehr sie erfahren, desto fantastischer und zauberischer erscheinen die Mechanismen des Sehens. Doch so überwältigend unser automatisches Wahrnehmungssystem auch sein mag, es ist nur ein Teil des Sehens, das zum visuellen Denken gehört. Wenn wir von visuellem Denken reden, dann benutzen wir dieses automatische System, um ganz bewusst unseren Nutzen aus seinen Stärken zu ziehen. Wenn wir von visuellem Denken reden, reden wir in erster Linie von *aktivem Sehen*.

Wo ist oben?

Die grundlegenden neurologischen Vorgänge* bleiben zwar dieselben, ob Sie nun einen nächtlichen Sternenhimmel betrachten, ein Kindergesicht oder eine mit Zahlen gefüllte Tabelle, aber was unsere Augen erfassen und was wir daraus machen, hängt davon ab, welches visuelle Problem wir gerade lösen wollen.

Wie wir sehen, hängt von dem Problem ab, das wir lösen müssen.

Stellen Sie sich vor, Sie sind mit ein paar Freunden zum Bowling verabredet. Was sehen Sie als Erstes an, wenn Sie die Bowlingbahn betreten? Die Platzierung von Pin-Nummer sechs auf Bahn zwölf? Die Zahlen, die auf der Rückseite der Bowlingschuhe hinter der Theke aufgedruckt sind? Nein, das erste Problem, dem Sie begegnen, ist schlicht zu verstehen, wo Sie sind, also tasten Ihre Augen die Gesamtheit der Bowlingbahn ab, definieren die Grenzen des Raums und errichten innerhalb von Sekundenbruchteilen ein dreidimensio-

* Falls Sie an der wissenschaftlichen Begründung dessen interessiert sind, was ich im Folgenden erkläre, lesen Sie bitte Anhang A: Die Wissenschaft des Visuellen Denkens.

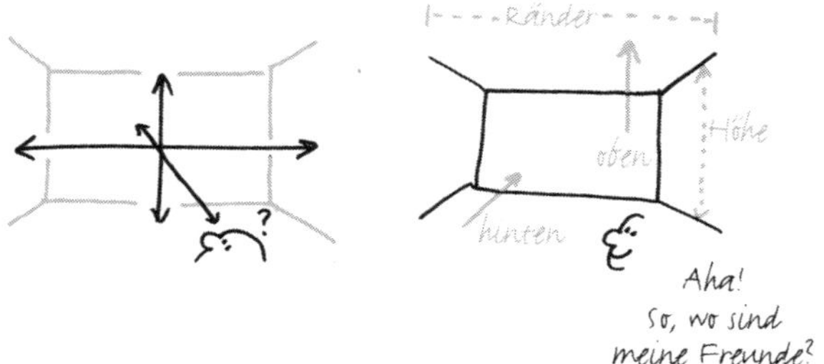

Wenn wir eine Umgebung betreten, erstellen unsere Augen schnell ein dreidimensionales Modell, um den Raum aufzuteilen und unsere eigene Position darin zu bestimmen.

nales mentales Modell dessen, wo oben ist, wo die Wände sind und wo Ihr Standpunkt ist. Ehe Sie überhaupt darüber nachdenken konnten, hat Ihr automatischer Sehprozess bereits erkannt, dass die Bowlingbahn soundso breit ist, soundso tief, soundso hoch und – glücklicherweise – nicht auf dem Kopf steht. Mit anderen Worten, Ihr visueller Autopilot hat Ihre Orientierung und Positionierung vorgenommen.

Mit diesem 3-D-Modell einer Bowlingbahn im Kopf geht Ihr Wahrnehmungssystem nun dazu über, das vorrangige Problem zu lösen, nämlich Ihre Freunde zu finden. Ihre Augen suchen automatisch nach verräterischen Zeichen: ein bekanntes Gesicht, ein spezielles Profil, eine bestimmte Bewegung und so weiter. Bingo! Da sind sie: drei Bahnen weiter, gleich hinter dem Getränkeautomaten. Mithilfe von unbewusster Identifikation und Bestätigung – durch einen Abgleich des Gesehenen mit dem Erwarteten – haben Sie Ihre Freunde gefunden.

Wenn wir eine grobe Vorstellung davon haben, wo wir sind, fangen wir an, nach Leuten oder Dingen Ausschau zu halten, die wir erkennen (um unsere Erwartungen dessen zu bestätigen, wer oder was da sein sollte).

Erst später – wenn Sie die Bowlingschuhe angezogen haben, die Kugel in der Hand halten und am einen Ende der Bahn stehen – interessieren sich Ihre Augen dafür, genau in *Richtung* der Kegel am anderen Ende zu schauen.

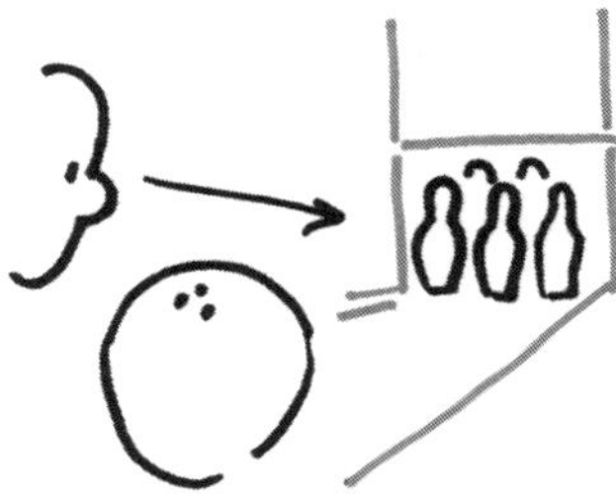

Erst wenn wir endlich bereit sind, die Kugel zu werfen, schauen wir wirklich in die exakte Richtung der Kegel.

Es lohnt sich, die Schritte der *Orientierung, Positionierung, Identifizierung* und *Richtung* zu betonen, denn sie sind nur vier der Schlüsselfunktionen, die unser Wahrnehmungssystem automatisch für uns übernimmt. Diese vier sind besonders wichtig, denn wenn sie nicht unverzüglich vorgenommen werden – wenn wir also viel Zeit und Mühe darauf verwenden müssen herauszufinden, wo oben ist –, haben wir keine Chance, jemals zum ersten Wurf zu kommen.

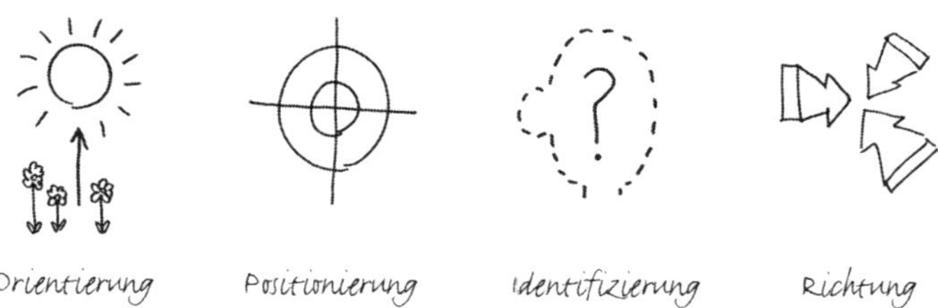

Zu den automatischen Sehfunktionen, die unser Wahrnehmungssystem ohne unsere bewusste gedankliche Unterstützung für uns übernimmt, gehören auch diese vier: Orientierung, Positionierung, Identifizierung und Richtung.

Wichtig hierbei ist, dass genau diese vier Sehfunktionen festlegen, ob wir eine geschäftliche Grafik unmittelbar verstehen oder nicht. Um zu illustrieren, was ich meine, beginnen wir mit einer grundlegenden Aufgabe visuellen Denkens wie dem Lesen einer einfachen Grafik.

Schon nach ein paar Sekunden des Betrachtens sollte deutlich geworden sein, dass diese Abbildung die Teepreise verschiedener Länder miteinander vergleicht. Aber warum ist das offensichtlich? Was an dieser Abbildung lässt uns schnell begreifen, was sie darstellt? Verwenden wir mal das, was wir über das Sehen gelernt haben, um es herauszufinden.

Zunächst einmal folgt diese Grafik einer Reihe allgemein akzeptierter Standards in der Datenaufbereitung durch Bilder: Sie beruht auf einem horizontalen und vertikalen zweiachsigen Koordinatensystem. So wie unsere Augen im Moment des Betretens der Bowlingbahn die Decke, die Wände und den Boden registriert haben, gibt uns auch diese Grafik die visuellen Schlüsselsignale, um sofort zu begreifen, wo oben ist. Bei dieser Grafik bestehen die Schlüsselsignale in dem zweiachsigen Koordinatensystem, das durch die vertikalen und horizontalen Hauptlinien angedeutet wird. Natürlich ist oben eigentlich gar nicht »oben« (hier ist es *wie viel*), und rechts ist nicht wirklich »rechts« (sondern *wo*), aber trotzdem erkennen unsere Augen das einfache Koordinatensystem.

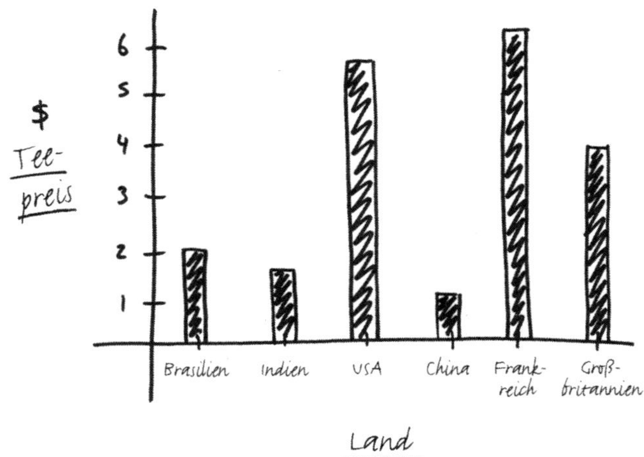

Fangen wir mit dieser einfachen Geschäftsgrafik an.

Gibt es noch andere Mittel, die diese Grafik »offensichtlich« machen? Ja. Die Beschriftung zeigt uns unsere Positionierung relativ zu den Koordinaten und den anderen Ländern. Wenn wir uns beispielsweise in den USA befinden, finden wir uns etwa in der Mitte der Abbildung wieder.

Schließlich dienen die relative Positionierung der Länder und der Preise sowie die unterschiedlichen Höhen der Preismessbalken alle dem Zweck, uns eine *Richtung* zu geben, in diesem Fall wo die Teepreise der Länder relativ zueinander liegen. Beispielsweise sehen wir, dass Tee in den USA sehr viel teurer ist als in China, aber etwas billiger als in Frankreich.

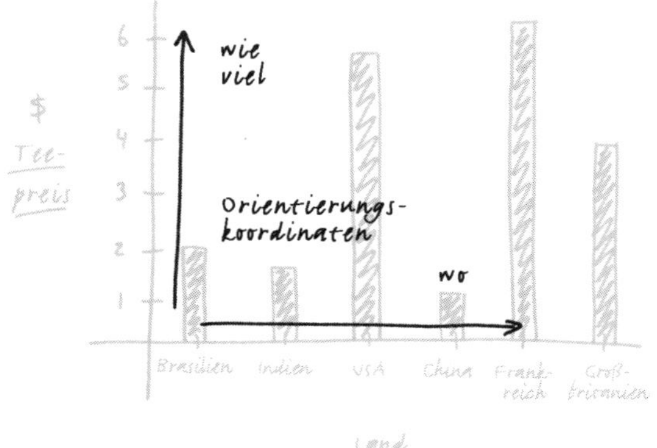

Die Grafik ermöglicht uns eine rasche Orientierung durch das horizontale und vertikale Koordinatensystem.

Hier geht es darum zu zeigen, dass unsere Augen immer auf die gleiche Weise sehen, auch wenn diese Grafik und die Bowlingbahn nichts gemeinsam haben. Wir haben genau dieselbe Anzahl eingehender visueller Signale, dieselben elektrischen Impulse zum Analysieren und Zuordnen und dieselben Pfade, auf denen diese Impulse verlaufen. Aus der Perspektive unserer Augen haben wir sogar dieselbe Problemstellung zu lösen – *Orientierung, Positionierung, Identifizierung* und *Richtung*.

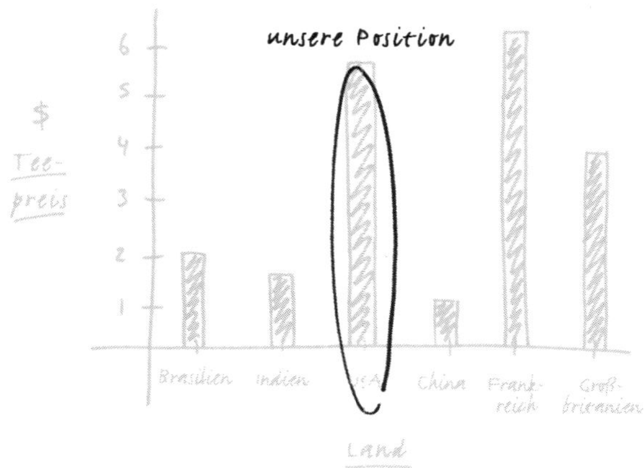

Durch die Beschriftung können wir unsere eigene Position in der Grafik relativ zu den Koordinaten und zu den anderen aufgeführten Ländern bestimmen.

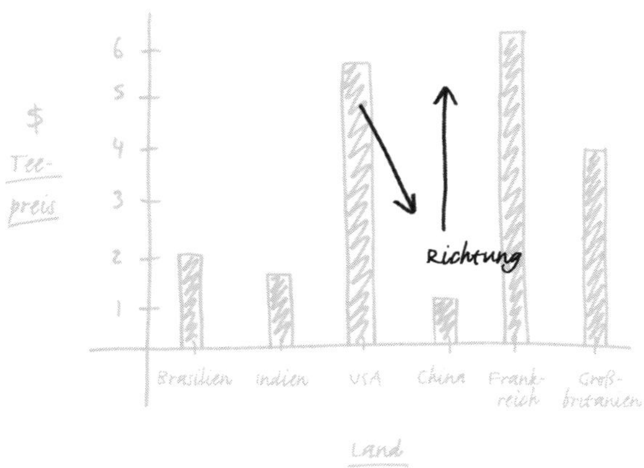

Die relative Höhe der senkrechten Balken zeigt uns die Richtung – hoch, runter, gleich et cetera – der Preise zueinander.

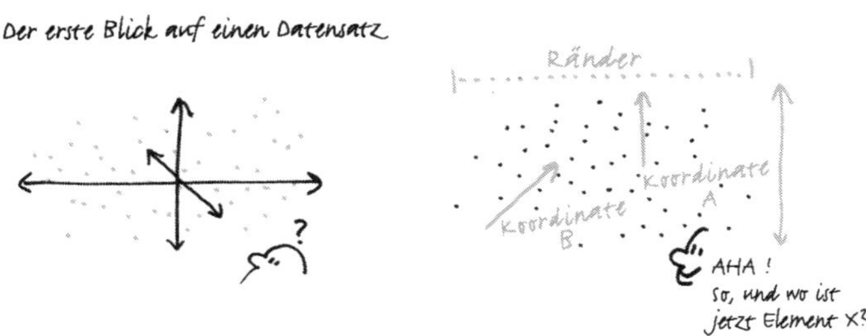

Beim ersten Blick auf eine beliebige »Datenlandschaft« (ein Arbeitsblatt, eine Tabelle, eine Grafik, ein Diagramm et cetera) durchlaufen unsere Augen denselben Sehprozess wie beim Betreten der Bowlingbahn.

Besser hinsehen: Vier Regeln, die Sie beherzigen sollten

Um ein gutes Sehvermögen zu entwickeln – und sich damit eine gute Grundlage für visuelles Denken zu schaffen –, gibt es vier Grundregeln, die Sie jedes Mal anwenden können, wenn Sie etwas Neues sehen:

1. Tragen Sie alles zusammen, was angesehen werden kann – je mehr, desto besser (zumindest zu Anfang).
2. Suchen Sie sich einen Ort, wo Sie alles ausbreiten und gründlich nebeneinander anschauen können.
3. Definieren Sie immer ein grundlegendes Koordinatensystem, um eine eindeutige Orientierung und Positionierung zu ermöglichen.
4. Versuchen Sie, energische Abstriche zu machen bei dem, was Ihre Augen alles an Input geliefert haben – Sie müssen eine visuelle Selektion vornehmen.

DIE VIER KARDINALREGELN FÜR BESSERES HINSEHEN

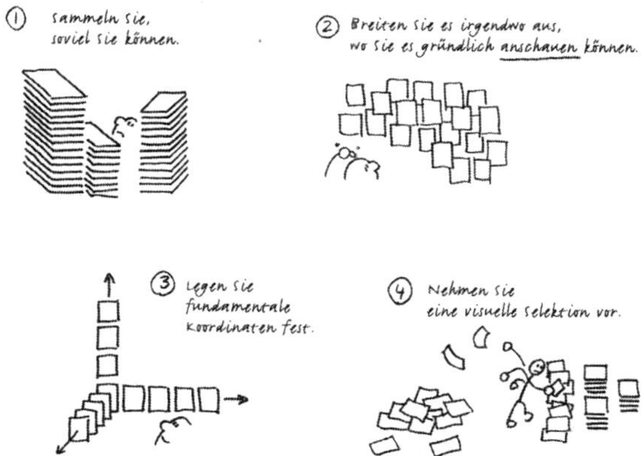

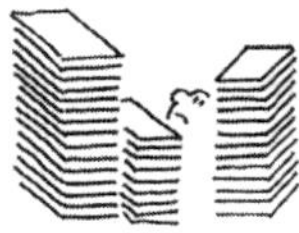

Sehregel Nr. 1: Sammeln Sie alles, was vor Ihnen auftaucht

Sehen ist Sammeln, genau wie jede andere Form des Sammelns. Wenn wir einmal angefangen haben, stehen wir sofort vor einem von zwei Problemen – entweder gibt es zu viel zu sammeln oder nicht genug. Der ersten Situation sind wir bereits in Kapitel 2 begegnet: Als Daphne eine Entscheidung über die Marke ihres Verlags treffen musste, sammelte sie Branchendaten aller Art, und zwar so viele, dass sie nicht zu schnellen Ergebnissen gelangen konnte.

Heutzutage teilt Daphne ihr Problem mit jedermann, überall, in jedem geschäftlichen Umfeld: Informationsüberflutung zählt zu den Standard-Arbeitsbedingungen, und wir werden lernen müssen, damit umzugehen. Unter diesen Umständen ist das *aktive* Sehen ein hilfreicher Ansatz bei dem Versuch, das Wichtige herauszufiltern und ihm einen Sinn zu verleihen. Schließlich sind unsere Augen ständig einem Übermaß an Informationen ausgesetzt, und trotzdem können wir noch sehr gut sehen. Daraus lässt sich etwas lernen.

Zu viel zu sehen

Als Daphne ihr gesamtes Umfragematerial an unser Team mailte, kam es uns so vor, als wären wir plötzlich mitten in die Bowlingbahn gebeamt worden, hätten die Eingangstür umgangen und wären mitten auf einer der Bahnen fallen gelassen worden, während Daten uns zur Rechten und zur Linken umströmten. Da wir nicht wussten, wo wir reingekommen waren – oder auch nur wonach wir überhaupt suchen sollten –, wussten wir gar nicht, wo wir zuerst hinsehen sollten.

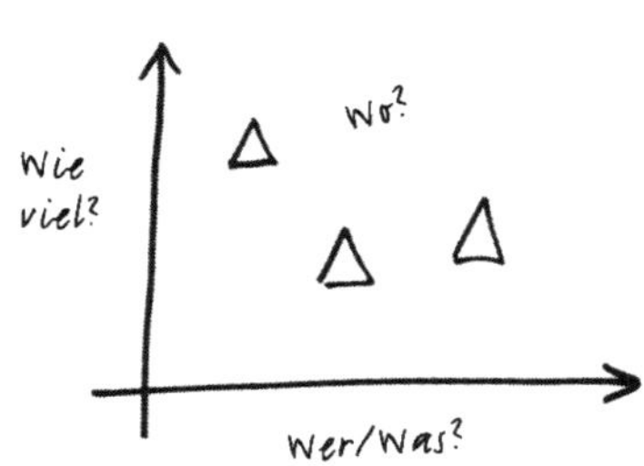

Das Koordinatensystem mit *Wer/Was* versus *Wie viel* schaffte einen Kontext, in dem wir nach weiteren Details suchen konnten, zum Beispiel nach *Wo* und *Wann*.

Doch unser Wahrnehmungssystem ist flexibel und widerstandsfähig, und es will den Dingen wirklich auf den Grund gehen. Also setzen wir den Prozess aktiven Sehens in Gang. Erster Auftrag? Herausfinden, wo oben ist. Wir mussten ein Koordinatensystem finden, das uns die Richtung nach oben wies, also entwarfen wir ein Modell, das *Wer/Was (Mitbewerber)* im Vergleich zu *Wie viel (Umsatz)* zeigte.

Nächster Punkt: *Position*. Wir suchten nach Hinweisen, die uns zeigten, wo Daphnes Unternehmen in dem von unserem Koordinatensystem definierten Raum zu finden war. Als Nächstes: *Identifikation*. Wir durchforsteten das Material, um herauszufinden, wo in diesem Raum die anderen Unternehmen standen. Schließlich formte sich das Bild heraus, das zu Daphnes Grafik wurde. Der Informationsüberfluss wird bleiben, aber mithilfe aktiven Sehens können wir ihn bewältigen.

Nicht genug zu sehen

Ein Jahr nachdem ich das Bild für Daphnes Verlagsmarkenstrategie entwickelt hatte, erhielt ich einen Anruf von Ken, dem Kommunikationschef eines bekannten Zentrums für wissenschaftliche Forschungen, der ein Problem hatte, das dem von Daphne zu ähneln schien, nämlich wie er den Markennamen seines Instituts für einen optimalen finanziellen Effekt positionieren konnte. Die wissenschaftliche Einrichtung, für die Ken arbeitete, musste ebenfalls die

Aufmerksamkeit potenzieller Investoren auf sich ziehen – nicht weil sie an die Börse gehen wollte, sondern weil Änderungen in der Förderungsstruktur des Bundes sie dazu zwangen, mögliche alternative Förderquellen außerhalb der Bundesregierung zu erschließen.

Doch schnell wurde deutlich, dass Kens Herausforderung tatsächlich das genaue Gegenteil von Daphnes war: Sie hatte zu viel zu sehen, er hatte nicht genug. Das hatte mit der Selbsteinschätzung der beiden Organisationen zu tun. Daphnes Unternehmen betrachtete sich als gewinnorientiert, und jede Gelegenheit, mehr Umsatz zu machen, lohnte wenigstens eine nähere Betrachtung. Kens Institution dagegen sah sich als Hüter der wissenschaftlichen Wahrheit und fürchtete mögliche Interessenkonflikte bei unternehmerischen Förderquellen – so sehr, dass unsere gesamte Studie im Geheimen stattfinden musste. Wenn interne Kreise herausbekamen, dass wir Fördermöglichkeiten auch nur *erwogen,* bestand die Gefahr eines Aufruhrs der Wissenschaft.

Wieder wurden wir in die Bowlingbahn geworfen, aber diesmal noch bei fast völlig ausgeschalteter Beleuchtung. Wir besaßen zwar die Erkenntnisse und Berichte des Instituts über Bundesfördermittel, aber das erhellte nur wenig. Wenn das Institut Geld von außerhalb an Land ziehen wollte, musste es auch außerhalb nach Ideen suchen. Genau wie in Daphnes Fall mussten wir zuerst mal die Koordinaten bestimmen. Wieder begannen wir mit den 6 W, um das Problem einzugrenzen:

- ***Wer:*** Wer waren annähernd ähnliche Organisationen – wissenschaftlich, akademisch und forschungsorientiert mit dem Schwerpunkt auf Naturwissenschaft –, die ebenfalls größere nicht regierungsgebundene Fördergelder benötigten?
- ***Wie viel:*** Wie viel Geld benötigten diese Organisationen, und wie viel bekamen sie?

- ***Wo:*** Wo kam ihr Geld her? Wo sind sie auf der allgemeinen Landkarte (natur-)wissenschaftlicher Fördermittel positioniert?
- ***Wann:*** Wie oft bekamen sie ihr Geld? Wöchentlich? Jährlich? Fortlaufend?

Nachdem diese Rahmenbedingungen aufgestellt waren, gingen wir los, um nach den richtigen *Wers* zu suchen. Wir fanden etliche Organisationen, die in Betracht zu ziehen sich lohnte – Museen, Umweltorganisationen … alles von Conservation International über den Sierra Club bis hin zum Monterey Bay Aquarium –, sie alle passten in das Schema: Naturwissenschaft, Umwelt, Geldbedarf. Also wählten wir ein paar Namen aus und fanden zwischen den Gesetzen der öffentlichen Bekanntmachung und dem Wunder des Internets rasch, wonach wir suchten: Größe der Organisation, finanzieller Status, Herkunft von Fördermitteln und so weiter.

Mit nichts weiter als einer einfachen Problemstellung – »Von wem außer der Regierung können wir Fördermittel bekommen?« – verwendeten wir das aktive Sehen, um die notwendigen Teile für ein Modell zusammenzutragen, das die Welt der naturwissenschaftlichen Förderung abbildete. Es sah ungefähr so aus:

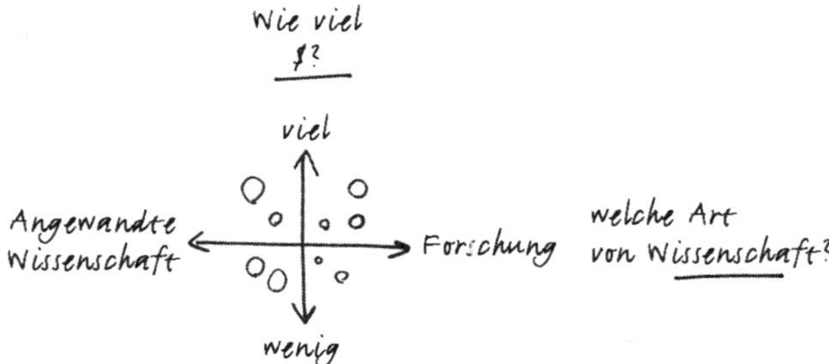

Anschauungsmodell der Förderung für Naturwissenschaften.

Auf der Grundlage dieses Gerüsts mussten wir nun die Zahlen einsetzen, die wir zusammengetragen hatten, und das würde uns die Funktionsfähigkeit der verschiedensten Fördermöglichkeiten zeigen. Wieder war es das aktive Sehen, das uns die benötigte Hilfestellung gab, sogar im Dunkeln.

Sehregel Nr. 2: Breiten Sie es irgendwo aus, wo Sie es gründlich anschauen können.

Nachdem wir alles zusammengetragen haben, müssen wir es irgendwo ausbreiten, wo wir es gründlich anschauen können. Diese Regel ist so offensichtlich, dass sie oft ignoriert wird, und doch ist das die einzige und beste Methode, um eine große Menge an Daten effektiv zu erfassen – alles Zusammengetragene zu nehmen und es nebeneinander hinzulegen, damit unsere Augen es in wenigen Durchgängen überfliegen können.

Das Prinzip Garagenverkauf: Woher wissen wir überhaupt, was wir haben?

Nennen wir das mal das Prinzip Garagenverkauf: Egal wie gut aufgeräumt der Krempel in unserer Garage sein mag, wenn wir ihn bei Tageslicht auf Tischen ausbreiten, erhält alles eine völlig andere Perspektive. Für Informationen gilt dasselbe: Wenn sie in einzelne Ordner und Berichte gepackt sind, ist es unmöglich, das große Ganze zu erkennen – aber alles offen darzulegen lässt ansonsten unsichtbare Verbindungen sichtbar werden.

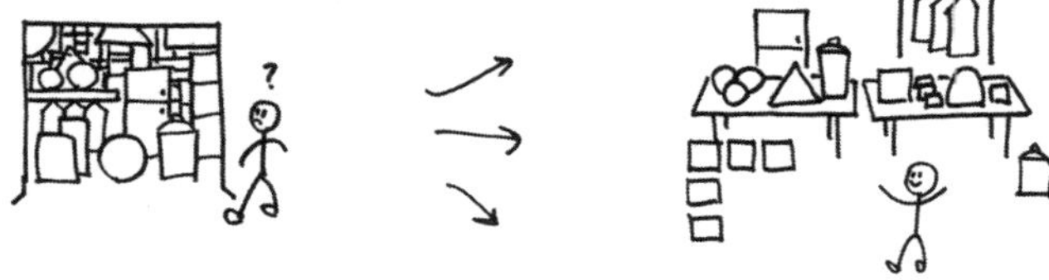
Das Prinzip Garagenverkauf: Die Dinge sehen ganz anders aus, wenn wir alles auf einmal betrachten können.

Vor ein paar Jahren arbeitete ich für einen Computerhersteller in Silicon Valley. Um mit den globalen Entwicklungen im Softwareverkauf Schritt zu halten, traf der CEO dieses Unternehmens die mutige Entscheidung, seinen Verkaufsprozess auf den Kopf zu stellen. Seine Kunden sollten nicht mehr eingeschweißte Kartons mit Software-CDs kaufen, um dann ergänzende Upgrades und technische Unterstützung zu erhalten. In der neuen Welt, die dem CEO vorschwebte, war die Software selbst gratis, und die Kunden sollten stattdessen die Upgrades und den Support bezahlen – ungefähr wie der Schritt vom Buchclub (»Kaufen Sie jeden Monat ein Buch«) zu einer kostspieligen Privatbibliothek: Es sind immer noch dieselben Bücher verfügbar, wir zahlen nur auf andere Weise dafür.

Das war eine gewaltige Veränderung. Sie bedeutete, dass *alles* überarbeitet werden musste, vom Entwickeln der Software bis hin zum Support-Prozess. Um eine unternehmensweite Panik unter den Zehntausenden Angestellten zu vermeiden, wurde beschlossen, dass wir erst mal eine Reihe zwangloser, »spontaner« Meetings abhalten sollten – Hunderte davon.

Was für eine Katastrophe. Als der zum Sprecher Auserkorene die Veränderung erstmals erwähnte, war er sofort überfordert. Die Verkäufer fragten: »Was ist mit unseren Provisionen?« Die Ingenieure fragten: »Wie sollen wir denn die Binärdateien veröffentlichen?« Alle fragten: »Sind wir jetzt verrückt geworden?«

Der Sprecher konnte darauf nichts weiter sagen als: »Lassen Sie mich doch ausreden. Wir kommen gleich dazu! Aber fürs Erste möchte ich, dass wir uns das große Ganze anschauen!«

Das Problem war nur, es gab überhaupt kein großes Ganzes. Es war, als hätte er angekündigt, dass alles in der Garage neu geordnet werden würde, aber niemand konnte in die Garage hineinschauen – alles, was sie sahen, war ihr eigener kleiner Stapel von Schachteln. Das ist jammerschade, denn die Botschaft war simpel und fast vollständig visuell – das ist, was wir jetzt tun, das ist, wie wir in Zukunft aussehen werden, hier sind die Dinge, die am schwierigsten zu verändern sein werden – und hätte mit nur zwei oder drei Bildern problemlos vermittelt werden können.

Aber es wurden überhaupt keine Bilder verwendet. Die Meetings wurden wochenlang fortgesetzt, jedes Mal mit demselben Ergebnis: Schock, gefolgt von Verwirrung, gefolgt von Angst. Am Ende hatte sich eine solche Eigendynamik aufgebaut, dass die Leute entweder auf den Zug aufsprangen oder das Unternehmen verließen. Heute befindet sich die Firma auf einem guten Weg, die Änderungen durchzusetzen, den neuen Prozess zu verfeinern und die Marktreaktionen abzuwarten. Aber wenn ich an all die Zeit und das Geld denke, die mit diesen Meetings verschwendet wurden, und an die Angst, die sie hervorriefen, fällt mir nur ein, wie viel man hätte retten können, indem man einfach die wichtigen Punkte nebeneinander auf den Tisch gelegt hätte, sodass jeder einen Blick darauf werfen kann.

Wo können wir alles so ausbreiten, dass wir es uns anschauen können?

In der Praxis heißt alles so auszubreiten, dass wir es anschauen können, reichlich Platzbedarf, deshalb müssen wir darauf vorbereitet sein, dass das Zimmer unordentlich werden kann. Verwenden Sie jeden Tisch, jeden Stuhl, jede Wand und jede ebene Fläche: Es ist erstaunlich, welche Verbindungen unsere Augen herstellen, wenn sie die Freiheit haben, überallhin zu schauen.

Als ich noch für die Firma arbeitete, die mich damals nach London schickte, musste mein Team einem Kunden einen Entwurf vorstellen. Am Tag vor der Präsentation bat ich alle, je einen Ausdruck von allem zu machen, was sie geschaffen hatten, von Notizbuchskizzen über Schriftartenproben bis hin zum fertigen Entwurf, und alles im Konferenzraum auf einen Stapel zu legen. Als ich früh am nächsten Morgen den Raum betrat, quoll der Tisch regelrecht über. Dreißig Minuten später kam Susi vom Empfang, und bis dahin sah der Raum aus wie ein Kriegsgebiet, in dem Papiere von einer Ecke bis zur anderen ausgebreitet waren.

Susi rastete aus. Unser Chef Roger war bekannt für seine Ordentlichkeit – besonders im Konferenzraum. Und ich stand hier bis zu den Knöcheln in Papier und klebte sogar welches an die Wände. Als sie das sah, schnappte Susi wirklich fast über. Ich konnte sie bloß um Hilfe bitten.

Es wurde ein toller Tag. Als unsere Kunden eintrafen, geschah etwas Überraschendes: Wir konnten mit dem Meeting nicht anfangen. Jedes Mal, wenn jemand den Raum betrat, wurde er augenblicklich von den Wänden angezogen; Finger zeigten, Arme winkten, Designer und Kunden, die nie zuvor miteinander gesprochen hatten, kamen spontan ins Gespräch – und hervorragende Ideen entstanden, als die Leute sich zum ersten Mal alles wirklich ansahen.

Zu irgendeinem Zeitpunkt der Präsentation merkte ich, dass Roger da war. Er lächelte, und nach dem Meeting bestand er darauf, dass die Papiere wenigstens noch ein paar Tage an den Wänden hängen blieben, damit auch andere Leute sie sich ansehen konnten. Am Ende entwickelte sich der abschließende Entwurf nicht aus einer formalen Besprechung, sondern aus den scharfsinnigen Kommentaren eines Kunden, der seinen Blick einfach nicht von zwei der Zeichnungen lösen konnte.

Man braucht aber nicht immer große Räume, um alles auszubreiten. Oft bestehen die Informationen, die wir anschauen müssen, nur aus einem: Zahlen, schlicht und einfach. An dieser Stelle kommen die Tabellen ins Spiel. Auch wenn die Schwarzen Stifte überzeugt sein mögen, dass in Zeilen und Spalten verborgene Zahlen niemals »visuell« sein können, sind Tabellen doch hervorragende Werkzeuge, um große Datenmengen auf einem einzigen Blatt Papier auszubreiten, wo sie in einem Durchgang betrachtet und verglichen werden können.

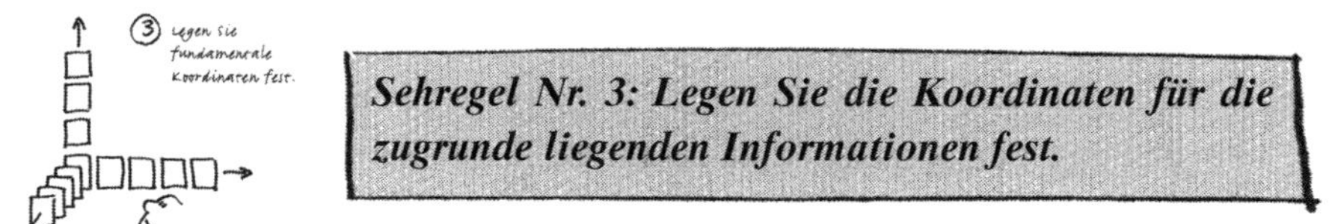

Sehregel Nr. 3: Legen Sie die Koordinaten für die zugrunde liegenden Informationen fest.

Erinnern Sie sich an das 3-D-Modell der Bowlingbahn, das wir in unserem Kopf erzeugten, sobald wir eintraten? Wir konnten es so schnell aufbauen, weil unsere Augen so rasch das zugrunde liegende Koordinatensystem des Raums wahrnehmen konnten: wo oben, links, rechts, vorne und hinten ist. Da wir in einer dreidimensionalen Welt leben, sind unsere Augen wirklich gut darin, solche Koordinaten zu erkennen, die auch als Länge, Höhe und Tiefe bekannt sind. Stellen Sie sich zum Beispiel eine kleine Schachtel vor.

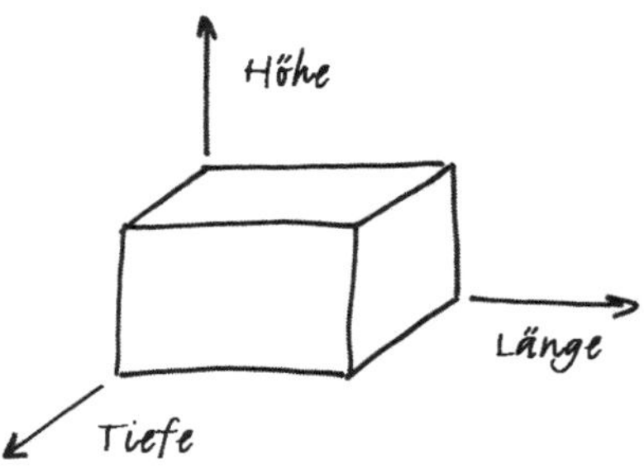

Eine Schachtel hat drei Dimensionen: Länge, Höhe und Tiefe.

Um den dreidimensionalen Raum darzustellen, den diese Schachtel einnimmt, können wir ein dreidimensionales Gitter darum zeichnen, in dem die Koordinaten *x* (Länge), *y* (Höhe) und *z* (Tiefe) heißen.

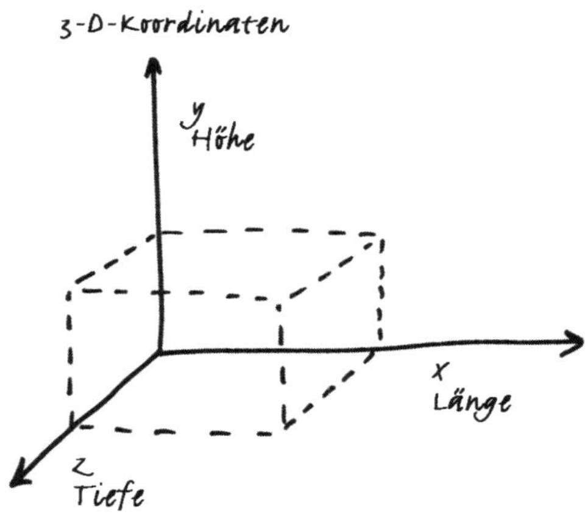

Wenn wir die Schachtel in einem Koordinatensystem darstellen, bezeichnen wir die Achsen als *x*, *y* und *z*.

Jetzt stellen Sie sich vor, die Schachtel wäre ein Raum, in dem Sie sich befinden. Auch wenn sie ein bisschen anders aussieht, weil wir uns jetzt im Inneren befinden, sind die zugrunde liegenden Koordinaten dieselben, und wir betrachten immer noch Länge, Höhe und Tiefe.

Rote Stifte halten diese Idee vielleicht für verwirrend, aber keine Sorge, unser Wahrnehmungssystem tut das nicht. Schließlich ist es genau das, was unser System hundertmal pro Sekunde macht – nach visuellen Anhaltspunkten su-

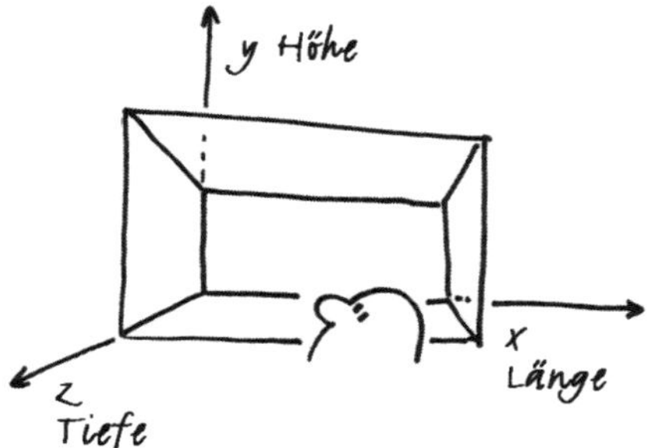

Jeder Raum, in dem wir uns befinden, kann mit denselben *x*-, *y*- und *z*-Koordinaten gezeichnet werden.

chen, mit denen wir die *x*-, *y*- und *z*-Achsen der Welt um uns herum bestimmen können.

Na gut, aber wie können wir einen Gedanken ansehen?

Was geschieht aber, wenn wir Dinge ansehen, die keine drei Dimensionen haben, so etwas wie der Teepreis in China, Daphnes Brancheninformationen oder Kens Fördermitteldaten? Wie können Koordinaten uns dabei helfen, die zugrunde liegende Form eines *Gedankens* zu finden?

Wie können wir Koordinaten finden, die Daten, Informationen und Gedanken abbilden?

Der Trick liegt darin, ein Koordinatensystem zu finden, das nicht auf Länge, Höhe oder Tiefe basiert, und wissen Sie was? Wir haben schon eins, genauer gesagt: sechs.

Wir sind diesem neuen Koordinatensystem in diesem Buch schon mehrmals begegnet: den 6 W. Vielleicht haben wir *Wer/Was, Wie viel, Wann, Wo, Wie* und

WER/WAS, WIE VIEL, WO, WANN, WIE, WARUM

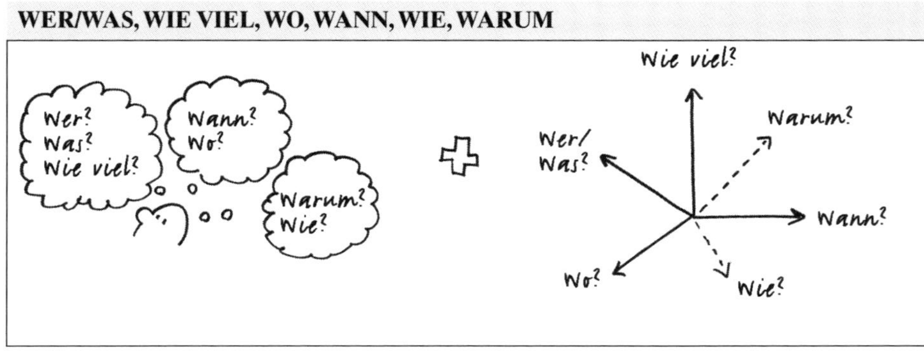

Die 6 W sind nicht nur ein Fragenkatalog, mit dem wir ein Problem umgrenzen können. Sie sind auch die Quelle jedes bildhaften Koordinatensystems, das wir von nun an benutzen werden.

Warum nicht als Koordinatensystem betrachtet, aber genau als solches werden wir sie im weiteren Verlauf dieses Buches behandeln.

Und so funktioniert's: Erinnern Sie sich an das Bild, das wir für Daphne gezeichnet haben. Es war eine Grafik, in der *Wer* mit *Wie viel* und *Wo* in Beziehung gesetzt wurde. Erinnern Sie sich an Kens Bild: Es war eine Grafik, die *Was* und *Wie viel* miteinander verband und dann *Wer* darstellte.

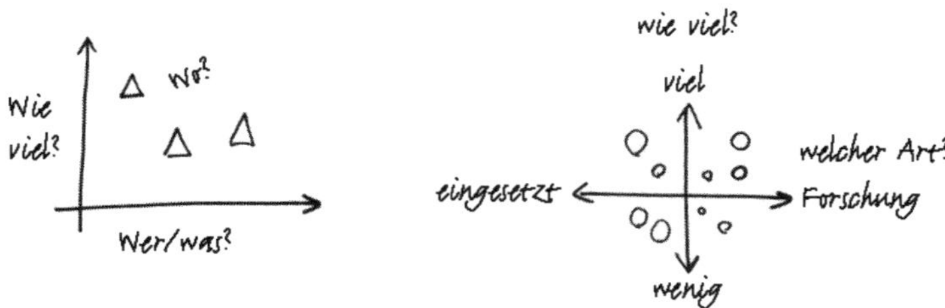

Daphnes Bild: *wer* versus *wie viel* versus *wo*. Kens Bild: *was* versus *wie viel*.

Eine grafische Darstellung von Aktienpreisen bildet *Wie viel* und *Wann* ab. Eine Tabelle der Siegzeiten bei einem Rennen setzt *Wer* mit *Wann* in Beziehung. Sogar bei einer Weltkarte geht es eigentlich nur um *Wo* (N/S), das sich mit einem anderen *Wo* (W/O) überlagert, und obendrauf gibt es ein bisschen *Was* (Kontinente).

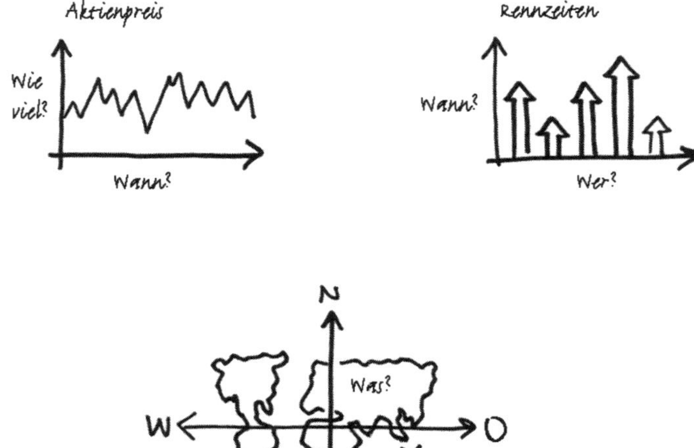

Die 6 W dienen als Koordinaten für nahezu jedes beschreibende Bild, das uns jemals begegnet.

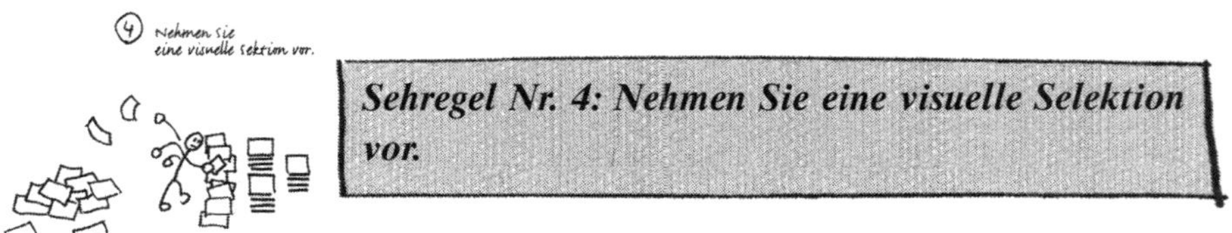

Sehregel Nr. 4: Nehmen Sie eine visuelle Selektion vor.

Denken Sie jetzt mal an irgendeinen Film oder eine Fernsehsendung, in denen eine Unfallstation gezeigt wird: *M*A*S*H, Emergency Room, Pearl Harbor* oder *Wir waren Brüder*. Jetzt stellen Sie sich die Szene vor, in der der große

Unfall/die Katastrophe/die Schlacht gerade stattfindet, und wie die Zahl der Verwundeten schneller wächst, als die Ärzte helfen können. Was passiert dann jedes Mal? Eine leitende Krankenschwester begibt sich mitten ins Getümmel und entscheidet auf der Grundlage von Intuition und Erfahrung umgehend, wer genügend Überlebenschancen hat, um versorgt zu werden, und wer in der Kälte zurückgelassen wird. Das nennt man »Selektion«, und unsere Augen machen das die ganze Zeit.

Der Grund ist folgender: Es sind immer viel mehr visuelle Informationen vorhanden, als wir verarbeiten können, also muss unser Wahrnehmungssystem eine Auswahl treffen, was es passieren lässt. Wenngleich dieser Prozess zum größten Teil rätselhaft bleibt, ziehen die übergeordneten Verarbeitungszentren unseres Gehirns ihren Nutzen aus dem Ergebnis. Es ist, als hätten unsere Augen eine Art erfahrungsbedingte Intuition – genau wie die selektierende Krankenschwester, die alles schon mal gesehen hat –, die sie unverzüglich beurteilen lässt, was zu betrachten wichtig ist und was nicht.

Wohin sehen wir als Erstes?

Diese »Intuition« ist eigentlich das Ergebnis vieler unterbewusster Vorgänge. Das sind jene Aktivitäten, die bei den ersten sensorischen Reizen stattfinden, und darauf reagieren, ohne Anforderungen an die komplexeren Fähigkeiten des Gehirns zu stellen. Wenn wir nach oben blicken, um ein vorüberfliegendes Flugzeug anzuschauen, und stattdessen wegen der grellen Sonne die Augen zusammenkneifen, erleben wir gerade einen solchen unterbewussten mentalen Prozess – in diesem Fall eine einfache instinktive Reaktion. Weil wir handeln, ehe wir überhaupt darüber nachdenken, werden solche Aktionen als »präkognitive Reaktionen« bezeichnet, und die sensorischen Reize, die sie auslösen – in diesem Fall das grelle Sonnenlicht –, werden »präkognitive Merkmale« genannt.

Wenn visuelle Signale unsere Augen erreichen, wirft unser visuelles Verarbeitungszentrum einen kurzen Blick darauf, entscheidet blitzartig, was sich anzuschauen lohnt, und leitet das Signal dann weiter, wobei es alles Übrige zurückweist. Diese visuelle Auswahl funktioniert, weil visuelle präkognitive Merkmale überall sind und unsere Augen genau wissen, woran sie sie erkennen, ohne dass wir überhaupt darüber nachdenken müssen.

Präkognitive visuelle Selektion

Neurologen und Psychologen haben eine evolutionäre Begründung dafür gefunden, warum wir viele präkognitive Merkmale so schnell erkennen und verarbeiten können. Wir können gut vertikale von horizontalen Linien unterscheiden, weil sie uns in einer vertikalen und horizontalen Welt das aufrechte Stehen ermöglichen; wir können gut Schattierungen und Schatten deuten, weil sie darauf hinweisen, wo die Sonne ist und damit wo oben ist; wir können gut feine Unterschiede in visuellen Oberflächen erkennen, weil sie uns helfen, die Umrisse von Objekten zu erkennen, und so weiter.

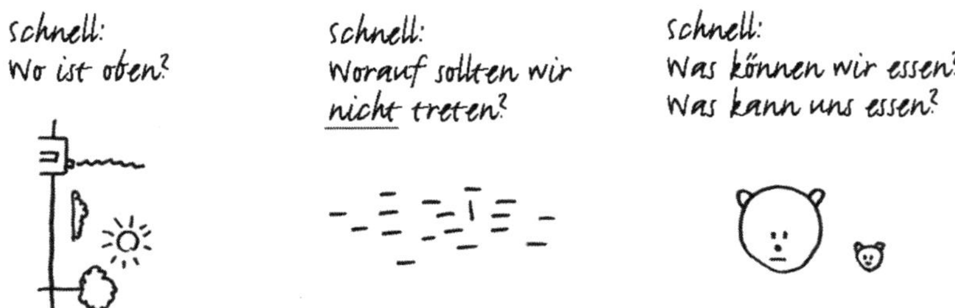

Präkognitive Bilder sind jene, die wir verarbeiten, ehe wir überhaupt wissen, dass wir sie verarbeiten.

Das Wissen um diese präkognitiven Hinweise ist nützlich, denn wir können damit herausfinden, welche Art von Bildern (oder Bildteilen) wir ohne bewusste geistige Anstrengung verstehen. Wenn unsere visuelle selektierende Krankenschwester zum Ziel hat, nur diejenigen visuellen Signale durchzulassen, welche die größte Bedeutung, aber die geringsten Auswirkungen haben, wird sie dieser Art von visuellen Signalen freundlich begegnen und sie hereinbitten.

Das Entscheidende ist: Je mehr präkognitive Hinweise in einem Bild sind, desto wahrscheinlicher setzen wir das Bild an die Spitze der Warteschlange und verarbeiten es rasch, um unsere bewusste mentale Kapazität für die tiefergehende analytische Verarbeitung aufzusparen: diejenige, die wir im nächsten Kapitel kennenlernen werden.

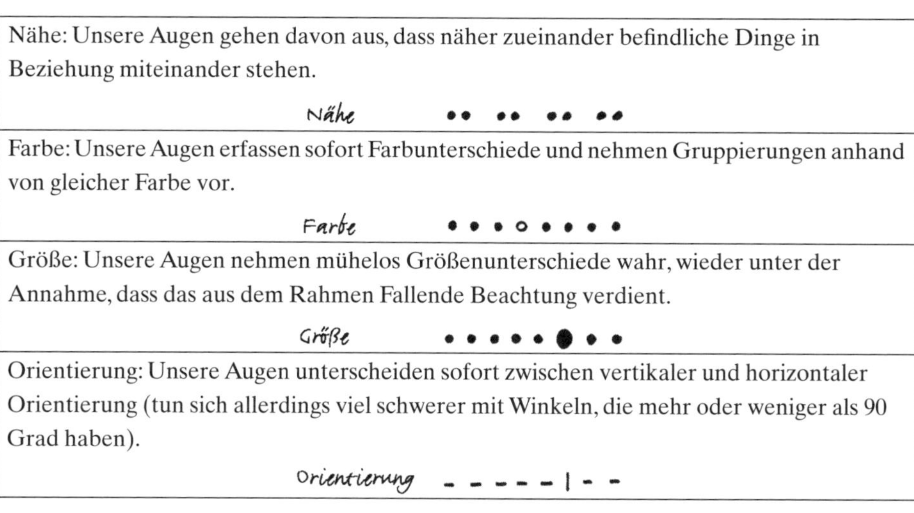

Nähe: Unsere Augen gehen davon aus, dass näher zueinander befindliche Dinge in Beziehung miteinander stehen.
Farbe: Unsere Augen erfassen sofort Farbunterschiede und nehmen Gruppierungen anhand von gleicher Farbe vor.
Größe: Unsere Augen nehmen mühelos Größenunterschiede wahr, wieder unter der Annahme, dass das aus dem Rahmen Fallende Beachtung verdient.
Orientierung: Unsere Augen unterscheiden sofort zwischen vertikaler und horizontaler Orientierung (tun sich allerdings viel schwerer mit Winkeln, die mehr oder weniger als 90 Grad haben).

Richtung: »Los« ist ein anderes Wort für wahrgenommene Bewegung, etwas, das wir ebenfalls ohne bewusstes Nachdenken erfassen (und das im nächsten Kapitel von Bedeutung sein wird). „Los" (Richtung)
Form: Unsere Augen erkennen Unterschiede in der Form etwas weniger gut. Form
Schattierung: Aber unsere Augen entdecken sofort Unterschiede in der Schattierung, um zwischen oben und unten oder innen und außen unterscheiden zu können. Schattierung

Häufige präkognitive visuelle Merkmale: visuelle Hinweise lassen uns rasch darüber entscheiden, was die Betrachtung lohnt und was nicht.

KAPITEL 5

Die sechs Arten des Betrachtens

Während es beim Sehen um das Sammeln visuellen Rohmaterials geht, befasst sich das Betrachten mit der Auswahl des Wichtigen. Der Unterschied ist folgender: Stellen Sie sich vor, Sie fahren Auto, und plötzlich macht der Motor einen Ruck und fängt an zu klopfen. Sie fahren rechts ran und drehen den Zündschlüssel. Der Motor verstummt mit einem Zittern und einer bläulichen Rauchwolke. Sie steigen aus, öffnen die Motorhaube und beugen sich darüber. Ihre Augen wandern von vorne nach hinten, von einer Seite zur anderen über den Motorblock und nehmen alles auf: Schläuche, Zylinderkopf, Krümmer, Kabel, Drähte, Filter, Ölmessstab, Keilriemen. Es ist eine Menge Zeug da drin, einiges davon erkennen Sie vielleicht, anderes ist Ihnen total rätselhaft. Sie wissen, dass irgendwas nicht stimmt, aber Sie wissen nicht was. Also wandern Ihre Augen nur herum. *Das ist Sehen.*

Dann fällt Ihr Blick auf etwas ganz links, wo ein paar dicke Kabel aus einer schwarzen Plastikabdeckung herauskommen wie Spaghetti aus einer Pastamaschine. Die ganzen Drähte kommen da heraus und sind seitlich am Motor befestigt ... bis auf einen. Dieser eine Draht ist an gar nichts befestigt – im Gegensatz zu den anderen hängt er einfach da. Ihre Augen erkennen dieses durchbrochene Muster, und obwohl Sie vielleicht keine Ahnung von Motoren

Wir beginnen damit, ein Problem anzusehen, aber das *Sehen* allein bietet keine Lösungen. Um herauszufinden, was repariert werden sollte, müssen wir zuerst *betrachten*, was kaputt ist.

haben, wissen Sie doch, dass das nicht stimmen kann. Dann entdecken Sie eine Stelle am Motor, wo der Draht vermutlich befestigt sein sollte, so wie die anderen. Hmmm ... vielleicht würde es das Problem lösen, wenn Sie diese Nudel da festmachen? *Das ist Betrachten.*

Der Unterschied zwischen beiden geht über die Semantik hinaus. Unsere Augen tun etwas ganz Verschiedenes, wenn wir sehen und wenn wir betrachten, und beide sind notwendig für die visuelle Problemlösung. Je nachdem, wie gut wir uns mit Autos auskennen, wussten wir vielleicht ganz genau, was wir anschauten, als wir die Motorhaube öffneten, oder waren total überfordert. Doch selbst wenn wir überfordert waren, hatten wir noch eine hohe Chance, dass unsere Augen etwas Deplatziertes erkannten. Diese Art von kontextbezogener Mustererkennung ist das, worum es beim Betrachten geht, und darin sind unsere Augen außergewöhnlich gut.

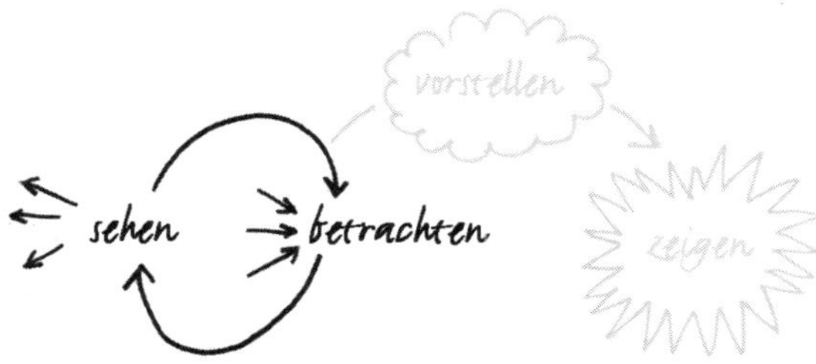

Betrachten ist die andere Seite des Sehens: das Sehen ist der offene Prozess des Sammelns visueller Informationen, das Betrachten dagegen der einschränkende Prozess des Zusammenfügens der visuellen Einzelteile, damit sie einen Sinn ergeben. Sehen ist Sammeln, Betrachten ist Auswählen und Erkennen von Mustern. Und wirklich gutes Betrachten ist sogar noch mehr als bloße Mustererkennung; gutes Betrachten ist Problemerkennung.

Dass Bilder so hilfreich bei der Problemlösung sind, liegt unter anderem daran, dass viele Probleme nicht deutlich zu erkennen sind, und ein Bild hilft uns, Aspekte des Problems zu betrachten, die sonst vielleicht verborgen blieben. Visuelles Denken gibt uns die Möglichkeit, Probleme nicht nur als endlose Abfolge von Pannen zu betrachten, sondern als kleine Gruppe untereinander verbundener visueller Herausforderungen, von denen jede für sich deutlicher gezeichnet werden kann.

Das große Ganze betrachten

Auf den folgenden Seiten werden wir eine Visualisierungsübung durchführen, in der wir etwas Neues über das Betrachten lernen. In dieser Übung werden wir eine Reihe einfacher mentaler Bilder heraufbeschwören, sie mental bewegen und dann beobachten, wie sie Leben annehmen – alles in unserer Vorstellungskraft. Damit das funktioniert, sollten Sie an einem ruhigen Platz sitzen, wo Sie ein paar Zeilen lesen und dann einen Augenblick von diesem Buch aufschauen können, während Sie sich vor Augen rufen, was Sie gerade gelesen haben.

Ich bezeichne sie als die Vogel-Hund-Übung, und wenn Sie damit fertig sind, werden Sie feststellen, dass wir keineswegs nur auf eine Weise betrachten. Je nachdem, welches Problem vor uns steht, können wir auf verschiedene Arten betrachten: auf bis zu sechs verschiedene Arten, genau genommen … die sich zufälligerweise wieder exakt mit den 6 W decken.

Suchen Sie sich also für die nächsten zehn Minuten ein ruhiges Fleckchen und machen Sie die Vogel-Hund-Übung.

DIE VOGEL-HUND-ÜBUNG

1. **Stellen Sie sich jemanden vor, der Ihnen ein gutes Gefühl gibt.**
   Wir fangen mit einer leichten Visualisierung an, nämlich mit einer Person, jemandem, der Ihnen vertraut ist. Ich möchte, dass Sie vor Ihrem inneren Augen jemanden auftauchen lassen, den Sie persönlich kennen, jemanden, an den Sie gerne denken. Falls Sie Eltern sind, ist es vielleicht Ihr Kind; wenn Sie verheiratet sind, vielleicht Ihr Ehepartner; wenn Sie ledig sind, vielleicht Ihre Freundin oder Ihr Freund; und falls Sie so etwas nicht haben, dann ist es vielleicht Ihre beste Freundin oder Ihr bester Kumpel. Es spielt keine Rolle, wer es ist, wichtig ist nur, dass der Gedanke an ihn oder sie Sie glücklich macht.
   Sobald Sie sich entschieden haben, wer diese Person ist, stellen Sie sie sich bitte vor Ihrem inneren Auge vor, ganz allgemein. Es ist nicht wichtig, jedes Detail ihres Gesichts vor sich zu sehen, es spielt auch keine Rolle, welche Kleidung sie trägt – sagen Sie sich einfach ihren Namen vor und schauen Sie, welche Bilder in Ihnen auftauchen.
2. **Stellen Sie sich Ihren Lieblingshund vor.**
   Nachdem Sie dieses Bild ganz oben in Ihrem Gedächtnis abgelegt haben, wo Sie es rasch wiederfinden können, möchte ich, dass Sie an Ihren Lieblingshund denken. Legen Sie sich fest: Denken Sie an den ersten Hund, den Sie hatten, oder an Ihren derzeitigen Hund. Wenn Sie noch nie einen Hund hatten, ist das auch in Ordnung, dann denken Sie eben an Lassie. Auf jeden Fall achten Sie wieder darauf, ob Sie ein generelles Bild in Ihrem Kopf erzeugen können, das einen »Hund« zeigt.

3. **Stellen Sie sich jemanden vor, der einen Kinderwagen schiebt.**
   Ein paar Figuren brauchen wir noch: Als Nächstes möchte ich, dass Sie sich ein Paar vorstellen, das einen Kinderwagen schiebt. In diesem Fall brauchen wir keinerlei Details des Paares oder des Kinderwagens, nur ein grobes Bild dessen, wie zwei Leute aussehen, die einen Kinderwagen schieben. Legen Sie das Ganze einen Augenblick ab, während wir unsere letzte Figur erschaffen.
4. **Stellen Sie sich einen Vogel vor.**
   Letzte Figur: Ich möchte, dass Sie an einen Vogel denken. Eine Möwe, einen Adler, eine Krähe, ein Rotkehlchen, einen Pelikan … bestimmen Sie einfach irgendeinen Vogel und denken Sie einen Moment darüber nach, wie er aussieht. Haben Sie das? Gut.

Okay, wir haben unsere Figuren beieinander:

- jemand, den Sie mögen
- Ihr Lieblingshund
- ein Paar, das einen Kinderwagen schiebt
- ein Vogel

5. **Stellen Sie sich einen Platz im Freien vor mit einer Bank, auf der Sie sitzen können. Setzen Sie sich hin.**
   Es ist Zeit, eine kleine Szene zu entwickeln. Stellen Sie sich einen Platz in Ihrem Lieblingspark vor, einen Ort mit einer Bank, auf der Sie sitzen und sich ausruhen und die Leute vorübergehen sehen können. Ich denke dabei oft an Marina Green in San Francisco: ein Sandweg zwischen den grasbewachsenen Ufern der Bay, das Wasser im Hintergrund eingerahmt von der Golden Gate Bridge, eine Art Paradies auf Erden. Finden Sie Ihren eigenen Ort und setzen Sie sich in Ihrer Vorstellung auf die Bank.
6. **Betrachten Sie die gesamte Szene.**
   Jetzt werden wir diese Szene mit Ihren Figuren bevölkern. Als Erstes ist da Ihr Freund, nur ein kleines Stück vor Ihnen, der den Hund an der Leine führt. Aus der anderen Richtung kommt das Paar mit dem Kinderwagen auf Ihren Freund und Ihren Hund zu. Ein Stückchen entfernt hinter dem Kinderwagen sitzt der Vogel im Gras.

Lassen Sie die Szene eine Weile ablaufen. Vielleicht streichelt Ihr Freund den Hund, vielleicht schnüffelt der Hund am Boden herum, vielleicht geht das Paar mit dem Kinderwagen langsam den Weg entlang, vielleicht pickt der Vogel im Gras herum – viele kleine Dinge finden statt, während die Szene lebendig wird.

Doch dann … oh-oh, was ist das denn? Der Hund entdeckt den Vogel. Der Hund hält inne, schaut, nimmt Witterung auf. Was jetzt? Bewegt der Hund sich auf den Vogel zu? Sieht Ihr Freund den Vogel? Rollt der Kinderwagen weiter? Macht der Hund einen Satz nach vorn? Strafft sich die Leine? Beobachten Sie alles einen Augenblick und sehen Sie, was passiert. Lassen Sie es ein paar Sekunden lang seinen Gang nehmen …

Halten Sie die Szene genau hier an. Das Spiel ist vorbei: Frieren Sie die Dinge im Geiste ein, so gut Sie können, und versuchen Sie alles festzuhalten. Wir werden uns noch darüber unterhalten, was Sie gerade gesehen haben, aber vorher noch eine Frage: Sitzt der Vogel noch am Boden, oder ist er weggeflogen?

Die sechs Arten des Betrachtens

Während Sie über die Antwort auf diese Frage nachdenken, schauen wir uns mal an, was gerade passiert ist. Durch das Erschaffen dieser Szene, die auf ein paar einfachen Bildern basiert, haben wir ein maßstabgerechtes Modell unseres Betrachtens entwickelt. Zugegeben, es war absolut künstlich und bewusst erzwungen, aber die grundlegenden mentalen Vorgehensweisen und Mechanismen des Betrachtens haben alle stattgefunden.

Im Verlauf der Übung haben wir, egal ob unsere Augen geschlossen oder offen waren, egal ob sie uns leichtfiel oder ein echter Kampf war, eine Menge *betrachtet*. Eine ganze Reihe von Ereignissen fand in unserem Wahrnehmungssystem statt, viele davon zeitgleich, einige im Abstand von Sekundenbruchteilen, einige während der gesamten Dauer der Übung. Vereinfachend lässt sich sagen, es folgen die sechs Arten des Betrachtens.

1. Wir betrachteten Objekte – das WER und das WAS

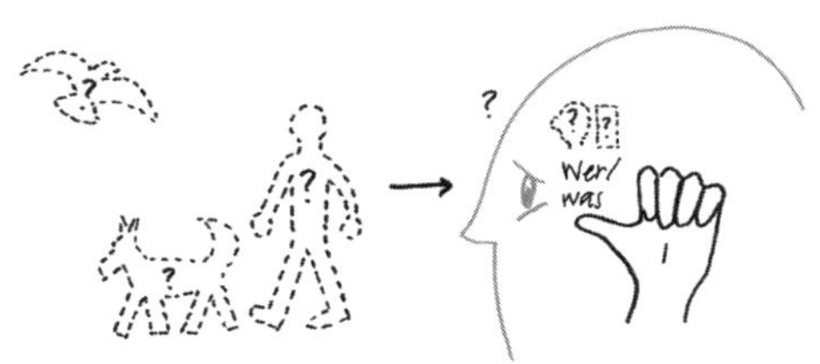

Eins der ersten Ereignisse beim Erschaffen dieser Szene war, dass wir etliche Objekte gesehen haben: Da war unser Freund, da war ein Hund, da war ein Vogel, da war eine Bank. Das alles sind uns bekannte Objekte, die Namen haben und sich visuell unterscheiden. Ich bezweifle zum Beispiel, dass es irgendjemandem schwergefallen ist, den Hund visuell von dem Kinderwagen zu unterscheiden.

Unsere Vorstellungskraft könnte noch eine ganze Reihe anderer Objekte in die Szene eingebaut haben, ob wir diese uns nun bewusst ausgedacht haben oder nicht – vielleicht ein paar Bäume, Wasser, Gras, Wolken, andere Leute und Hunde –, möglich ist praktisch alles, was wir in einer solchen Szene zu sehen erwarten.

Diese Objekte haben wir erkannt und erschaffen, indem wir ihre messbaren Aspekte und ihre qualitativen Merkmale betrachtet haben. Ob bewusst oder nicht, wir kannten unseren Freund durch die Erinnerung zahlloser Messungen von Größe, Proportion und Anordnung seiner Gesichtszüge: Unser inneres Auge erschuf eine visuelle Skizze seines Gesichts, die auf unzähligen solcher Messungen basiert, welche im Neokortex unseres Gehirns gespeichert sind.*

---

* Falls Sie an den neurobiologischen und wissenschaftlichen Hintergründen der sechs Arten des Betrachtens interessiert sind, lesen Sie Anhang A: Die Wissenschaft des Visuellen Denkens.

Der Hund wies ähnliche visuelle Besonderheiten auf, je nach der von uns ausgewählten Rasse: Größe, Farbe, Haarlänge und so weiter, die wir uns alle mehr oder weniger deutlich vorgestellt haben. Der Kinderwagen war rund oder eckig, pink, orange oder blau; der Vogel war weiß, schwarz, blau, hatte einen langen oder einen kurzen Hals – die Liste ist endlos. Entscheidend ist, dass wir erkannt haben, *wen* und *was* wir betrachteten, weil wir sie als eigenständige Objekte mit bekannten Maßen und Merkmalen sahen.

2. Wir betrachteten Mengen – das WIE VIEL

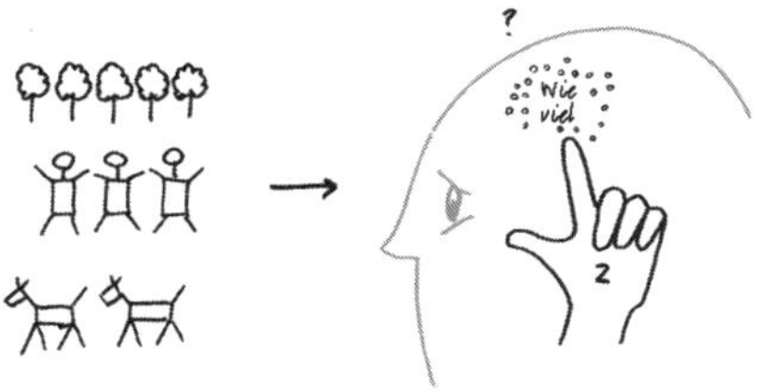

Während ein Teil unseres Verstands damit beschäftigt war, Objekte visuell zu identifizieren, sah ein anderer Teil Zahlen. Wir sahen einen Hund, einen Vogel und mindestens drei Menschen. Der Kinderwagen hatte vier Räder (vielleicht auch drei, wenn es einer von diesen sportlichen Buggys war, wie man sie beispielsweise am Yachthafen von San Francisco sieht). Der Vogel hatte zwei Flügel, der Hund vier Beine, und wer weiß, wie viele Bäume dort gewesen sein mögen. Falls wir uns in einem Park sahen, waren es wahrscheinlich zu viele, um sie zählen zu können.

Auch das Erkennen dieses *Wie viel* geschah nahezu unverzüglich, und auch hier brachten wir die Anzahl der Objekte nicht mit den Objekten selbst durcheinander. Wir verwechselten also zum Beispiel nicht »vier« mit »Hundebeinen«. Entscheidend ist hier, dass unser Verstand kein Problem damit hatte, gleichzeitig Dinge wie auch die Anzahl dieser Dinge zu erkennen, und wir mussten uns nicht mit den einzelnen qualitativen Details der Objekte aufhalten, um wahrzunehmen, wie viele davon vorhanden waren. Bis hierhin haben wir also zwei verschiedene Arten des Betrachtens: Objekte *(wer/was)* und Mengen *(wie viel)*.

3. Wir betrachteten die Position im Raum – das WO

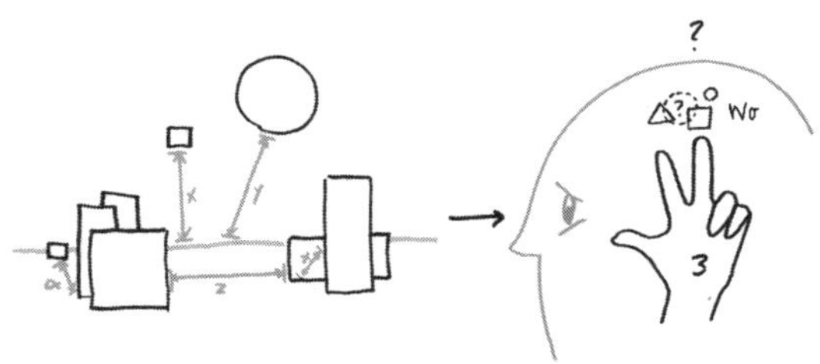

Inzwischen war ein dritter Teil unseres Wahrnehmungssystems zur gleichen Zeit damit beschäftigt festzustellen, wo sich all diese Objekte und Mengen befanden, und zwar relativ zu uns und relativ zueinander. Wir sahen zum Beispiel, dass unser Freund ungefähr fünf Meter von uns entfernt rechts stand und dass der Hund auf der Höhe der Füße des Freundes war, aber unmittelbar dahinter. Wir sahen, dass der Kinderwagen dort links war und der Vogel weitere fünf oder sechs Meter weiter im Hintergrund.

Wir stellten auch fest, dass all diese Objekte solide mit der Erde verankert waren, und obwohl sie sich alle in derselben horizontalen Ebene befanden, hatten wir kein Problem festzustellen, was vor wem oder wer neben was war, und wir konnten sogar die Entfernung zwischen allem schätzen.

Das umgehende Erkennen der Positionen dieser Objekte im Raum war vollkommen verschieden vom gleichzeitigen Erkennen der Objekte. Die uns am nächsten stehende Person mag unser Freund gewesen sein, aber ihre Nähe hatte keine Auswirkungen auf die Tatsache, dass sie unser Freund war: Sie wäre immer noch derselbe Freund gewesen, wenn sie von allen Personen am weitesten entfernt gewesen wäre. Gleichermaßen änderte die Tatsache, dass zwischen dem Hund und dem Vogel ein großer Abstand lag, nichts daran, dass das eine ein Vogel war und das andere nicht.

Unser Verstand war absolut in der Lage, gleichzeitig und dennoch unabhängig voneinander das *Wer* und das *Wo* zu erfassen, und das erweist sich nicht nur als wissenschaftlich interessant; genau genommen ist das die Art unserer neurologischen Verknüpfung. Neurobiologische Studien der vergangenen Jahre haben ergeben, dass zwei völlig verschiedene Nervenbahnen unseres Wahrnehmungssystems für die Identifizierung von Objektpositionen und für die Identifizierung der Objekte selbst zuständig sind.

Die erste Nervenbahn trägt den herrlich sprechenden (und dankenswerterweise ganz unwissenschaftlichen) Namen »*Wo*-Nervenbahn« und bezeichnet jenen Teil unseres Gehirns, der uns bei der visuellen Bestimmung unserer eigenen Raumorientierung und jener der uns umgebenden Objekte hilft. Ein Großteil dieser visuellen Verarbeitung findet in einem evolutionär gesehen sehr alten Teil des Gehirns statt, der auch als Reptiliengehirn oder Stammhirn bekannt ist, und die Verarbeitung – wenn wir uns an die präkognitiven Merkmale erinnern, die wir im letzten Kapitel besprochen haben – erfolgt lange bevor wir uns überhaupt dessen bewusst sind, *was* wir betrachten.

Die zweite Nervenbahn, die den ebenso gut gewählten Namen »*Was*-Nervenbahn« trägt, setzt sich aus visuellen Verarbeitungszentren zusammen, die in einem evolutionär gesehen neueren Bereich des Gehirns namens Neokortex sitzen. Die *Was*-Nervenbahn ist – wenig überraschend – zuständig für das Identifizieren und Benennen von Dingen.*

Wir haben nun drei unabhängige, aber dennoch miteinander in Verbindung stehende Wahrnehmungsarten nachgewiesen: Wer/was, Wie viel und Wo. Wir haben es zur Hälfte geschafft. Haben Sie gemerkt, wie die Wahrnehmungsarten mit den 6 W korrespondieren? Diese Verwandtschaft bleibt auch bei den nächsten dreien erhalten, allerdings mit einem kleinen Unterschied: Während die ersten drei Wahrnehmungsarten umgehend erfolgen, hängen die folgenden drei vom Zeitverlauf ab.

4. Wir betrachteten den Zeitpunkt – das Wann

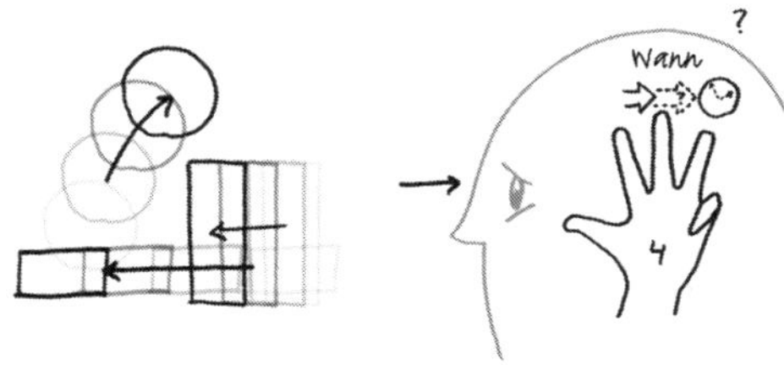

* Es gibt verschiedene Theorien darüber, warum die visuelle Verarbeitung von *Wo* und *Was* nicht nur in unserem Gehirn weit voneinander entfernt abläuft, sondern auch mit dem Abstand einiger Millionen Jahre neurobiologischer Evolution. Siehe Anhang A: Die Wissenschaft des Visuellen Denkens.

Als wir unsere Szene ablaufen ließen, bewegten sich die Personen und Objekte. Unser Freund lief ein Stück, der Hund hüpfte herum, und der Vogel ist möglicherweise ganz weggeflogen. Das wissen wir, weil die verschiedenen Bereiche unseres Wahrnehmungssystems damit beschäftigt waren, *was* wir sahen, *wie viel* davon da war und *wo* es war, doch ein anderer Bereich (oder vielleicht mehrere – man kennt die neurologischen Vorgänge nicht ganz genau) folgte den Objekten und ihren Positionen, während sie sich im Laufe der Zeit bewegten. Den Kinderwagen zum Beispiel sahen wir zu Beginn der Übung an einer Stelle, aber am Ende befand er sich woanders: In den wenigen Minuten der Übung hatte er den Standort verändert. Trotzdem stellten unsere Augen nicht infrage, dass es derselbe Kinderwagen war, nur weil er zu einem Zeitpunkt *hier* und zu einem anderen Zeitpunkt *dort* war. Wir wussten, dass es derselbe Kinderwagen war, weil unsere Augen wussten, dass wir im wahrsten Sinne des Wortes die Zeit hatten vorübergehen sehen.

Hätten wir noch ein wenig länger zugeschaut, hätten wir andere visuelle Veränderungen des Kinderwagens bemerkt. Er wäre kleiner geworden, während er sich entfernt hätte, er hätte die Form verändert, wenn der Winkel zu unseren Augen sich verschoben hätte, und wenn wir ihm richtig lange hätten nachschauen können, dann hätte er sogar die Farbe verändert, während er im Sonnenlicht verblasste. Doch egal wie lange wir zugeschaut hätten – so lange, wie wir in der Szene geblieben wären –, wir hätten ihn immer noch als *denselben* Kinderwagen betrachtet.

Das Betrachten des *Wann* unterscheidet sich von den drei bisher besprochenen Arten. Während wir das *Wo/was,* das *Wie viel* und das *Wo* unmittelbar betrachtet haben, muss für das Betrachten des *Wann* eine gewisse Zeit vergehen. Das klingt logisch, aber es ist ein wichtiger Gedanke mit entscheidenden Auswirkungen darauf, wie wir Dinge sehen und darstellen, die sich im Laufe der Zeit verändern. Wir können sofortige visuelle Urteile über Objekte, Anzahl und räumliche Positionierung fällen (und tun das auch oft), aber wenn es darum geht, wie sich die Dinge verändern, können wir das nicht. Um das *Wann* zu betrachten, müssen wir mindestens zwei verschiedene Zeitpunkte sehen – *vorher* und *nachher, jetzt* und *dann, gestern* und *heute* und so weiter.

5. Wir betrachteten Einfluss, Ursache und Wirkung – das WIE

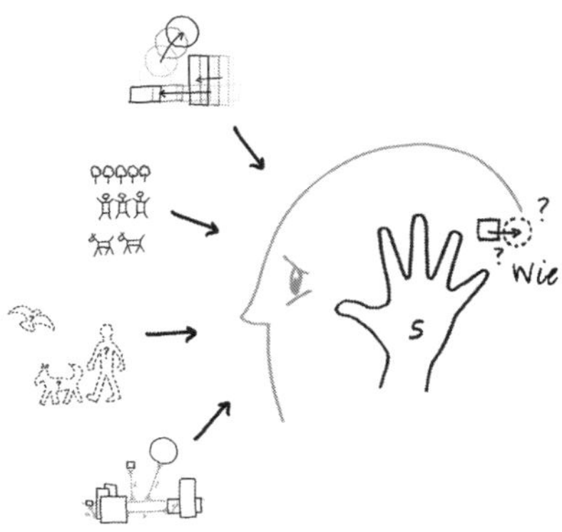

Bis jetzt waren die vier Wahrnehmungsarten weitgehend unabhängig. Unsere Augen haben das *Wer* und *Was* getrennt vom *Wo* und *Wann* verarbeitet. Doch als wir zusahen, wie sich unsere Szene im Lauf der Zeit entwickelte und wie unsere Personen und Objekte ihre räumliche Position veränderten, geschah etwas anderes: Wir begannen, Abläufe von miteinander verbundenen Ereignissen und die Auswirkungen des einen auf das andere zu erkennen. Mit anderen Worten, wir sahen das *Wie*. Hätte sich der Hund unseres Freundes auf den Vogel gestürzt, hätten verschiedene Dinge passieren können. Vielleicht hätte unser Freund an der Leine gezerrt und sie kürzer gefasst; vielleicht hätte der Hund unseren

Freund nach vorne gezogen; vielleicht hätte der Hund sich losgerissen und nur eine Staubwolke hinterlassen.

Was auch immer geschehen sein mag, wir haben Ursache und Wirkung in Aktion gesehen: Der Hund tat etwas (rennen, bellen, springen), das unseren Freund zu einer Reaktion zwang (hinfallen, den Hund anschreien, noch weiter springen). Unsere Augen haben all das betrachtet und mit dem verglichen, was wir erwarteten – auf der Grundlage ähnlicher Ursache-Wirkung-Szenen, die wir in der Vergangenheit gesehen haben –, und bestätigt, dass die Welt immer noch einen Sinn ergab. Für den unwahrscheinlichen Fall, dass der Hund plötzlich Flügel ausgebreitet hätte und weggeflogen wäre oder unser Freund sich auf die andere Seite des Parks gebeamt hätte, wären unsere Augen sehr erstaunt gewesen, und wir hätten uns rückversichern müssen, wie unsere Welt funktioniert.

Genau wie das Betrachten des *Wann* erfordert auch das Betrachten des *Wie* einen gewissen Zeitablauf, lang genug, um wenigstens eine kleine Ursache und Wirkung sichtbar zu machen. Doch im Gegensatz zu den anderen Wahrnehmungsarten sehen wir das *Wie* nicht deutlich für sich. Das *Wie* ist im Allgemeinen eine Kombination aus *Wer, Was, Wie viel, Wo* und *Wann*, die alle zusammenfließen. Mit anderen Worten, die ersten vier W stellen das Rohmaterial, das wir dann zusammenfügen, um zu erkennen, *wie* die Dinge geschehen.

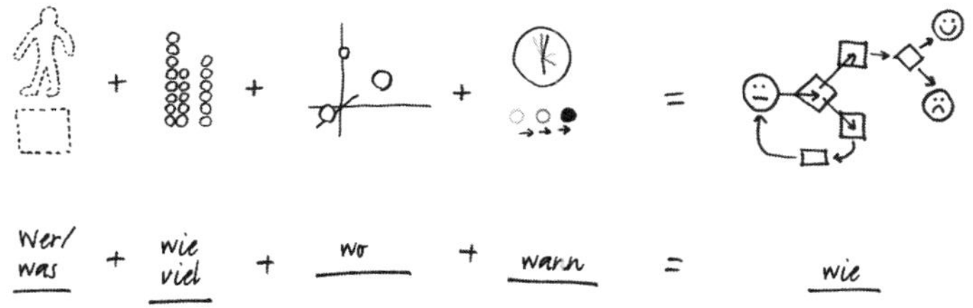

Unsere Augen leiten das *Wie* aus der Beobachtung der Interaktionen zwischen den ersten vier W her.

Das *Wie* ist also von den fünf Arten des Betrachtens, die wir bis jetzt behandelt haben, die anspruchsvollste Herausforderung: Es erscheint nicht umgehend, sondern erfordert, dass wir zunächst mindestens zwei oder mehr der vorangegangen W sehen (und visuell kombinieren). Auf diesen Punkt werden wir mehrmals zurückkommen, wenn wir das Ganze auf die echte Problemlösung anwenden, aber zunächst haben wir noch eine Art des Betrachtens zu besprechen.

6. Wir betrachteten das alles zusammen und »wussten« etwas über unsere Szene – das WARUM

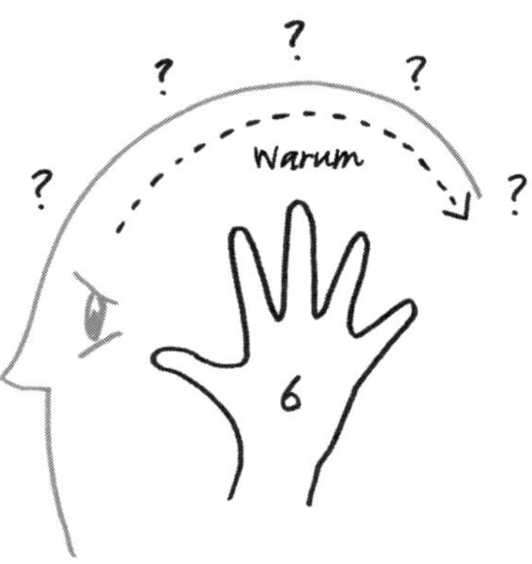

Freunde, Hunde, Kinderwagen, Vögel, Objekte, Positionen, Standorte, zeitliche Veränderungen, Einflüsse, Ursachen und Wirkungen: Für eine einfache Übung, die nur ein paar Minuten dauert, haben wir eine Menge gesehen. Und durch die Betrachtung der Objekte, das Messen ihrer Eigenschaften und ihrer Zahl, das Bestimmen ihrer Position und Größe, das Verfolgen zahlloser Veränderungen im Laufe der Zeit und das Entdecken von Interaktionen zwischen ihnen haben wir etwas über unsere Welt erfahren. Genau genommen sind wir auf dem Wege, das *Warum* zu betrachten.

Vielleicht wissen wir aufgrund unserer kleinen Szene noch nicht genau, warum Vögel vor Hunden wegfliegen oder eben nicht oder warum eine Leine ein effektives Mittel ist, einen Hund davon abzuhalten, mit einem Kinderwagen zusammenzustoßen, aber angesichts dessen, was wir gesehen haben, können wir uns nicht daran hindern, ein paar Mutmaßungen anzustellen. Ob sich diese Mutmaßungen am Ende als falsch oder richtig herausstellen, erfahren wir nur, indem wir immer wieder ähnliche Szenen beobachten, um zu erfahren, ob sie auf die gleiche Weise ausgehen.

Doch das wirklich Bemerkenswerte an unserem Wahrnehmungssystem ist, wie oft unsere Mutmaßungen sich als richtig herausstellen. Vogel-Hund-Übungen begegnen unseren Augen in jeder wachen Sekunde unseres Daseins, und es ist verblüffend, wie selten wir uns irren, wenn wir das *Wer,* das *Was,* das *Wo* und so weiter nachverfolgen. Die meisten Menschen hätten wahrscheinlich Mühe, sich daran zu erinnern, wann sie das letzte Mal etwas oder jemanden vollkommen fehlidentifiziert, die räumliche Position von Objekten durcheinandergebracht oder die Zeit in die falsche Richtung laufen gesehen haben. Es ist nicht so, als könnten diese Dinge nicht geschehen; aber wenn sie das tun, nehmen wir das sehr intensiv wahr, denn dann laufen sie dem zuwider, was wir wissen. Sie bringen unser Verständnis des *Warum* durcheinander.

Zurück zum Vogel

Damit haben wir unsere Übung zu den sechs Arten des Betrachtens abgeschlossen, außer einer letzten Sache: der Vogel. Als wir die Übung beendeten, hatte ich gefragt: »Sitzt der Vogel noch am Boden, oder ist er weggeflogen?« Auch wenn ich keine Ahnung habe, was aus Ihrem Vogel geworden ist, eins weiß ich bestimmt: Bei dieser Vogel-Hund-Übung, die ich mit Hunderten Personen durchgeführt habe, gibt es eine ziemlich durchgängige Zwei-zu-eins-Aufteilung. Zwei Drittel der Vogel-Hund-Teilnehmer sagen, dass der Vogel weggeflogen ist – normalerweise weil er von dem Hund erschreckt wurde –, während ein Drittel sagt, dass der Vogel sitzen geblieben ist – entweder weil die Übung endete, bevor der Vogel den Hund bemerkt hat, oder weil der Vogel größer war als der Hund und nichts dagegen gehabt hätte, diesen Welpen zum Frühstück zu vertilgen.

Wo auch immer Ihr Vogel gelandet sein mag, der letzte entscheidende Punkt dieser Übung ist derselbe: Allein auf der Grundlage dessen, was wir gesehen haben, können wir rationale Begründungen dafür finden, was in unserer Welt passierte, und diese Begründungen aus den 6 W herleiten. Ob wir nun daran glauben, dass Vögel vor Hunden davonfliegen oder nicht, wir haben unser Verständnis des *Wie* und *Warum* der Welt gerechtfertigt und bestärkt, nur allein durch Betrachten des *Wer*, des *Was*, des *Wo* und des *Wann*.

Arbeiten mit den 6 W

Wenn wir Probleme gemäß den 6 W betrachten, ziehen wir einen Nutzen aus der natürlichen Wahrnehmungsweise unserer Augen und unseres Verstandes. Indem wir ein Problem als sechs individuelle, aber miteinander verknüpfte Komponenten betrachten, besitzen wir einen Problemlösungsansatz, der vollkommen intuitiv (denn er spiegelt die Art, wie unsere Augen bereits sehen) und wirksam ist (denn es ist im Allgemeinen viel einfacher, einer Handvoll kleinerer Herausforderungen zu begegnen als einer einzelnen großen).

Der Schokoladenkrieg

Um ein Problem klar zu erkennen, braucht man für gewöhnlich nur bewusst nach den 6 W Ausschau zu halten. Vor ein paar Jahren arbeitete ich mal mit der Ausbildungs- und Personalentwicklungsleiterin eines der weltgrößten Onlineshops zusammen. Lila war vom ersten Tag an dabei gewesen und hatte das Unternehmen von einem Zwanzig-Leute-Laden auf weit über tausend Mitarbeiter wachsen sehen, und als Ausbildungsleiterin kannte Lila jeden Einzelnen davon. Auf jede Frage nach dem *Wer, Was, Wann* oder *Warum* über irgendjemanden wusste sie eine Antwort. In den fünf Jahren ihrer Firmenzugehörigkeit war Lila zu einem unverzichtbaren geschäftlichen Aktivposten geworden, die eine Person, die jeden kannte, und ihre Chefs waren sich einig, dass sie alles tun würden, um sie zu halten.

Aber eines Tages bekam Lila einen Anruf von einem Headhunter, der ihr etwas anbot, dem ihre Chefs nichts entgegensetzen konnten: Schokolade. Eine der angesehensten Qualitätsschokolademarken der Nation war auf Wachstumskurs. Im gesamten Land stiegen die Verkäufe von hochwertiger Schokolade, denn der Geschmack der Amerikaner hatte sich verfeinert, und das Unternehmen erkannte: Wenn es jemals seine kleine Basis regionaler Geschäfte in eine landesweite Kette umwandeln wollte, dann war der Zeitpunkt jetzt gekommen. Doch obwohl Eile geboten war, entschied die Unternehmensleitung, dass das Wachstum nicht auf Kosten der Qualität gehen sollte.

Was bedeutete, dass jeder, der in die Eröffnung neuer Ladenlokale involviert war – vom Geschäftsführer über den Chocolatier bis zur Kassiererin –, eine qualitätsorientierte und qualitätsbetonte Schulung brauchte, und zwar eine umfassende. Das Unternehmen brauchte einen Schulungsleiter mit Erfahrung in schnell wachsenden Organisationen, das heißt, das Unternehmen brauchte jemanden wie Lila. Und Lila, die eine echte Chance witterte, stellte fest, dass sie wesentlich veränderungsbereiter war, als sie gedacht hatte. Sie nahm die Stelle an.

Als Lila ihre neuen Kollegen kennenlernte, war sie beeindruckt von deren Erfahrung und Hingabe. Die meisten hatten den Großteil ihres Berufslebens in diesem Unternehmen verbracht und wussten genau, wie der Laden lief. Das war gut für Lila, denn das bedeutete, dass sie bereits Unternehmenseinblicke gesammelt haben würde, ehe sie die neue Schulungsorganisation aufbaute. Es stellte sich aber auch als schlecht für Lila heraus, denn es bedeutete, dass ihre Mitarbeiter schon so lange dieselben Materialien vor Augen hatten, dass sie sie nicht mehr sehen konnten.

Als Lila um eine Probe des bestehenden Schulungsmaterials bat, brachte ihr Team ihr Hunderte von Dokumente in Dutzenden von Heftern, die kryptische Namen trugen: LLT v.12, CTFS&C 2005 und ISMT Lvl 2 (SM) (Leader-Lead Training, Chocolate Tasting for Staff and Customers, In-Store Management Training for Shift Mgrs). Als sie um einen Überblick bat, um sich bei diesen ungewohnten Bezeichnungen zurechtfinden zu können, erhielt sie von ihrem Team ein weiteres Dutzend Dokumente: Kalender und Ablaufpläne, Organisationsstrukturen und Stellenbezeichnungen, Schulungsorte, Listen der gewünschten Resultate und Zusammenfassungen der Prüfungsergebnisse.

Ihr Team begriff einfach nicht, worum Lila bat, und Lila begriff nicht, was sie wollte. Es kam ihr vor, als blicke sie unter eine Motorhaube und sehe nichts Brauchbares: Da waren zu viele Teile mit zu wenigen sichtbaren Verknüpfungen, um irgendein Muster zu ergeben. Ohne jeden Zweifel wussten ihre Kollegen, wovon sie redeten; jede Anfrage Lilas beantworteten sie rasch und souverän. Als Lila fragte: »Wer besucht Leader-Lead Training Version 12?«, antworteten sie unisono: »Alle Neueinstellungen, die Bean Basics abgeschlossen haben, aber sich noch nicht für das Kundendegustationsmanagement qualifiziert haben.«

Es machte Lila ganz verrückt: Ihre Leute kannten ihre Schulungsinhalte so gut, dass sie sich gar nicht daran erinnern konnten, wie es gewesen war, sie nicht zu kennen. Weil der Lehrplan mit ihnen gemeinsam gewachsen war, sah das Team die Schulungen als vollständig integrierte Bestandteile an – was Lila ihrerseits nicht im Geringsten erkennen konnte. Sie war selbst eine erfahrene Dozentin und wusste, dass das Dilemma ebenso sehr auf ihrer Seite lag wie auf der des Teams. Die Kollegen wussten, was was war, konnten es jedoch nicht beschreiben; sie wusste nicht, was was war, und konnte gar nichts erkennen.

Lila hatte drei Möglichkeiten: Sie konnte die Last alleine tragen (selbst die gesamten Schulungseinheiten durchlaufen – eine Beschäftigung für mindestens achtzehn Wochen, normalerweise auf fünf und mehr Jahre verteilt); sie konnte ihrem Team die ganze Last aufbürden (indem sie ihnen sagte, sie sollten allesamt verschwinden und nicht eher zurückkommen, bis sie alles so schriftlich niedergelegt hatten, dass es in einer Stunde zusammengefasst werden konnte); oder sie konnte die Last auf alle Schultern verteilen.

Lisa entschied sich für die Option mit der verteilten Last, und an diesem Zeitpunkt rief sie mich an. Sie wollte ein Meeting veranstalten, zu dem alle ihr gesamtes Schulungsmaterial mitbringen sollten, um nach Verbindungen zwischen den Materialien zu suchen und sich so lange damit zu beschäftigen, bis die einzelnen Teile ein nachvollziehbares System ergaben. Da Lisa kein Freund von tagelangen Brainstormings war, wollte sie wissen, ob ich irgendeine Idee hätte, wie man die Sache mithilfe von Bildern erleichtern könne.

Ich schlug vor, dass sie und ihr Team alles ausbreiten und sich dann Stück für Stück hindurcharbeiten sollten, um den Schokoladen-Schulungsprozess so zu betrachten, wie die 6 W es vorgeben.

1. **Wenn das gesamte Material vor Ihnen liegt, betrachten Sie das *Wer* und *Was* des Schulungssystems.**
   - *Wer* erhält die Schulung, und *wer* führt sie durch?
   - *Was* sind die vermittelten Inhalte, und *was* für Unterrichtsstunden werden gegeben?
2. **Als Nächstes betrachten Sie das *Wie viel*.**
   - *Wie viele* Unterrichtseinheiten sind notwendig; *wie viel* Zeit benötigen sie?
   - *Wie viele* Personen können an jeder Stunde teilnehmen; *wie viele* Dozenten werden gebraucht?
3. **Als Nächstes betrachten Sie das *Wo*.**
   - *Wo* findet der Unterricht im geografischen Sinne statt: im Geschäft, in Schulungsräumen, zu Hause?
   - *Wo* überschneiden sich die Unterrichtseinheiten konzeptionell im Hinblick auf den Inhalt, den Aufbau oder die Teilnehmer?
4. **Dann das *Wann*.**
   - *Wann* findet der Unterricht statt?
   - *In welcher Abfolge* müssen die Stunden stattfinden?
5. **Dann das *Wie*.**
   - *Wie* hängt eine Unterrichtsstunde mit der anderen zusammen; *wie* passen sie zueinander?
   - *Wie* werden die Stunden gegeben: Einzelunterricht, Gruppenunterricht, online?

- *Wie* wird der Unterricht eingesetzt; *wie* stellen Sie fest, wann Sie bereit sind für den nächsten Schritt?

6. **Und als Letztes betrachten Sie das *Warum*.**
   - *Warum* sind Schulungen notwendig; *warum* soll man sich überhaupt die Mühe machen?
   - *Warum* beurteilen, *warum* prüfen, *warum* nachhaken, *warum* zu Ende bringen?

Sobald sie diese Dinge betrachtet hatten, sollten sie sie am Whiteboard entsprechend den Kategorien der 6 W skizzieren. Lila fand, das hörte sich gut an, und bat mich, daran teilzunehmen. Das tat ich, und als ich ankam, fand ich dies auf dem Tisch vor:

Der Schokoladen-Schulungsprozess gemäß der 6 W

Als Erstes sahen wir uns die Schulungsmaterialien im Hinblick darauf an, wer alles darin involviert war. Wann immer wir eine Stellenbeschreibung, eine Berufsbezeichnung oder eine Position fanden, schrieben wir sie auf. Es gab eine Menge Besonderheiten, daher beschlossen wir, sie nach Organisationsebenen zusammenzufassen. Das erwies sich als guter Einstieg, denn jeder im Raum besaß bereits ein allgemeines Verständnis der Organisationsstruktur, was das Erfassen der Grundlagen erleichterte.

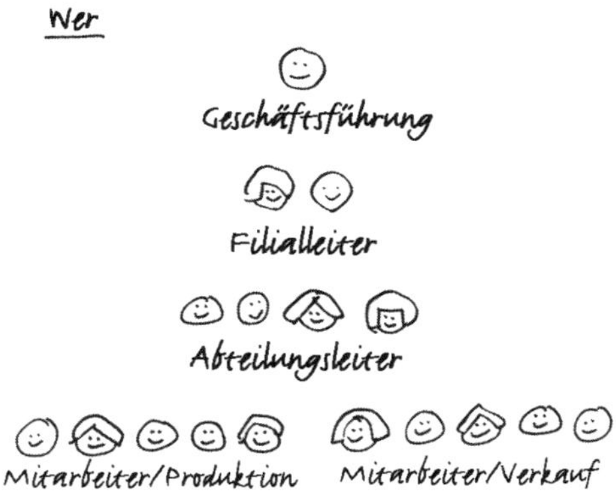

Hier sehen wir, wer unterrichtet werden soll, von den Mitarbeitern bis zur Geschäftsführung.

Als Nächstes suchten wir nach Beschreibungen der Unterrichtsinhalte. Das war ein bisschen schwieriger, nicht nur weil die Liste sehr lang war, sondern auch weil jeder Lehrer eine andere Auffassung von den Kursen hatte. Einige fassten nach Lehrkräften zusammen, andere nach Materialien, wieder andere nach Ergebnissen. Nach kurzer Diskussion einigten wir uns darauf, unsere Liste danach zu erstellen, *was* genau unterrichtet wurde, woraus sich ganz selbstverständlich einige Kategorien ergaben. Selbst zu diesem frühen Zeitpunkt des Tages hatten wir alle das Gefühl, durch das Erstellen einer einzigen Liste, mit der sich alle einverstanden erklären konnten, eine Menge erreicht zu haben.

Was

Schulung Produktion

Rohstoffgrundlagen

- Wesentliches über Kakao
- Auswahl der Bohnen
- Vorbereitung der Bohnen

Verarbeitungsprozesse

- Rösten
- Mahlen und Mischen
- Erhitzen
- Grundlagen des Verpackens

Der fortgeschrittene Chocolatier

- Geschmackskunde für Fortgeschrittene
- Verpackung für Fortgeschrittene
- Nachhaltigkeit

Schulung Verkauf

Grundlagen des Einzelhandel

- Grundlagen des Verkaufens
- Kundenbeziehungen
- Betriebsgrundlagen

Verkaufen für Fortgeschrittene

- Verkostung
- Besondere Events

Schulung Management

Einzelhandelsmanagement

- Fortgeschrittene Betriebsführung
- Finanzgrundlagen
- Das Einmaleins des Marketings
- Menschenführung
- Global Sourcing und seine Auswirkungen

Hier sehen wir, *was* den Mitarbeitern in den Schulungen vermittelt wird, von der Schokoladenherstellung und den Grundlagen des Einzelhandels bis zu Kursen für fortgeschrittenes Management.

Als es um die Frage ging, *wie viel* Schulung notwendig war, fiel es uns schwer, die Besonderheiten auszusortieren. Das hing vom Fachgebiet ab, von der Teilnehmerschaft, von vorhandenen Erfahrungen und so weiter. Aber da wir ja bereits eine Liste mit dem *Was* erstellt und präsentiert hatten, besaßen wir eine gemeinsame Grundlage, auf der wir ansetzen konnten. Wir nahmen also die obersten Kategorien der *Was*-Tabelle und schätzten die Anzahl der jeweils damit verbundenen Unterrichtsstunden.

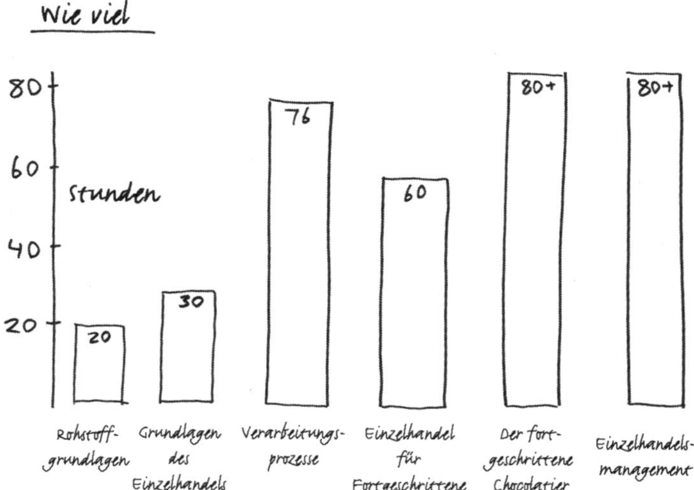

Hier sehen wir, *wie viel* Schulung notwendig ist und dass die Anzahl der Stunden steigt, je spezieller die Mitarbeiter sind und je mehr sie lernen müssen.

Die Frage nach dem *Wo* beantwortete sich von selbst, denn es gab nur drei Orte, an denen sich alle eine Schulung vorstellen konnten. Das verschaffte uns eine kleine Pause, und wir atmeten alle tief durch … bis wir zu dem planerischen Aspekt des *Wo* kamen. Als wir begannen, die Überschneidung von Kursen in Hinblick auf ihren Inhalt oder ihre Teilnehmerzusammensetzung zu diskutieren oder an welchem Punkt der diversen beruflichen Laufbahnen sie angeboten werden sollten, schlugen die Wellen hoch. Um

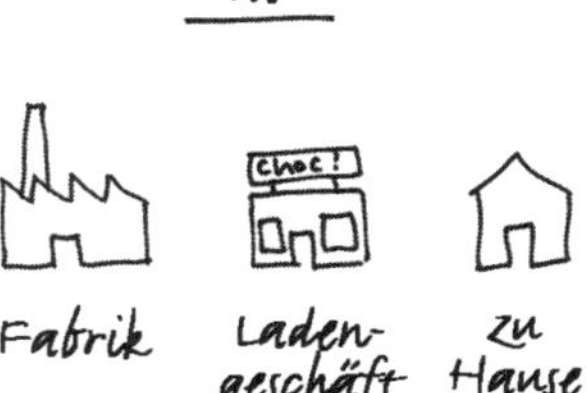

Hier sehen wir, *wo* die Schulungen stattfinden, von Lehrgängen in der Fabrik bis zum Lernen daheim.

uns nicht zu verzetteln, beschlossen wir, mit dem *Wann* weiterzumachen und später darauf zurückzukommen.

Das war ein weiser Entschluss: Beim Herausarbeiten der Frage, *wann* die verschiedenen Lehrgänge belegt werden mussten, zeigte sich ein weiteres Muster. Es stellte sich heraus, dass es keinen einzelnen Zeitstrahl gab, sondern vielmehr zwei: die Laufbahn der Fabrikangestellten und die Laufbahn der Angestellten im Verkaufsbereich. Beide dauerten gleich lange, waren aber vollkommen verschieden voneinander – was maßgeblich für die Kursüberschneidungen verantwortlich war, die wir ein paar Minuten zuvor besprochen hatten. In diesem Fall hatten wir durch die Betrachtung des *Wann* die Frage des *Wo* gelöst.

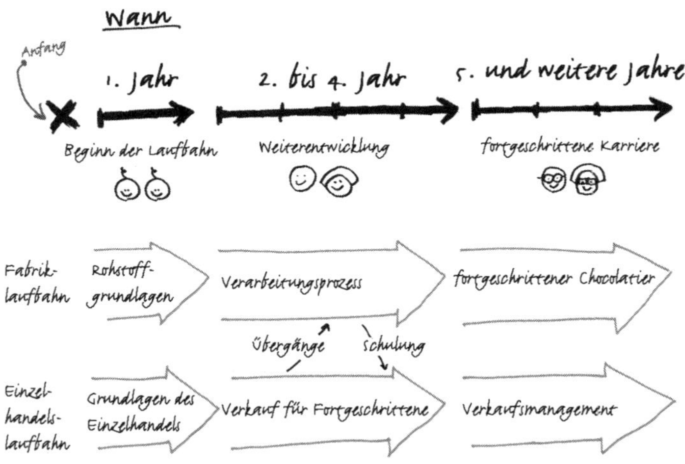

Hier sehen wir, *wann* im Verlaufe der gesamten Berufslaufbahn des Chocolatiers die Schulungen stattfinden, und wir sehen erstmals, dass es eigentlich zwei verschiedene Zeitstrahlen gibt.

Danach legten wir eine Pause ein.

Auch diese Pause erwies sich als gute Idee, denn das Herausarbeiten des *Wie* stellte sich als das Schwierigste heraus. Nicht besonders überraschend, schließlich wissen wir ja, dass das *Wie* im Großen und Ganzen die Quintessenz aller vorhergehenden W ist. Während des gesamten Vormittags hatten wir uns mit *Wer, Was, Wie viel,*

Wo und *Wann* beschäftigt, deshalb gelang es uns schließlich, ein Modell des *Wie* der Schulungen zu entwerfen, mit dem alle einverstanden waren.

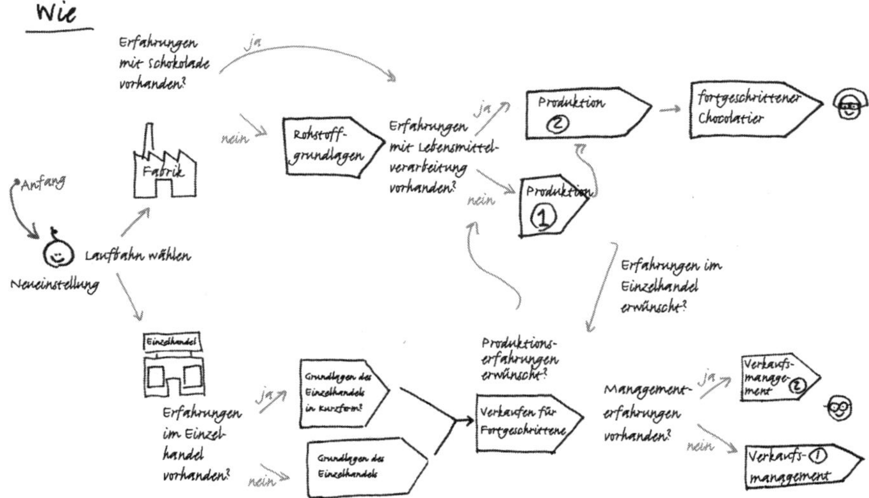

Hier sehen wir, *wie* die Schulungen stattfinden, und wir sehen, dass die Optionen der beiden unterschiedlichen Laufbahnen auf vorhandenen Erfahrungen und individuellen Karriereentscheidungen basieren.

Als Letztes sehen wir, *warum* Schulungen durchgeführt werden: um die beste Schokolade der Welt herzustellen und um sie möglichst vielen Schokoladenliebhabern zugänglich zu machen.

Das Betrachten des *Warum* war ein guter Abschluss für diesen Tag. Jeder wusste jetzt genau, wozu all diese Lehrgänge gut waren – um vielen Menschen das Herstellen, Verkaufen und Genießen wirklich guter Schokolade zu ermöglichen, ohne Abstriche bei der Qualität machen zu müssen.

Wer, was, wie viel, wo, wann, wie und *warum:* Zum ersten Mal waren sich alle einig. Lila erkannte, warum es ihrem Team so schwergefallen war, alles zusammenzufassen (es gab so viele Details), und das Team erkannte, warum sie eine Zusammenfassung benötigte (um den Schulungsablauf verbessern und erweitern zu können). An einem einzigen Tag war es uns gelungen, Hunderte von Seiten und viele Jahre Erfahrung in eine Handvoll Bilder zu übertragen. Jetzt wusste Lila, wovon ihr Team redete, und sie begriffen, was sie wollte.

Lila hatte immer noch unendlich viel von ihren Mitarbeitern zu lernen, und sie stand vor der sogar noch größeren Aufgabe, all diese Schulungen zu erweitern, um Hunderte von Neueinstellungen zu berücksichtigen, aber ihre neue Karriere im Schokoladenbusiness hatte sie jetzt im Griff. Jetzt konnte sie sehen, wohin ihr Weg führte.

Vorschau auf künftige Ereignisse: Machen Sie sich bereit für die sechs Arten des Vermittelns

Es gibt noch eine andere Möglichkeit, diese sechs Arten anzuwenden. Da sie alle Formen unserer Wahrnehmung verkörpern, verkörpern sie auch alle Formen, etwas zu *vermitteln*. Beim letzten Schritt des visuellen Denkprozesses werden wir noch mal auf diese sechs Arten zurückkommen. Aber beim nächsten Mal werden wir die 6 W nicht als Formen der Wahrnehmung einsetzen, sondern als Grundlage des Vermittelns dessen, was wir wahrgenommen haben, um damit den Kreislauf visuellen Denkens zu schließen.

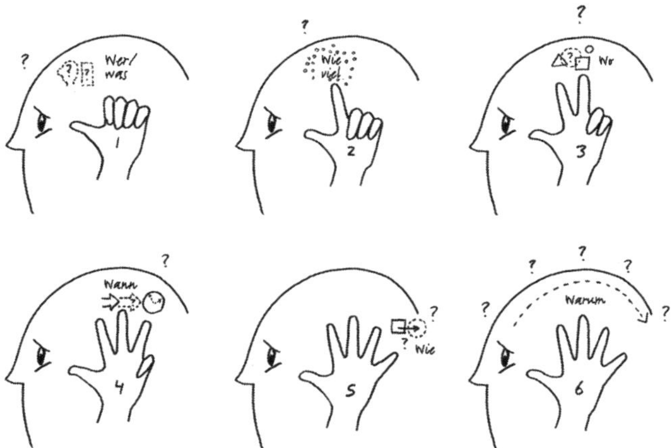

Die sechs Arten der Wahrnehmung: *wer/was, wie viel, wo, wann, wie* und *warum.*

Aber so weit sind wir noch nicht. Bis jetzt haben wir uns auf unsere *Augen* und das Sehen und Betrachten konzentriert – die Werkzeuge und Schritte, auf die wir uns bei der Verarbeitung visueller Informationen aus der Außenwelt verlassen. Im nächsten Kapitel werden wir unsere Augen schließen und all diese visuellen Eindrücke herumwirbeln, beeinflussen, auf den Kopf stellen und versuchen, völlig neue Muster zu schaffen. Wir schalten unser *inneres Auge* ein und fangen an, uns etwas *vorzustellen*.

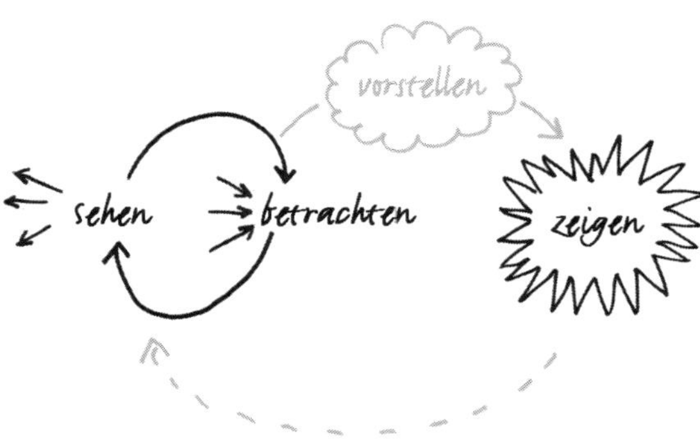

Alles, was wir bis jetzt gesehen haben, kommt wieder zum Vorschein, wenn es ans Vermitteln geht.

KAPITEL 6

SQVID: eine praktische Übung in angewandter Vorstellungskraft

Mit geschlossenen Augen sehen: die Kunst der Imagination

Bis jetzt waren unsere Augen die Fenster zur Welt: Durch *aktives Sehen* haben wir mit unseren Augen visuelle Informationen über die vor uns liegenden Aufgaben gesammelt, und durch sorgfältiges *Betrachten* konnten wir die eingehenden Informationen auf sechs verschiedene visuelle Typen herunterbrechen. Doch so nützlich unsere Augen uns auch waren, jetzt lassen wir sie hinter uns. In diesem Abschnitt werden wir auf eine Art sehen, für die wir unsere Augen gar nicht benötigen; alles, was wir brauchen, ist unsere *Vorstellungskraft*.

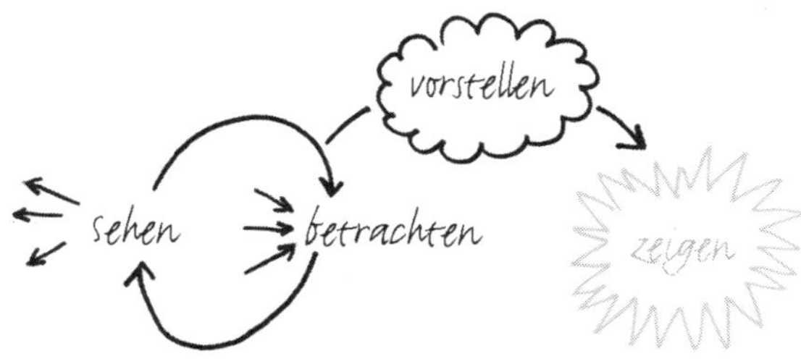

Beim Imaginieren *lassen wir unser inneres Auge die Führung übernehmen, sodass wir Dinge sehen können, die gar nicht physisch vorhanden sind. Das heißt, wir nehmen die konkreten Koordinaten, Muster und Komponenten, die wir in der Welt sehen, und übersetzen sie in abstrakte Bilder, die wir im Geiste beeinflussen können.*

Das Vorstellen ist kein magischer Vorgang, für den wir uns in einen Trancezustand versetzen oder positive Energie visualisieren oder sonst irgendwas tun müssen, das den meisten Geschäftsleuten suspekt ist. Imaginieren ist lediglich eine andere Form der Betrachtung, und in den meisten Bereichen unterscheidet sie sich nicht groß von den sechs Arten der Wahrnehmung, die wir bereits besprochen haben. Der einzige Unterschied ist, dass man beim Vorstellen mit dem inneren Auge Dinge wahrnimmt, die eigentlich gar nicht da sind. Wenn wir uns etwas vorstellen, benutzen wir dieselben komplexen mentalen Wahrnehmungsprozesszentren wie mit geöffneten Augen. Nur dass wir unser inneres Auge ein Menü kochen lassen, statt uns etwas nach Hause zu bestellen.

Am besten sieht man etwas, das *gar nicht da ist*, mit geschlossenen Augen, und dabei spielt die *Vorstellungskraft* eine große Rolle.

Im Hinblick auf geschäftliche Problemlösung ist die Vorstellungskraft eine außerordentlich wirkungsvolle Methode, Gedanken und Lösungen hervorzubringen, und es gibt Dutzende von Ansätzen,

Übungen und Bücher zur Verbesserung des kreativen Denkens. Einige davon, zum Beispiel visuelle Gedächtnisspiele, Mindmapping, Bildanalogien und Metaphern, ja sogar bestimmte Formen der Meditation, können sehr erfolgreich auf den Prozess visuellen Denkens angewendet werden.

Da viele davon an anderer Stelle hervorragend beschrieben werden,* werden wir uns auf ein einziges Imaginationssystem konzentrieren, das ich SQVID nenne. SQVID (zum Ursprung des Namens kommen wir gleich) ist ein Werkzeug zur Aktivierung visueller Vorstellungskraft, das ich bei der Arbeit mit Kunden fast ständig benutze. Genau wie die anderen Werkzeuge des visuellen Denkens ist SQVID eine eigenständige Übung, die jederzeit und überall durchgeführt werden kann, um die visuelle Vorstellungskraft zur vollen Entfaltung zu bringen. Wie wir gleich sehen, hilft SQVID gleichzeitig bei der Erfüllung zweier schwieriger Aufgaben des Imaginierens: Es aktiviert jede Zelle unseres inneren Auges, um ein vollständiges mentales Bild zu erzeugen, und es lässt uns dieses Bild mit den Augen unserer potenziellen Zuhörer betrachten.

Ein Apfel hat viele Seiten

---

* Siehe Anhang B: Hilfsmittel für das visuelle Denken.

Am besten lässt sich SQVID anhand einer weiteren Visualisierungsübung erklären. (Paradoxerweise möchte ich dieses Mal, dass Sie die Augen nicht schließen.) Aber statt auf einer Parkbank zu sitzen, reisen wir nun viel weiter weg: dieses Mal stellen Sie sich vor, Sie machen Urlaub auf einer tropischen Südseeinsel und gehen an einem wunderbar sonnigen Tag gemächlich am Strand spazieren. Auf einer Seite haben Sie weißen Sand und den türkisblauen Ozean. Auf Ihrer anderen Seite befindet sich tiefster Dschungel mit hohen Palmen und farbenprächtigen Pflanzen. Haben Sie's? Ich hoffe, diese Szene ist nicht allzu schwer auszumalen.

Jetzt stellen Sie sich vor, dass Ihnen auf Ihrem Spaziergang ein einheimischer Insulaner entgegenkommt, der eine ungewöhnliche violette Frucht verzehrt. Sie sprechen zwar nicht die Sprache, aber dies ist eine sehr freundliche Insel, und der Insulaner nickt grüßend. Sie nicken zurück, der Insulaner hält an und reicht Ihnen eine der komischen violetten Früchte, wobei er zu verstehen gibt, dass Sie sie probieren sollen. Sie nehmen sie entgegen und beißen versuchsweise hinein. Hmmm … wirklich lecker, fast wie ein Apfel, nur noch süßer und saftiger.

Der Eingeborene scheint nicht in Eile zu sein, und Sie haben auch nichts Dringendes vor, deshalb beschließen Sie, sich erkenntlich zu zeigen, indem Sie ihm etwas über die Äpfel Ihrer Heimat erzählen. Natürlich gibt es hier nichts, das einem Apfel ähnlich sieht, also zwingt die Sprachbarriere Sie dazu, Bilder zu verwenden. Zum Glück haben Sie ein paar Cocktailservietten aus Ihrem Hotel und einen Filzstift in der Tasche. Während Sie diese ausgezeichneten Werkzeuge visuellen Denkens hervorholen, denken Sie darüber nach, wie Sie einen Apfel visuell am besten beschreiben können.

Ihre erste Skizze ist eine einfache kleine Zeichnung von einem Apfel, das Erste, was vor Ihrem inneren Auge auftaucht.

Aber als Sie näher über diese Skizze nachdenken und den üppigen Dschungel um sich herum bemerken, wird Ihnen klar, dass es vielleicht mehr Sinn hat, wenn Sie das Ganze ein bisschen ausarbeiten und einen Apfelbaum hinzufügen.

Aber dann wiederum ist es vielleicht besser, die gesamte Obstplantage darzustellen.

Komisch: Alle drei Zeichnungen sind zulässige Beschreibungen von Äpfeln, aber jede sieht anders aus – und das ist erst der Anfang. Jetzt, wo Sie darüber nachdenken, wird Ihnen bewusst, dass Sie auch noch alle möglichen anderen Bilder zeichnen könnten, je nachdem, was Sie dem Insulaner über Äpfel vermitteln wollen.

Vielleicht möchten Sie den Apfel in all seiner üppigen Pracht darstellen: rot, glänzend, rund und prall.

Oder falls Sie belegen wollen, warum Äpfel so gesund sind, möchten Sie vielleicht zeigen, wie nahrhaft ein Apfel ist.

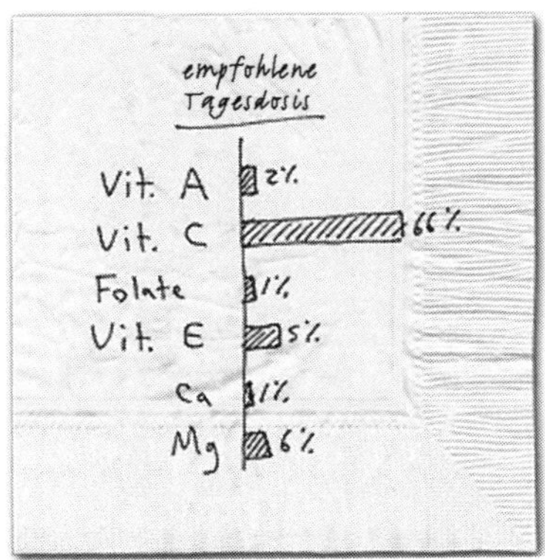

Es könnte auch sein, dass Sie den Apfel in seinem von Ihnen empfundenen Idealzustand wiedergeben möchten: als Apfelkuchen.

Oder Sie halten es für nützlicher zu erklären, wie man diesen perfekten Apfelkuchen macht.

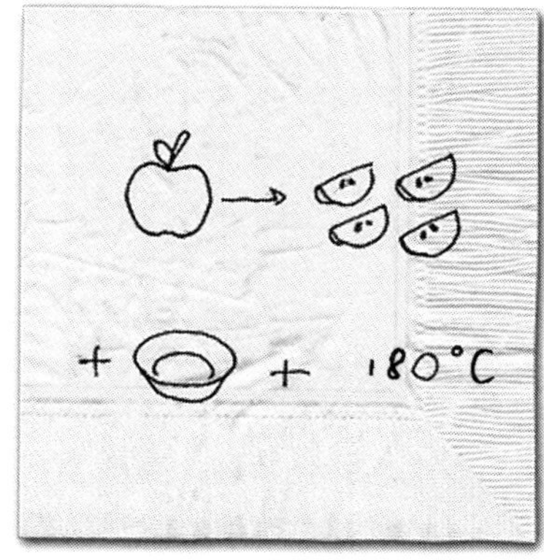

Sie könnten auch nur den Apfel als solchen darstellen, um spezifische Details der Frucht herauszustreichen.

Vielleicht wäre es auch sinnvoller, den Apfel mit anderen Früchten zu vergleichen, die der Insulaner möglicherweise bereits kennt.

Sie könnten zeigen, woraus ein Apfel entsteht.

Oder Sie zeigen, wie ein Apfel endet.

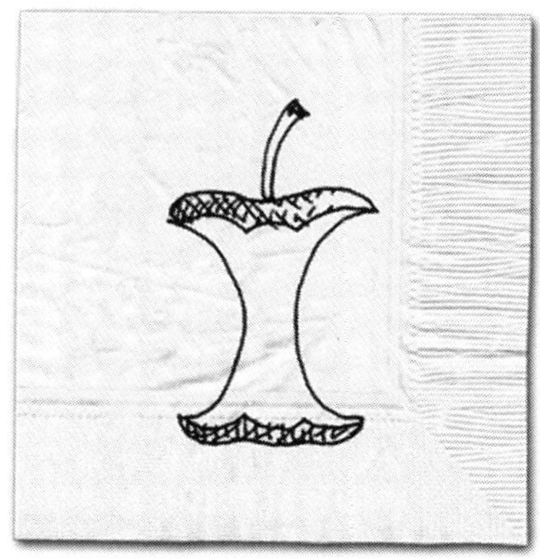

Wow! Das alles aus einem einzigen Apfel? Ob Sie es glauben oder nicht – als Sie dort am Strand standen mit nichts weiter als einem Stift, einer Serviette und einem erwartungsvollen Inselbewohner, haben Sie jede Zelle Ihres inneren Auges und beide Hälften Ihres Gehirns aktiviert. Im Hinblick auf die Vorstellungskraft haben Sie einen einzigen einfachen Ausgangsgedanken verwendet – den Apfel – und Ihrem inneren Auge freien Lauf gelassen, Sie haben Sichtweisen, Aspekte und Details entdeckt, an die Sie nie gedacht hätten, wenn Sie es bei einem einfachen »Ja. Schmeckt wie ein Apfel« belassen hätten.

Während Sie den Apfel in Ihren Gedanken hin- und herwälzten, dachten Sie auch darüber nach, wie Sie – in dieser speziellen Situation und vor diesem speziellen Publikum – Ihren Apfel visuell so beschreiben konnten, dass es für den Insulaner am sinnvollsten wäre. Mit anderen Worten, Sie haben aus der Perspektive des Zuhörers über Ihre eigene Idee nachgedacht und erkannt, dass es in anderen Situationen bessere oder andere Skizzen geben mag.

Gut, wir verlassen jetzt den Strand und kehren für einen Augenblick in die Wirklichkeit zurück. Da ich weiß, was jetzt kommt (es kommt immer), werde ich etwas ansprechen, das Sie vielleicht beschäftigt. Wenn ich diese Übung in einem Workshop durchführe, sagt an dieser Stelle irgendjemand garantiert: »He, Moment mal. Sie haben doch gesagt, wir haben es mit einem eingeborenen Insulaner zu tun, und dann zeichnen wir eine Nährwerttabelle oder ein Rezept für Apfelkuchen. Das ist doch Quatsch. Das interessiert den Inselbewohner doch nicht.«

Worauf ich sage: »Kann schon sein, aber ich habe ja nicht gesagt, wie der Insulaner aussieht. Wenn er ein Baströckchen trägt, wäre das erste Bild vielleicht das beste. Aber was ist, wenn der Inselbewohner einen weißen Kittel und ein Stethoskop um den Hals trägt? Oder eine Kochmütze? Welches Apfelbild wäre dann wohl besser geeignet?«

Und genau das ist der zweite Aspekt dieser Übung – zu erkennen, dass es immer mehrere Möglichkeiten gibt, unseren Zuhörern etwas zu vermitteln, auch wenn wir nur einen anscheinend einfachen Gedanken mitteilen wollen, und manche sind eben viel passender und effektiver als die anderen. Deshalb ist das Hin- und Herwälzen des Apfels eine wunderbare Methode, unser inneres Auge zu zwingen, den Gedanken auf vielfältige Weise zu betrachten (wobei man immer wieder etwas Neues entdeckt) und darüber nachzudenken, welche Möglichkeit der Vermittlung – aus Sicht unseres Publikums – schließlich die beste ist.

Willkommen bei SQVID: visuelles Training für das ganze Gehirn

Was wir am Strand gerade gemacht haben, war die SQVID-Übung. Auf der einfachsten Ebene ist SQVID nichts weiter als eine Abfolge von fünf Fragen, die wir unseren Ursprungsgedanken durchlaufen lassen, um ihm visuelle Klarheit zu verschaffen und seinen Schwerpunkt zu ermitteln – sowohl im Hinblick auf das, was uns am wichtigsten ist, als auch auf das Wichtigste für unsere Zielgruppe. Mithilfe von SQVID können wir uns ausmalen, welche visuellen Botschaften wir vermitteln wollen, *bevor* wir uns den Kopf darüber zerbrechen, welches Bild wir zeichnen sollen.

Das Wort SQVID ist eine einfache Merkhilfe, die sich aus den Anfangsbuchstaben jener fünf Fragen zusammensetzt, die wir soeben am Strand aufgeworfen haben. (Anmerkung: das V ist dem römischen U entlehnt, und das D steht für das griechische *Delta,* das Symbol des Wandels. Man könnte also sagen, SQVID ist ein mehrsprachiger Klassiker. ☺)

DIE FÜNF SQVID-FRAGEN: WAS WILL ICH VERMITTELN?

S steht für simpel  vs. ausführlich 

Q steht für Qualität  vs. Quantität 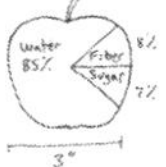

V steht für Vision  vs. Durchführung 

I steht für individuelle Merkmale  vs. Vergleich 

D steht für Delta (oder Wandel)  vs. Status quo 

Nebeneinandergestellt sieht SQVID so aus:

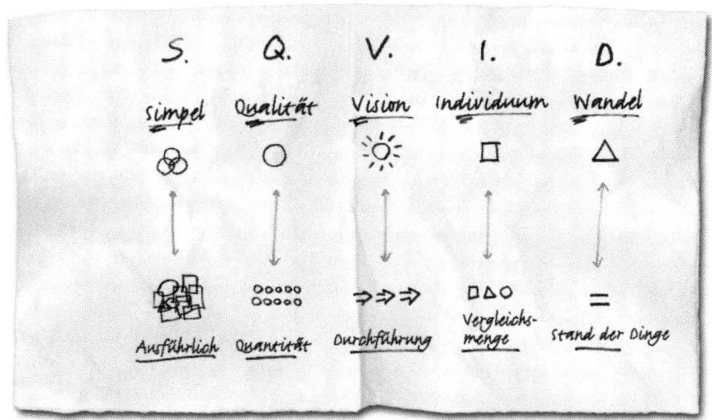

SQVID-Analyse

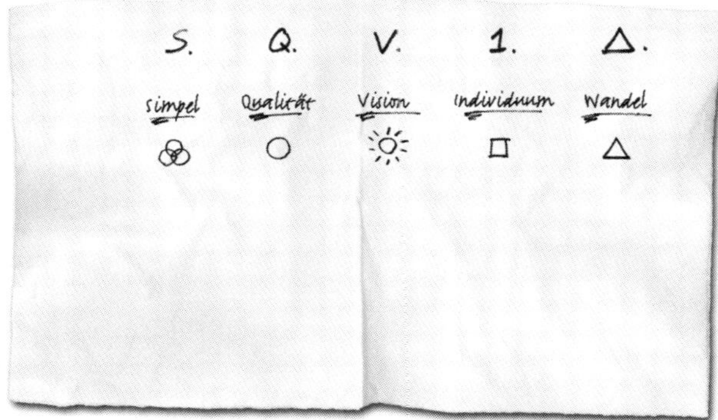

Es gibt zwei gleichermaßen einfache wie erhellende Methoden, um SQVID anzuwenden. Die erste besteht darin – wie wir es am Strand getan haben –, die fünf Fragen der Reihe nach zu durchlaufen und darüber nachzudenken, wie wir unseren Gedanken gemäß jeder einzelnen Option visuell beschreiben können: eine *einfache* oder eine *ausführliche* Schilderung, eine *qualitative* oder eine *quantitative* Sichtweise et cetera. Danach können wir darlegen, wie jede einzelne Sichtweise aussehen könnte, entweder auf dem Papier oder nur im Geiste.

Wie wir gesehen haben, zwingt dieser SQVID-Durchlauf unser Wahrnehmungssystem, die Gänge hinauf- und herunterzuschalten, indem wir uns von Frage zu Frage, von Gegensatz zu Gegensatz bewegen. (Probieren Sie es aus: Ich kann Ihnen versichern, dass Sie Ihr inneres Auge regelrecht knirschen hören, während es von quantitativen zu visionären bildlichen Darstellungen und so weiter springt. Es ist eine echte Erfahrung.) Dieser Wechsel der Gänge trainiert Teile unseres inneren Auges, die selten benutzt werden, weil er uns zwingt, Bilder heraufzubeschwören, an die wir selten denken. Diese Methode ist ideal,

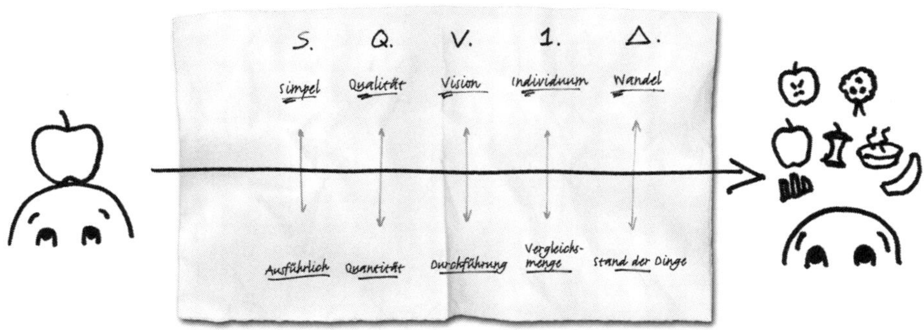

SQVID-Methode Nummer 1: Indem wir unseren Gedanken die fünf Fragen durchlaufen lassen und jede mit einer visuellen Beschreibung beantworten, zwingen wir unser inneres Auge, mindestens zehn verschiedene Sichtweisen einzunehmen.

um eine unerwartete Vielfalt visueller Darstellungsarten unseres Gedankens zu erzeugen, und bietet uns eine große Auswahl an Sichtweisen, aus der wir eine aussuchen können, wenn es ans Vermitteln geht.

Die zweite SQVID-Methode beruht weniger auf dem Gedanken als vielmehr auf den voraussichtlichen Erwartungen des Publikums. Bei diesem Ansatz verwenden wir SQVID wie einen grafisch dargestellten Equalizer. Wir finden heraus, welche allgemeinen »Einstellungen« unserer Zielgruppe am meisten nutzen, unabhängig von den Einzelheiten, die wir schildern werden. Beispielsweise könnte uns bekannt sein, dass wir beim Vermitteln von Ideen an die Projektmanager des Unternehmens am besten immer quantitative, durchführungsorientierte Sichtweisen verwenden, während wir in Gesprächen mit der Presse vielleicht lieber einfache, visionäre Darstellungsweisen benutzen sollten.

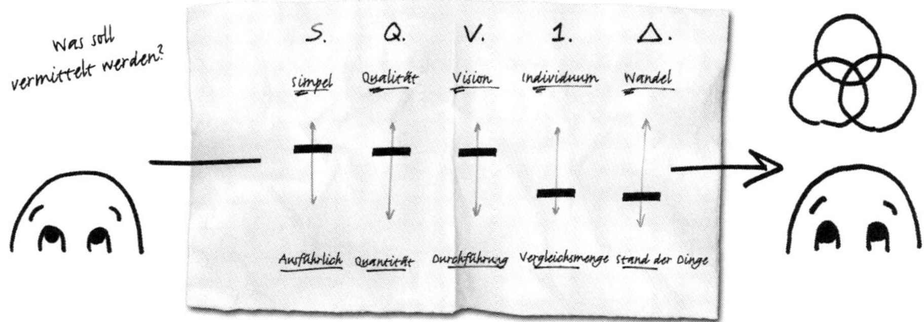

SQVID-Methode Nummer 2: Indem wir die Regler des grafischen Equalizers in Richtung derjenigen Sichtweisen schieben, die wir für unsere Zielgruppe als relevant einstufen, legen wir fest, welche Art von Bildern wir ihr am besten präsentieren.

SQVID ist Nahrung für das gesamte Gehirn

Egal wie wir SQVID anwenden (ideenorientiert oder zielgruppenorientiert), es zeigt sich immer ein Muster zwischen den Höchst- und den Niedrigstwerten, das unser Denken wirklich beflügelt – und mit dem wir einem immer wiederkehrenden Konflikt der geschäftlichen Problemlösung begegnen. Am oberen Ende jedes Reglers sehen wir Einfachheit, Qualität, Vision, Individualität und Wandel. Dabei handelt es sich um typisch kreative Eigenschaften: das Beschreibende, das Zusammensetzende, das Verschiedene, das Abstrakte, Eigenschaften, die schwer messbar sind und mehr emotionales Gewicht besitzen. Wir nennen diese obere Reihe des Equalizers die »warme« Seite.

Schauen wir uns die unterste Stufe jedes Reglers an – Vielschichtigkeit, Quantität, Durchführung, Vergleich und Status quo –, so erkennen wir eine

Übereinstimmung mit den eher traditionellen geschäftlichen Werten – Eigenschaften, die numerisch, analytisch, detailliert, faktisch und messbar sind. Da diese eher rational und von emotionalen Assoziationen frei sind, nennen wir die untere Ebene des Equalizers die »kalte« Seite.

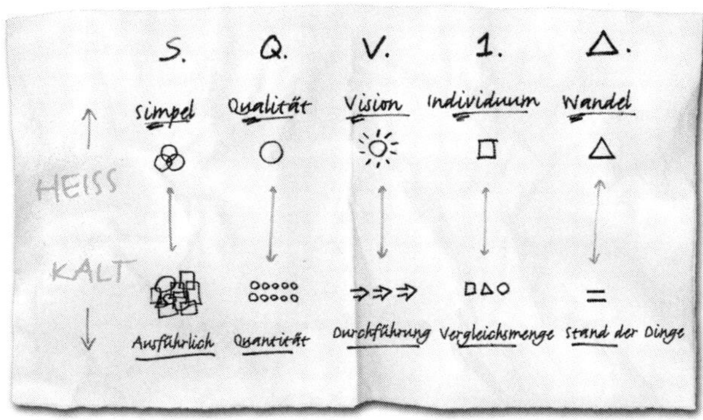

Die Merkmale im oberen SQVID-Bereich sind die »warmen« oder der rechten Gehirnhälfte zugeordneten: simpel, qualitativ, visionär et cetera. Die im unteren Bereich sind »kalt« oder der linken Gehirnhälfte zugehörig: komplex, quantitativ, durchführungsorientiert et cetera.

Anders ausgedrückt, wenn wir uns zwingen, einen Gedanken von jedem Punkt des SQVID aus zu betrachten, passiert etwas Faszinierendes mit einem ebenso faszinierenden Ergebnis: Wir aktivieren sowohl die linke (»analytische«) als auch die rechte (»kreative«) Seite unseres Gehirns gleichermaßen.* Das heißt, wenn Sie eher der Typ sind, der detaillierte quantitative Problemanalysen vornimmt, werden durch den Einsatz von SQVID sowohl Ihre gewohnte Denkweise als auch die weniger wahrgenommene kreative Seite aktiviert. Umgekehrt, wenn Sie sich eher als visionär oder qualitativ betrachten, bringt die Verwendung von SQVID Sie dazu, die Muskeln Ihrer eher analytischen Seite zu trainieren.

SQVID ist also eine ausgezeichnete Methode, um Gruppen von Geschäftsleuten, die vielleicht kaum die Standpunkte der jeweils anderen nachvollziehen können, auf einen gemeinsamen Nenner zu bringen.

* Mehr zu der grundsätzlichen Aufteilung des Gehirns in linke und rechte Hälfte siehe Anhang A: Die Wissenschaft des Kreativen Denkens.

SCHWERPUNKT RECHTE GEHIRNHÄLFTE

SCHWERPUNKT LINKE GEHIRNHÄLFTE

Wenn ein Kreativer mit einem dieser faktenverliebten Geschäftstypen zu tun hat:
Ein Vorteil von SQVID ist, dass der Ansatz durch die strukturierte und wiederholbare Nutzung unserer Vorstellungskraft auf konkrete Weise zeigt, wie wichtig es ist, sowohl die warmen/kreativen als auch die kalten/geschäftsmäßigen Merkmale in Betracht zu ziehen, wenn eine Idee durchdacht wird. Wenn Sie also mit einem dubiosen Geschäftsmann zu tun haben und ihm den Wert Ihrer simplen, qualitativen, visionären, individuellen und die Branche revolutionierenden Idee darstellen, zeigen Sie ihm, wie sie in die Rationalität von SQVID hineinpasst.

Wenn ein Geschäftsmann mit einem dieser schwammigen, abstrakten Kreativen zu tun hat:
Ein Vorteil von SQVID ist, dass durch die visuelle Darstellung des Zusammenspiels zwischen Emotion und Ratio bei der Entwicklung einer Idee intuitiv und planvoll die Notwendigkeit gezeigt wird, kreative Visionen mit den praktischen Anforderungen des Geschäftsalltags in Einklang zu bringen. Wenn Sie also mit einem dubiosen Kreativen zu tun haben, dem Sie den Wert des komplexen, quantitativen, durchführungsorientierten Vergleichs Ihrer alltäglichen Realität nahebringen müssen, zeigen Sie ihm, wie das in die Kreativität von SQVID hineinpasst.

SQVID in Aktion

So angenehm es auch sein mag, uns vorzustellen, wie wir am Strand Bilder von Äpfeln zeichnen, ist es doch viel wahrscheinlicher, dass wir am Getränkeautomaten einen Kollegen treffen, im Großraumbüro einem Angestellten über den Weg laufen oder eine Präsentation für den Vorstand im Konferenzraum vorbereiten. Und da wir höchstwahrscheinlich keinen Apfel beschreiben müssen, werden wir wohl genau das beschreiben müssen, womit wir arbeiten.

Damit wir sehen, wie wir die fünf Fragen von SQVID zur Eingrenzung unserer visuellen Ideen verwenden können, lassen Sie uns mal schauen, wie andere sie beantwortet haben. Im restlichen Teil dieses Kapitels wird gezeigt, wie wirkliche Personen mit jeder dieser fünf Fragen visuell umgegangen sind, lauter Geschäftsleute ohne jede formale Ausbildung in darstellender Kunst.

Frage 1: simpel oder ausführlich?

Wenn ich SQVID als Werkzeug des visuellen Denkens vorstelle und über die erste Frage spreche, fragt immer irgendjemand: »Ist das Gegenteil von ›simpel‹ nicht ›komplex‹? Und wenn es das Ziel von Bildern ist, die Kommunikation klarer zu machen, warum sollte dann irgendjemand absichtlich Komplexität darstellen?«

Das ist eine ausgezeichnete Frage, denn sie verlangt zwei wichtige, aber subtile Antworten. Erstens, das Gegenteil von »simpel« ist nicht »komplex«, sondern eher »ausführlich«. Das Möbius'sche Band, ein fortlaufender Streifen, der so verdreht ist, dass er im mathematischen Sinne nur eine Seite hat, ist ein perfektes Beispiel für etwas, das gleichzeitig komplex und simpel ist.

Zweitens, das ist nicht nur eine untergeordnete Frage der Semantik: Sie zielt mitten ins Zentrum der Problemlösung mithilfe von Bildern. Eine der wichtigsten Eigenschaften des visuellen Denkens ist seine Fähigkeit, Dinge so zu verdeutlichen, dass das Komplexe besser verstanden werden kann, doch das bedeutet nicht, dass gutes visuelles Denken immer auch Vereinfachung ist. *Das wirkliche Ziel visuellen Denkens ist, etwas Komplexes verständlich zu machen, indem man es sichtbar macht – nicht indem man es vereinfacht.* Ob dieses Ziel mit einem einfachen, einem ausführlichen oder einem absichtlich komplexen Bild erreicht wird, bestimmt sich fast immer durch die Zielgruppe und ihre Vertrautheit mit dem behandelten Thema.

Das erstaunliche Möbius'sche Band: ein perfektes Beispiel für etwas gleichzeitig Einfaches und Komplexes.

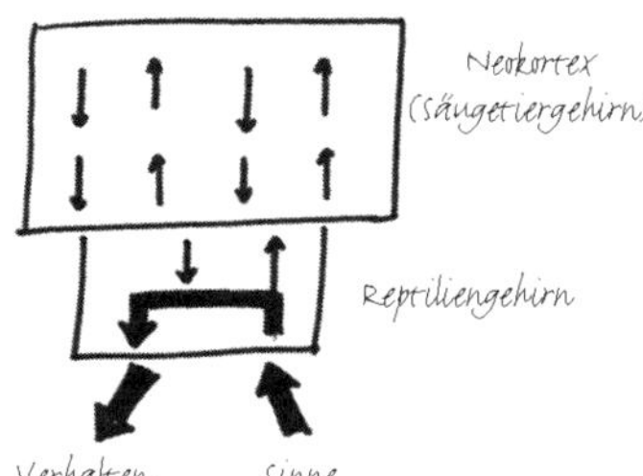

Mit diesem Bild führt Jeff Hawkins seine Zuhörer in seine Gedanken ein.

Sehen wir uns mal die jüngste Arbeit von Jeff Hawkins an, einem Ingenieur, der den Palm Pilot erfunden und Handspring gegründet hat und während der letzten Jahre zu einem Experten in der Erforschung des menschlichen Gehirns, insbesondere des Neokortex, geworden ist.

Sein neues Unternehmen Numenta ist auf die Nachahmung des Neokortex-Verhaltens durch Software spezialisiert, und Jeff ist viel unterwegs, um Vorträge über seine Sichtweise von der Funktionsweise des Gehirns zu halten. Er redet vor so unterschiedlichen Zuhörern wie Studenten im Highschool-Alter an der New Yorker Juilliard School und Professoren der Neurologie am Massachusetts Institute of Technology.

Egal wo er spricht, Jeff hält im Großen und Ganzen immer denselben Vortrag, aber dass es ihm gelingt, seine unterschiedlichen Zuhörer zu fesseln, liegt daran, dass er den Grad der Einfachheit versus Ausführlichkeit variiert, um sich auf den Kenntnisstand seiner Zielgruppe einzustellen. Jeff fängt damit an, dass er eine von zwei Zeichnungen von der Funktionsweise des Gehirns zeigt, eine für Laien und eine für Experten. Das einfache Bild besteht aus zwei Kästchen, dreizehn Pfeilen und elf Wörtern und bietet eine begriffliche Schilderung dessen, wie unser Gehirn eingehende Informationen verarbeitet.

Auch Hawkins' zweite Zeichnung besteht aus zwei Kästchen, Pfeilen und Text … nur wesentlich mehr davon. Diese Version zeigt Jeff, wenn er vor Neurologen, Akademikern und anderen Fachleuten spricht. Obwohl sie inhaltlich mit der ersten Zeichnung übereinstimmt – dieselben Bestandteile, dieselben Querverbindungen, sogar dieselben Formen –, schreckt diese Zeichnung jeden ab, der kein Experte in Neurowissenschaften ist. Zugleich braucht Jeff die Skizze als Einführung, wenn er sich an Fachleute wendet, denn wenn er etwas weniger Ausgefeiltes präsentiert, glauben sie, er wüsste nicht, wovon er redet.

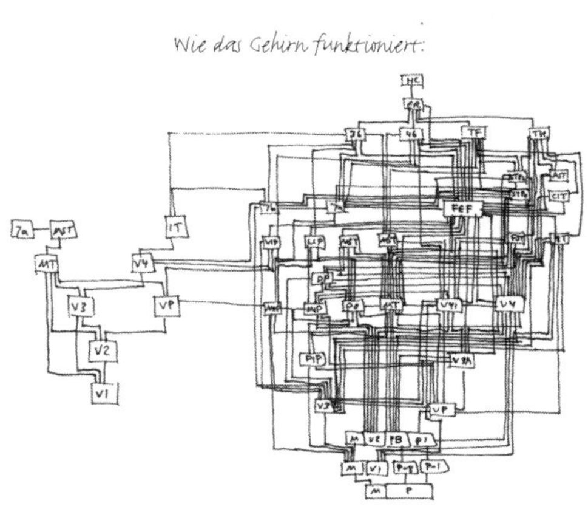

Das ist die Skizze, die Hawkins Wissenschaftlern und Akademikern zeigt.

Das Interessanteste an der ganzen Geschichte ist, dass Jeff am Ende seiner Präsentation immer beiden Zielgruppen – Experten und Laien – beide Zeichnungen vorgeführt hat. Für die Laien ist es aufregend, diese hochkomplexe Skizze zu betrachten, nachdem sie die Grundlagen der Gehirnfunktion begriffen haben. Und die Neurologen und Akademiker finden Jeffs simple Zeichnung einfach toll, denn wenn sie erst mal eingesehen haben, dass er sein Thema wirklich beherrscht, hat diese etwas Erfrischendes.

Frage 2: Qualität oder Quantität?

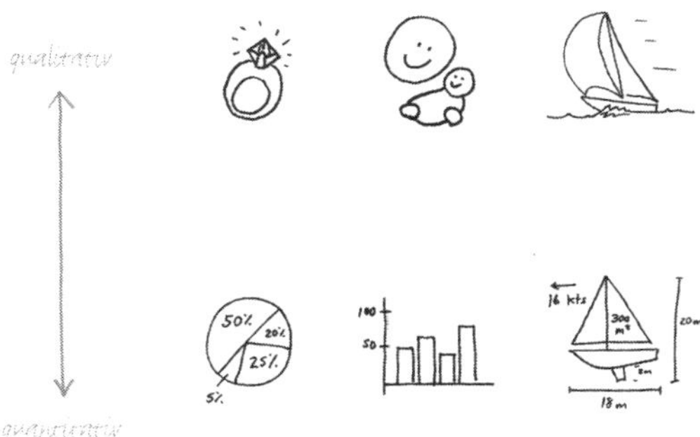

Es gibt zwei Sorten von Piloten: diejenigen, die nach Gefühl fliegen, und diejenigen, die nach Zahlen fliegen. In den frühen Tagen der Luftfahrt dominierten die Ersteren – Piloten, welche die Position und Richtung ihres Flugzeugs einfach im Gefühl haben. Wir können sie uns als »qualitative« Flieger vorstellen, Experten im Steuern ihrer Maschine aufgrund von Erfahrung, Instinkt und Intuition.

Die zweite Sorte von Piloten fliegt vollkommen anders. Zahlenorientierte Piloten kennen die Fakten, und durch die Überwachung vielfältiger Präzisionsmessgeräte bleiben sie in der Luft. Weil diese Piloten wissen, dass die fortlaufende Auswertung von Flughöhe, Steuerkurs, Windgeschwindigkeit, Position und Orientierung sie am Leben erhält, können wir sie als »quantitative« Flieger betrachten.

Nur wenige Piloten können auf beide Arten fliegen, aber als *Apollo 11* im Jahr 1969 die erste Mondlandung vornahm, musste Commander Neil Armstrong genau dies tun. Knapp oberhalb der Mondoberfläche und mit nur noch ein paar Sekunden Treibstoff für den Landevorgang entdeckte Armstrong – der als einer der besten zahlenorientierten Astronauten bei der NASA galt –, dass die vorgesehene Landefläche durch einen Geröllhaufen blockiert war. Er tat das, was jeder aufmerksame Autofahrer macht, wenn er ein Schlagloch vor sich auftauchen sieht. Er drückte aufs Gaspedal und fuhr nach Gefühl. Nachdem er schließlich sicher auf dem Mond gelandet war, blieb dem Kontrollzentrum von *Apollo 11* nur zu sagen: »Ein paar von unseren Jungs hier ist das Herz in die Hose gerutscht. Jetzt atmen wir aber wieder. Vielen Dank.«

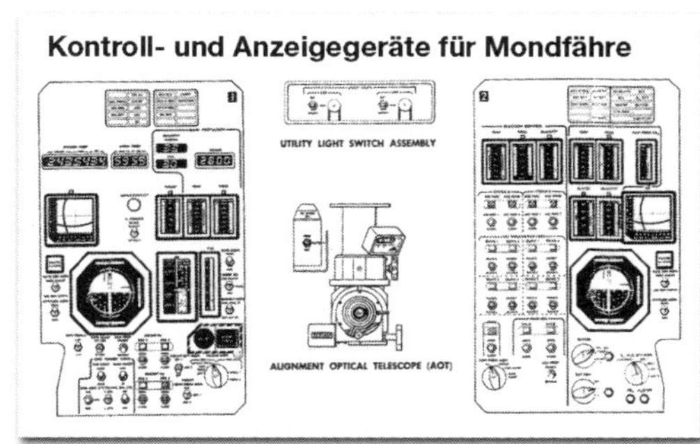

In den Sechziger Jahren mussten die Astronauten ihre Augen rasch zwischen unterschiedlich gestalteten Instrumenten hin- und herwandern lassen und viele »kognitive Kreisläufe« durchlaufen, nur um herauszufinden, in welche Richtung sie sich bewegten.

Wenn wir das nächste Mal auf dem Mond landen, wird Mary »Missy« Cummings dafür sorgen, dass das nicht halb so aufregend ausfällt. Nicht dass Missy nicht an aufregende Landungen gewohnt wäre. Als eine der ersten weiblichen Marinefliegerinnen im Kampfeinsatz hat Missy ihren

A-4-Skyhawk unzählige Male auf schwankenden Flugzeugträgerdecks gelandet. Jetzt, als Leiterin des Humans and Automation Lab am MIT, hat sie die Chance, ihren akademischen Hintergrund als Systemingenieurin und ihre unmittelbare Erfahrung als Pilotin in die Praxis umzusetzen: Ihr Labor entwirft die Anzeigegeräte für die Landung der nächsten Mondastronauten, voraussichtlich im Jahr 2013.

Wie Missy es ausdrückt: »Unsere größte Herausforderung als Geräteausstattungsdesigner ist die Entscheidung darüber, welche Informationen wir *nicht* zeigen und wie wir die Leute dazu bringen, das wahrzunehmen, was sie unbedingt sehen sollen. Das erreichen wir durch multivariate Geräteoptimierung, ein schicker Begriff für das Aufeinanderschichten vieler numerischer visueller Informationen, um eine einzelne, schnell wahrnehmbare qualitative Darstellung zu erzielen.« Mit anderen Worten, Missys Aufgabe ist es, eine visuelle Methode zu finden, um das gefühls- und das zahlengesteuerte Fliegen miteinander zu verschmelzen.

Während die Apollo-Astronauten der sechziger Jahre ihre Augen immer wieder über die verschiedensten Instrumente hüpfen lassen mussten, um die Lage im Griff zu behalten, soll der neue VAVI (Vertical Altitude and Velocity Indicator, dt.: Vertikaler Höhen- und Geschwindigkeitsanzeiger) von Missys Team sofortige visuelle Signale liefern, die gleichzeitig präzise sind und über die Richtung informieren. Ihre Lösung war ein völlig neues Instrument mit »winkenden Zeigern«, das den Astronauten *visuell spüren* lässt, ob er sich nach oben oder nach unten bewegt, und dabei gleichzeitig die entscheidenden numerischen Daten liefert, die der Pilot braucht, um genau zu wissen, wo und wie schnell er ist.

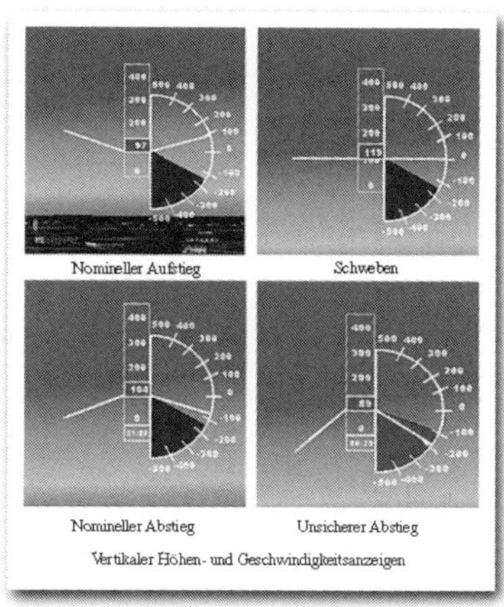

Der neue VAVI von Missys Team arbeitet mit »winkenden Zeigern«, damit die Astronauten die Austiegs-oder Abstiegsrate visuell spüren können.

Der neue VAVI von Missys Team arbeitet mit »winkenden Zeigern«, damit die Astronauten die Anstiegs- oder Abstiegsrate visuell spüren können.

Ihr Team hat den VAVI mit großem Erfolg in einem Harrier Jump Jet der amerikanischen Marine getestet und freut sich nun darauf, ihn auf den kommerziellen Luftfahrtmarkt zu bringen. Auch wenn die NASA für lange Zeit keine weitere Mondlandung planen sollte, ist Missy zufrieden mit dem, was ihr Team erreicht hat. Durch die Entwicklung des funktionierenden Prototyps eines einzigen Anzeigeinstruments, das sowohl qualitative als auch quantitative Informationen liefert, haben sie viel gelernt, das auch im Design von Management-Systemsteuerungen angewendet werden kann, sodass moderne digitale Anzeigetafeln aussehen wie Überbleibsel der frühen Luftfahrt.

Frage 3: Vision oder Durchführung?

Manchmal ist die wichtigste Aussage, die eine geschäftliche Zielgruppe von ihren Führungskräften zu hören bekommen kann: »Wir wissen, wohin wir gehen.« Dann wieder wollen die Zuhörer nichts anderes gesagt bekommen als: »Wir wissen genau, wie wir da hinkommen.« Das ist der Unterschied zwischen Vision und Durchführung, und egal welche Aussage die wichtigere ist, am besten wird sie oft mit den Augen gehört.

Als die designierte Vorsitzende des Consulting-Riesen Bain & Company im Jahr 1992 dem schwächelnden Unternehmen, das sie bald übernehmen würde, eine aufrüttelnde Botschaft übermitteln wollte, da wusste sie: Wenn es ihr nicht gelänge, umgehend eine neue Firmenvision zu formulieren und mitzuteilen, würde die schlechte Stimmung das ehemals so stolze Unternehmen in die Knie zwingen. Es war an der Zeit für ein scharfsichtiges Ziel, und Orit Gadiesh glaubte, dass sie die richtige Vision mitzuteilen hatte.

Orits Ehemann war ein passionierter Segler und sprach oft mit ihr über die Freuden und Schrecken des Alleinsegelns. Neben anderen Geschichten des

Meeres erzählte er ihr auch von den *beiden* Nordpolen der Erde – etwas, was den meisten Menschen nicht bekannt ist, aber für einen Segler über Leben und Tod entscheiden kann. Es gibt den magnetischen Nordpol – der leicht zu finden ist, weil die Kompassnadel immer dort hinzeigt –, und es gibt den echten Nordpol, an dem die Erdachse tatsächlich ansetzt. Während die Position des echten Nordpols sich niemals ändert, bewegt sich der magnetische Nordpol im Laufe der Zeit und wechselt seinen Standort, während man die Erde umsegelt, was bedeutet, dass ein Segler, der nur seinem Kompass folgt, sich früher oder später verirren und zugrunde gehen wird.

Orit sah in dieser Geschichte Parallelen zu ihrem Unternehmen und erkannte, dass das Modell der zwei Nordpole auch in der Welt des Consultings Gültigkeit hatte – einer Welt, die kurzfristigen Marktveränderungen und schwankenden Geschäftsstrategien unterliegt: Berater, die sich lediglich nach den Kompassbewegungen des Marktes und seiner Modeströmungen richten, gehen unter, während diejenigen, die sich an den echten Nordpol ihrer fundamentalen geschäftlichen Überzeugungen und ihrer Unternehmenskultur halten, Erfolg haben.

Bei den Vorbereitungen für die Rede ihres Lebens kam ihr dieses Bild immer wieder in den Sinn, und sie beschloss, darauf zu setzen. Im August 1992, als die Firma ihren absoluten Tiefpunkt erreicht hatte, erhob sich Orit also, um ihre »Keine-Zahlen«-Ansprache zu halten, eine Grundsatzrede, die durch die klare Formulierung klarer Vorstellungen Stolz aufbauen und die Richtung weisen sollte. Orit benutzte das einfache Bild eines Kompasses, der nicht exakt in Richtung des magnetischen Nordpols zeigt, sondern leicht seitlich davon – zum echten Nordpol –, um die Notwendigkeit zu verdeutlichen, nicht von den Gründungsgrundsätzen des Unternehmens abzuweichen.

Orit bekam stehende Ovationen und sollte die einzige Frau werden, die jemals eine große Consultingfirma leitete. Unter ihrer Führung wuchs das

Muster des Firmenlogos von Bain & Company: ein Kompass, der nicht den magnetischen, sondern den echten Nordpol anzeigt.

Unternehmen in den folgenden fünf Jahren um 25 Prozent und verdoppelte seine geografische Reichweite. Heute gilt Bain wieder als die innovativste der großen Consultingfirmen, das Engagement des Unternehmens ist legendär – und das Firmenlogo ist ein Kompass, der den echten Nordpol anzeigt.

Das Gegenteil der »Wohin-wir-gehen«-Vision ist die Grafik »Wie wir dort hinkommen, Schritt für Schritt«. Bain & Company arbeitet wie jedes Unternehmen, das komplexe Projekte plant und umsetzt, viel mit Zeitstrahlen und Gantt-Diagrammen. Das Gantt-Diagramm wurde in den Zwanziger Jahren von Henry Laurence Gantt entworfen, einem Maschinenbauer, der als einer der Ersten zu einer neuen Kategorie von Geschäftsleuten zählte, die als Managementberater bezeichnet wurden, und es gilt als einer der wichtigsten Durchbrüche im Projektmanagement des 20. Jahrhunderts.

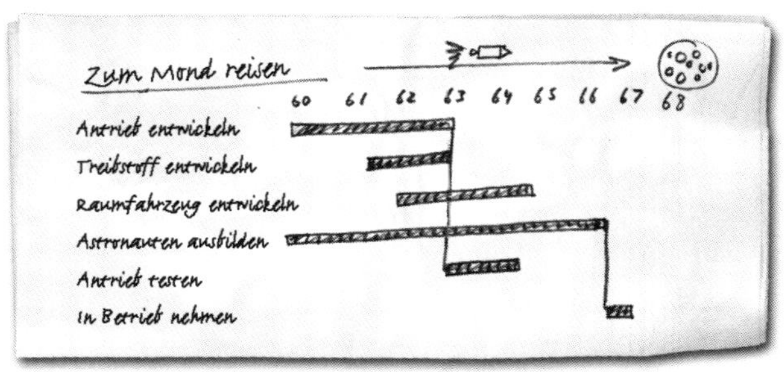

Ein Gantt-Diagramm ist eigentlich nichts anderes als ein zur Seite gekipptes Balkendiagramm, bei dem die Länge jedes Balkens darstellt, wie wie viel Zeit eine bestimmte Aufgabe bis zu ihrer Erledigung in Anspruch nimmt. Ein Gantt-Diagramm ist deshalb so nützlich bei der Darstellung eines erfolgreichen Projektergebnisses, weil es die notwendigen Schritte *bildhaft* zeigt, diese Schritte in eine Reihenfolge bringt und klar veranschaulicht, wie jeder einzelne Schritt mit den anderen zusammenhängt.

Softwareprogramme erzeugen heutzutage so mühelos Gantt-Diagramme, dass ein moderner Consultant, Projektmanager, Konstrukteur oder Architekt sich nur schwer vorstellen kann, wie es war, als solche visuellen Darstellungen noch nicht existierten. Das Gantt-Diagramm wurde bei allen möglichen Projekten eingesetzt, vom Bau des Hoover-Damms in den dreißiger Jahren über die Mondlandung der Sechziger bis zu wirklich jedem größeren Technologievorhaben der Gegenwart, und damit hat es die Zeiten überdauert als beste Methode, um zu zeigen, nicht *wohin* wir gehen, sondern *wie* wir dort hinkommen.

Frage 4: Individuum oder Vergleichsmenge?

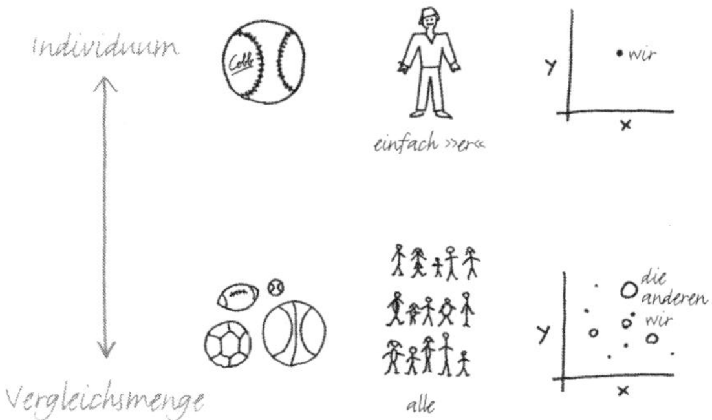

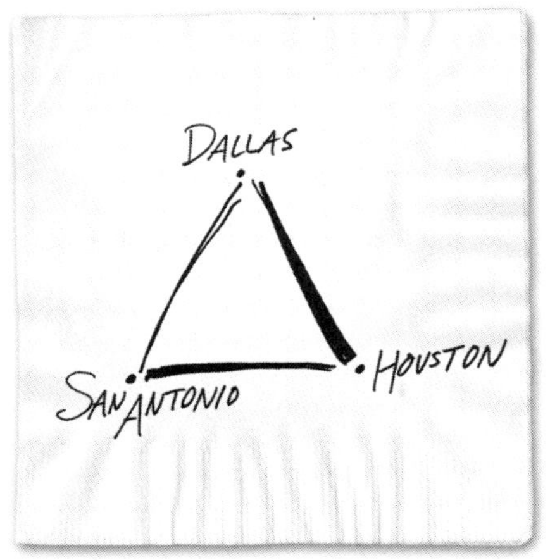

Die berühmteste Serviette von Texas: Diese Zeichnung von Herb Kelleher und Rollin King war der Ausgangspunkt für Southwest Airlines.

Herb Kelleher war ein Anwalt aus New Jersey, der fand, dass die großen Weiten der texanischen Heimat seiner Ehefrau eine gute Gegend waren, um ein Geschäft zu gründen, also nahm er seine Familie und zog nach San Antonio.

An einem Nachmittag des Jahres 1967 saß Kelleher im renommierten St. Anthony Club und half seinem Klienten Rollin King mit dem Papierkram, um Rollins gescheiterte regionale Fluggesellschaft abzuwickeln. Aber Rollin war noch nicht fertig mit dem Luftfahrtgeschäft: Er nahm eine Serviette und zeichnete darauf ein Dreieck. Neben die Ecken schrieb er SAN ANTONIO, HOUSTON und DALLAS und legte Herb dabei eine neue verrückte Fluggesellschaftsidee auseinander – eine Idee, die vier Jahre später zu Southwest Airlines werden sollte.

Anstelle einer kleinen Fluglinie, die kleine Städte ansteuerte, warum nicht mit einer kleinen Fluglinie große Städte bedienen – besser gesagt die drei größten Metropolen von Texas? Da die Fluggesellschaft nur drei Städte anflog, fiel sie nicht unter die Gesetzgebung des Texas Civil Aeronautics Board und hatte daher finanziell ziemlich freie Hand. Und wenn sie auf dem ansonsten ungenutzten Flughafen Love Field in Dallas landete, bot sie Geschäftsleuten aus Dallas einen viel einfacheren Pendelverkehr.

Der Southwest-Legende zufolge soll Herb Rollin in zwei Punkten zugestimmt haben: erstens dass die Idee verrückt war und zweitens dass die Idee brillant war. Für sich genommen erläuterte ihre einfache Karte die grundlegende Arbeitsweise des Unternehmens, das zu gründen Herb und Rollin sich an diesem Abend einigten: kurze Routen zwischen belebten Städten fliegen, Knotenpunkte vermeiden und nach Möglichkeit auf kleineren, nachrangigen Flughäfen landen. Eine Serviette, eine gute Idee, eine profitable Fluggesellschaft.

So richtig beeindruckte die Serviette aber erst im Vergleich mit den Linienplänen der großen Airlines dieser Zeit – also American, Continental und Braniff. Wenn man sie jetzt nebeneinander sieht, wird sogar noch deutlicher, warum dieser Plan einfach Erfolg haben musste.

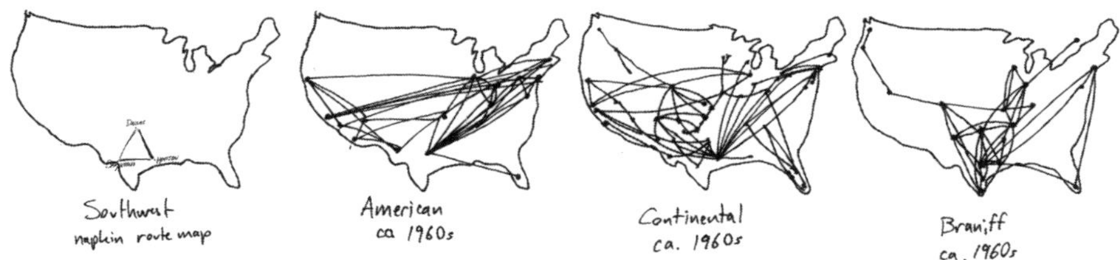

Es ist vielleicht gar nicht so überraschend, dass der Plan von Southwest aufging: Wenn man ihn mit den Linien der Mitbewerber vergleicht, wirkt er wie drei Geniestreiche.

Wie gesagt, im Jahr 1967 arbeiteten die größten Fluggesellschaften, die Texas anflogen, alle nach einem Knotenpunktmodell, mit dem sie am einfachsten eine maximale Anzahl von Passagieren befördern konnten. Indem sie die Passagiere von vielen Startpunkten an einen zentralen Knotenpunkt und von dort wieder zu einem anderen Zielpunkt brachten, umgingen die Airlines die Schwierigkeiten, die mit unzähligen Direktflügen zwischen den Städten einhergingen. Das Modell war eine gute Lösung für die Fluggesellschaften und für Langstreckenreisende, aber für die Passagiere auf eher lokalen, kürzeren Flügen war es alles andere als bequem.

Zwar musste Herb vier Jahre lang mit dem Gesetz ringen, ehe er anfangen konnte, aber 1972 ging Southwest in die Luft. Durch die Konzentration auf eine kleine Gruppe von Städten konnte Southwest effizient arbeiten, und das bei einer Bequemlichkeit und einem Preis, die texanische Geschäftsleute für äußerst erstrebenswert hielten. In Verbindung mit einer aggressiven Werbestrategie, zu der Stewardessen in Hotpants und »kostenloser« Whisky für Passagiere mit Vollpreistickets gehörten, machte das Southwest bald zur führenden Fluggesellschaft bei Inlandsflügen, ein Erbe, das sich in 30 Jahren unveränderter Profitabilität ausgezahlt hat, und eine beispiellose Erfolgsgeschichte der Luftfahrt.

Frage 5: Der Stand der Dinge versus Wie es sein könnte

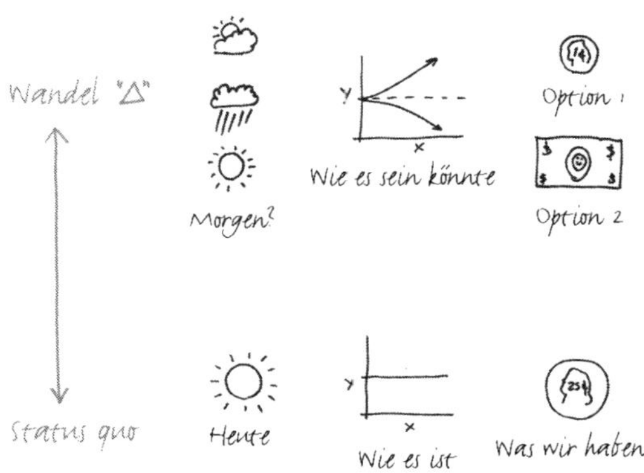

Eine vor kurzem in einer der größten amerikanischen Banken durchgeführte Studie über Arbeitseffizienz förderte beunruhigende Ergebnisse zutage: Wegen der permanenten Kommunikationsmöglichkeiten in Form von E-Mail, Instant Messaging, webbasierten Werkzeugen, Konferenzgesprächen und Videokonferenzen haben hochrangige Manager im Schnitt nur vier Minuten Zeit, sich einer beliebigen Aufgabe zu widmen, ehe sie unterbrochen werden. Für Führungskräfte im Vorstand, Geschäftsführer und Mitarbeiter waren die Ergebnisse nur geringfügig besser. In dieser Bank hatte jeder das Gefühl, immer weiter mit seinen Aufgaben in den Rückstand zu geraten und gleichzeitig den Stapel an Unerledigtem immer mehr wachsen zu sehen.

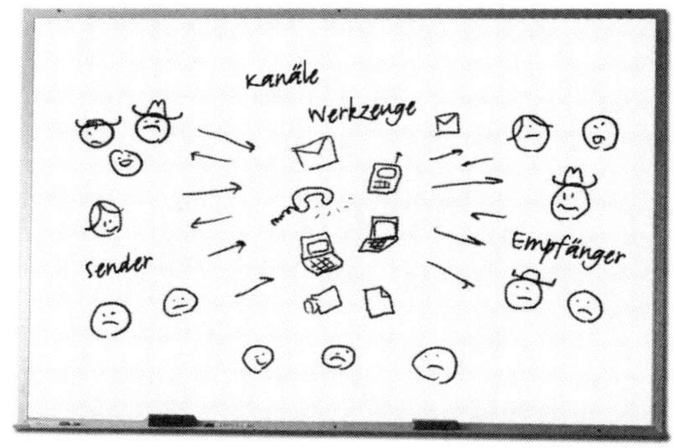

Status quo: Das SWAT-Team der Bank skizzierte die Zeitkrise des Unternehmens.

Beim Anblick dieser Zahlen wusste die Bank, dass sie reagieren musste, und zwar schnell. Wenn die höchstbezahlten Entscheidungsträger nicht mehr als vier Minunten ohne Unterbrechung arbeiten konnten, wie sollten sie dann die Zeit finden, gute Entscheidungen zu treffen? Ein kleines SWAT-Team aus internen Vordenkern wurde ins Leben gerufen, um sich darum zu kümmern. Sie tagten in einem Zimmer mit Whiteboard und waren schnell in der Lage, die Probleme visuell darzustellen.

Die einfache Skizze zeigte die Welt, in der Bankangestellte »heutzutage« leben. Aus guten Gründen hatte die Bank ein Umfeld gepflegt, in dem offene Kommunikation nahezu an oberster Stelle stand. Wenn Abteilungsleiter direkt mit der Geschäftsleitung sprachen, konnten regionale Probleme rasch gelöst werden.

Aber statt glücklich zu sein, dass sie einander jederzeit erreichen konnten, brachte die Informationsüberflutung viele Mitarbeiter dazu, überhaupt nicht mehr auf irgendetwas zu antworten. Das ging natürlich auch nicht – zwischen all dem Getöse gab es ja immer noch eine beträchtliche Anzahl wichtiger Informationen.

Manchmal genügt eine klare Feststellung des Status quo, um ein Projekt auf den Weg zu bringen. Hier nicht: Das SWAT-Team erkannte, dass es irgendeine Lösung für dieses Problem anbieten musste, denn sonst würde das wohl auch im höheren Management niemandem gelingen. Es war ja nicht gegründet worden, nur um zu sagen »Wir wissen, was schiefläuft«. Sie wussten, dass sie eine Antwort finden mussten.

Sie fingen damit an, sich vorzustellen, wie es wäre, wenn sie das Problem erfolgreich gelöst hatten – wenn die Menschen kommunizieren konnten, mit wem und wann es nötig war, und der Empfänger gleichzeitig entscheiden konnte, wann und wie er über die eingehenden Nachrichten informiert wurde.

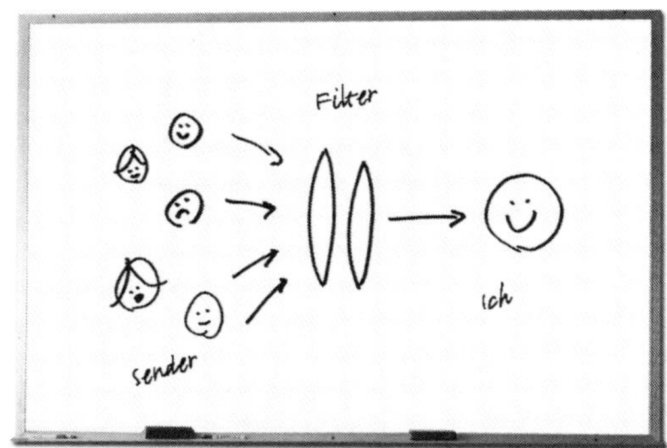

Dann zeichnete das Team ein Bild dessen, wie die perfekte Welt aussehen könnte: alles wird nach Absender, Priorität, Dringlichkeit und persönlichen Vorlieben gefiltert.

Das Team war damit zufrieden. Obwohl es sich nicht um das *Wie* der Problemlösung kümmerte, zeigte es wenigstens die angestrebte Situation und diente als Ausgangspunkt für die Idee einer besseren Zukunft. Dann dämmerte es dem Team, dass sie vielleicht zu weit damit gegangen waren, sich selbst in das Bild einzubauen. Sie waren so fixiert auf das Beschützen ihrer eigenen Zeit und auf einen Filter für den Informations*ein-*

gang, dass sie vergessen hatten, darüber nachzudenken, wie man Informationen *aussendet*.

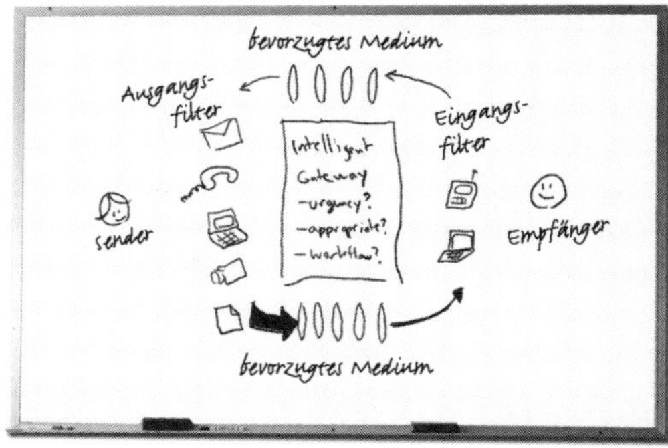

Beim zweiten Durchlauf des »Wie es sein könnte« erzielte das Team eine realistischere Lösung: Eingangs- und Ausgangsfilter.

Also nahmen sie sich das Bild noch mal vor und erkannten diesmal, dass jeder Sender auch ein Empfänger ist und dass der Empfänger – wenn er eingehende Informationen nach Dringlichkeit, Relevanz für ein bestimmtes Projekt und allgemeiner Wichtigkeit gefiltert haben möchte – dann auch die Verantwortung dafür übernehmen muss, dass diese Kriterien für die Informationen angezeigt werden, die er selbst ausgibt.

Sender und Empfänger sitzen jeweils auf einer Seite des Filters, der eine ganze Reihe von Kriterien anwendet, und zwar sowohl für eingehende als auch für ausgehende Informationen. Die »Kanäle« (Telefon, E-Mail, Instant Messaging, Post) werden für die Art der Nachricht zweitrangig und können je nach persönlicher Vorliebe sowohl vom Sender als auch vom Empfänger ausgewählt werden.

Nun waren die Teammitglieder sich einig, dass sie ein Zielmodell gefunden hatten. Es war immer noch sehr konzeptionell und stellte mehr Fragen, als es beantwortete, aber sie waren zufrieden mit der Arbeit dieses Nachmittags. Und besonders zufrieden waren sie, dass sie ihre Vision auf dieses Niveau hatten bringen können, ohne unterbrochen zu werden.

WHITEBOARD-WORKSHOP: EIN SPAZIERGANG MIT SQVID

1. **Eine Idee auswählen.**
   Denken Sie sich eine bestimmte Idee aus, die Sie Ihren Kollegen gern vorstellen möchten. Das kann nahezu alles sein, von einer Erkenntnis, die Sie aus einer Tabelle mit Finanzdaten gewonnen haben, über einen hervorragenden Blog, den Sie im Internet entdeckt haben, bis zu einer neuen Werbebotschaft, die Sie gern vorschlagen würden. Da Sie schon eine ganze Weile über diese Idee nachgedacht haben, wählen Sie etwas aus, das Sie persönlich interessant finden und das relativ leicht zu erklären ist.

   Wenn Sie überfragt sind, hier sind ein paar Beispiele:

   - Eine neue Werbekampagne für unser Produkt, die auf einer Prinzessin basiert, die einen Frosch küsst.
   - Wir berechnen die Gewinne nicht korrekt.
   - Im letzten Jahr war China der zweitgrößte Automobilhersteller nach den Vereinigten Staaten.

2. **Malen Sie einen Kreis und geben Sie der Idee einen Namen.**
   Besorgen Sie sich sechs Bogen unbeschriebenes Kopierpapier und einen schwarzen Stift. Auf das erste Blatt zeichnen Sie in der Mitte einen Kreis.

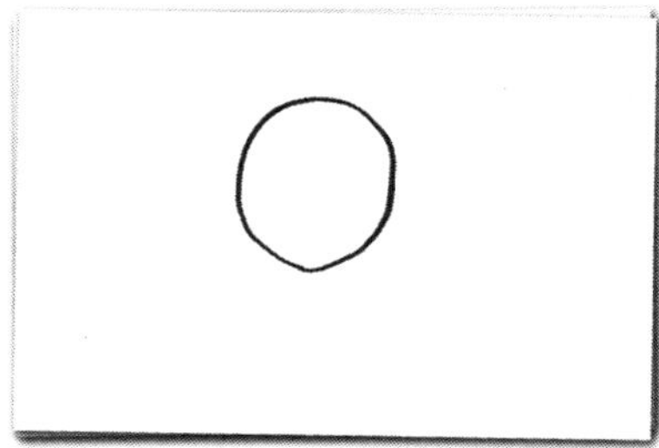

Jetzt geben Sie Ihrer Idee einen Namen. Er könnte beschreibend sein wie zum Beispiel »Ein Plan zur Neudefinition der Berechnung von Gewinn und Verlust«, abstrakt wie »Die Froschkampagne« oder schlicht wie »China: 10 Millionen Autos und mehr«. Halten Sie sich nicht zu lange mit der Namengebung auf – vorläufig sind Sie der einzige Mensch, der ihn jemals zu hören bekommt –, sondern wählen Sie etwas, das für Sie und Ihre Idee von Bedeutung ist.

Schreiben Sie den Namen der Idee in den Kreis und darunter die Buchstaben SQVID.

3. **Erstellen Sie Ihre SQVID-Seiten.**

Auf jedes der fünf verbleibenden Blätter schreiben Sie nun links oben das Wort, das mit dem jeweiligen SQVID-Buchstaben korrespondiert, und links unten das Gegenteil davon. Wenn Sie fertig sind, haben Sie fünf Blätter mit jeweils zwei Wörtern darauf.

- simpel – ausführlich
- qualitativ – quantitativ
- Vision – Durchführung
- Individuum – Vergleichsgruppe
- Wandel – Status quo

So sieht das aus:

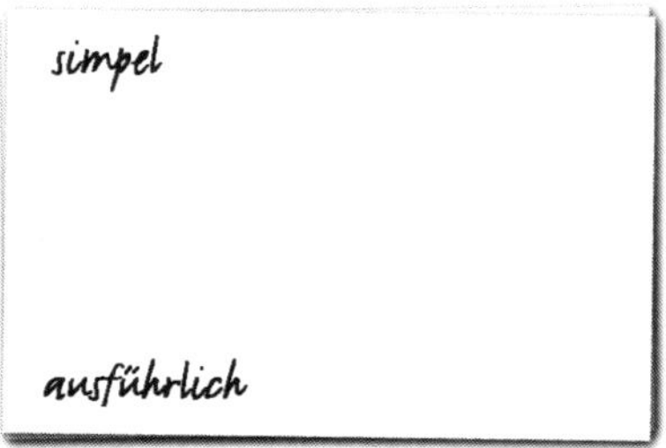

4. **Füllen Sie den SQVID aus.**
   Machen Sie auf jedem Blatt Papier eine rasche Skizze davon, wie Sie Ihre Idee entsprechend jedem einzelnen Wort visuell darstellen könnten. Wenn wir zum Beispiel die »Froschkampagne« gewählt haben, könnte das ungefähr so aussehen:

Vervollständigen Sie jeden Bogen mit einer einfachen Zeichnung. Wenn Sie eine Inspiration brauchen, blättern Sie zurück zu den Äpfeln am Anfang dieses Kapitels.

Was geschieht

Das Ausfüllen des SQVID zwingt Ihre Vorstellungskraft, Ihre Idee auf strukturierte und wiederholbare Art aus vielen Perspektiven zu betrachten. Die fünf Fragen, die Sie beantwortet haben, stellen unterschiedliche Anforderungen an

Ihre mentale Wahrnehmung und aktivieren viele verschiedene Denkzentren Ihres Gehirns, von jenen, die Maße und Formen wahrnehmen, bis hin zu jenen, die Zeit, Raum und Wandel registrieren. Die Skizzen, die Sie gezeichnet haben, repräsentieren sämtliche grundlegenden Möglichkeiten, eine Idee zu betrachten. Die Übung fördert nicht nur die Vorstellungskraft, sondern bringt Ihre Idee auch deutlicher auf den Punkt und macht sie bereit zur Weitervermittlung, wie wir in den folgenden Kapiteln sehen werden.

KAPITEL 7

Systeme der Vermittlung

Ganz zu Anfang, als wir über den Prozess visuellen Denkens sprachen, habe ich erwähnt, dass viele Menschen nicht wissen, wie sie Probleme mithilfe von Bildern lösen sollen, weil sie sich ihrer zeichnerischen Fähigkeiten nicht sicher sind. Diese Gleichsetzung visuellen Denkens mit dem Erstellen ausgeklügelter und perfekter Zeichnungen ist schlicht falsch. Sie zäumt den Prozess visuellen Denkens von hinten auf und schränkt uns in unserer wirkungsvollsten Problemlösungsfähigkeit ein, noch ehe wir überhaupt die Chance hatten, sie zu verwenden.

Aus diesem Grund erfolgt das Zeigen – also der Schritt, der einer Unterrichtsstunde im Zeichnen am nächsten kommt – ganz am Ende des Prozesses visuellen Denkens, nicht am Anfang. Wenn Geschäftsleute versuchen, den Prozess mit dem Vermitteln zu beginnen – was 90 Prozent der Zeit geschieht –, werden sie von ihrem Zeichentalent, Computerprogrammen und optischen Verfeinerungen so abgelenkt, dass sie den wahren Wert dieses Schrittes nicht erkennen. Das Zeigen ist nicht nur unsere einzige Chance, unsere Ideen so zu verpacken, dass wir sie anderen vermitteln können, dieser Schritt ist auch unweigerlich unser größter Erfolg – aber nur, wenn wir bereits gut gesehen, betrachtet und vorgestellt haben.

Gummi auf Asphalt

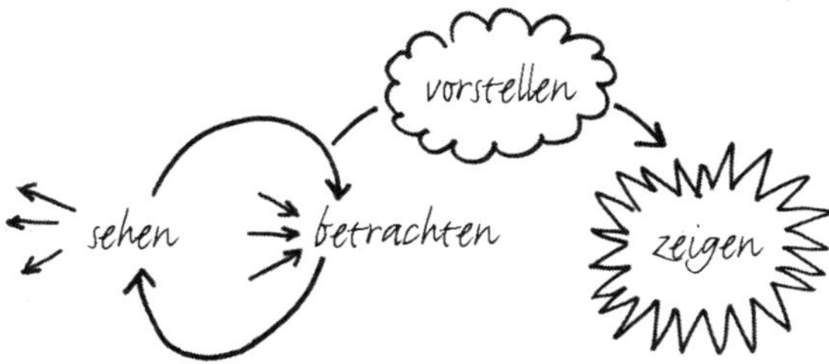

Beim Zeigen kommt alles zusammen. Wir haben gesehen, wir haben betrachtet, wir haben uns vorgestellt; wir haben Muster gefunden, ihnen einen Sinn gegeben und herausgefunden, wie wir sie visuell beeinflussen können, um ein nie zuvor gesehenes Bild zu ergeben. Beim Zeigen geht es darum, dieses Bild anderen mitzuteilen, um sie sowohl zu informieren als auch zu überzeugen – und um zu überprüfen, ob andere dasselbe sehen wie wir selbst.

Um etwas gut *zeigen* zu können, müssen wir drei Schritte vollziehen: das richtige System auswählen, dieses System verwenden, um unser Bild zu erschaffen, und schließlich unser Bild anderen erklären. Nur bei einem dieser drei Schritte muss etwas gezeichnet werden, und dennoch ist das derjenige, auf dem fast jeder steckenbleibt.

Die drei Schritte des Zeigens

1. Wählen Sie das richtige System aus.

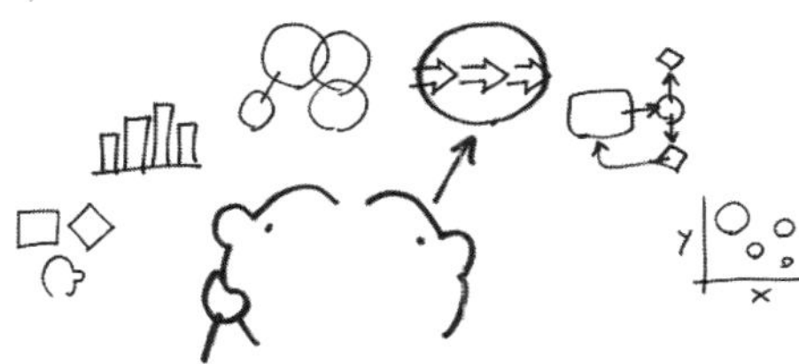

Für den Anfang brauchen wir zwei Werkzeuge, um das richtige System auszuwählen. Wir haben SQVID bereits verwendet, um unsere Idee auf den Punkt zu bringen, und werden es nun wieder einsetzen, gemeinsam mit einem neuen Werkzeug, das wir gleich kennenlernen werden, um das beste System für den Aufbau unseres Bildes auszuwählen. Das ist nicht schwer, denn es stehen nur sechs Systeme zur Auswahl – und auch die haben wir alle schon gesehen.

2. Verwenden Sie das System, um Ihr Bild zu erschaffen.

Wenn wir das am besten für die Lösung unseres Problems geeignete System ausgewählt haben, beginnen wir mit der Erstellung des geeigneten Koordinatensystems und fügen dann nach und nach die Daten und die visuellen Details hinzu, mit denen unser Bild die richtige Geschichte zeigt (und erzählt).

3. Präsentieren und erklären Sie Ihr Bild.

Ob wir es nun persönlich präsentieren oder nicht, unser Bild braucht eine Erklärung. Manchmal sind dazu tausend Worte vonnöten, manchmal gar keine. Wie auch immer, ein gutes Problemlösungsbild ist immer leicht zu erklären, egal wie komplex sein Inhalt oder seine Bedeutung auch sein mögen. Wenn das Bild in Anlehnung an die sechs Arten des Betrachtens gezeichnet wurde und sich präkognitiver Merkmale bedient, begreift die Zielgruppe es praktisch immer lange bevor wir mit der Erklärung fertig sind.

Betrachten wird zu Zeigen

Vermittlungsschritt 1: das richtige System auswählen

Wir haben das Kapitel 5 mit dem Gedanken beendet, dass das Bewusstsein von der Art unseres Betrachtens nicht nur beim Herunterbrechen von Problemen auf einzelne visuelle Elemente nützlich ist, sondern uns auch Richtlinien für das *Vermitteln* bietet. Und das heißt im Klartext: Da unser Wahrnehmungssystem die Dinge normalerweise mithilfe spezifischer Nervenbahnen aufnimmt, ist es sinnvoll, sich derselben Nervenbahnen zu bedienen, wenn wir Bilder erschaffen, die andere Leute sehen sollen. Anders ausgedrückt, wenn wir auf sechs Arten *betrachten*, sollten wir sinnvollerweise auch auf sechs Arten *zeigen* können.

Das ist wichtig – in mancherlei Hinsicht ist es nicht nur der Schlüssel zu allem übrigen in diesem Kapitel, sondern zum gesamten visuellen Denken. Um diese Verbindung klar erkennbar zu machen, wiederholen wir kurz noch mal die sechs Arten des Betrachtens.

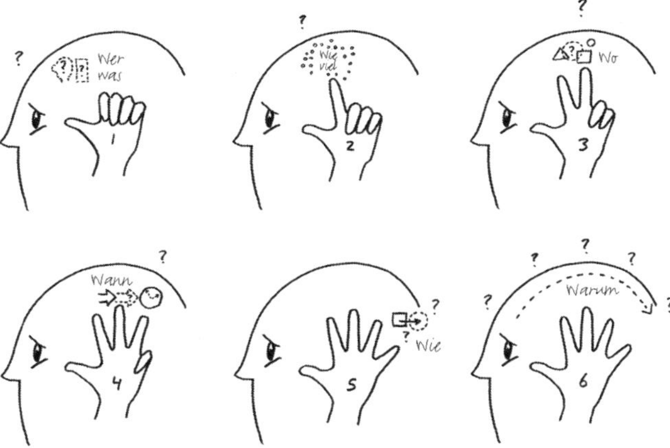

Die sechs Arten des Betrachtens (noch mal): *wer/was, wie viel, wo, wann, wie* und *warum.*

Während wir fortfahren, lassen wir unsere Augen weit geöffnet. Der nächste Schritt führt uns zur größten und nützlichsten Erkenntnis dieses Buches – der Regel <6><6> des visuellen Denkens.

Die Regel
<6><6>

Für jede der sechs Arten des Betrachtens
gibt es eine zugehörige Art des Zeigens.

Für jede der sechs Arten des Zeigens
gibt es ein einzelnes visuelles System, das als Ausgangspunkt dient.

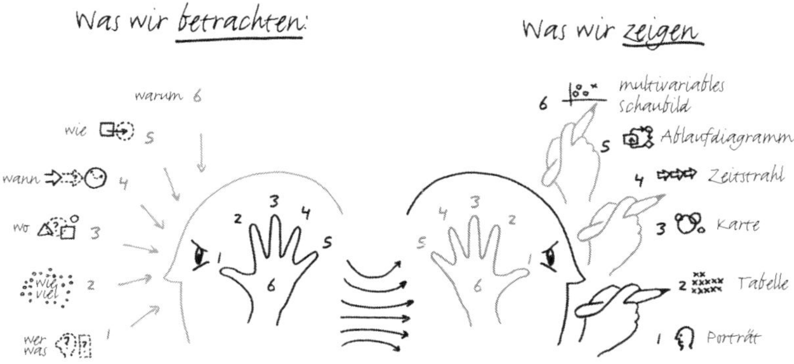

Wenn wir die Bilder von links nach rechts durchlaufen, sehen wir, wie die sechs Arten des Betrachtens durch unsere Augen aufgenommen werden, in unserer Vorstellungskraft verarbeitet werden, sich dann drehen und als sechs korrespondierende Darstellungsformen auf der anderen Seite wieder herauskommen: *Wer/was* wird zu einem **Porträt**, *wie viel* zu einer **Tabelle**, *wo* zu einer **Karte**, *wann* zu einem **Zeitstrahl**, *wie* zu einem **Ablaufdiagramm** und *warum* zu einem **multivariablen Schaubild**.

Da der gesamte weitere Verlauf des Buches auf diesem Konzept beruht, möchte ich sicherstellen, dass Sie das wirklich verstanden haben. So sieht es durch unsere eigenen Augen gesehen aus, eine Art »Von-innen-nach-außen«-Ansicht desselben Prinzips.

Die Regel <6><6> sieht der Perspektive unserer Augen so aus

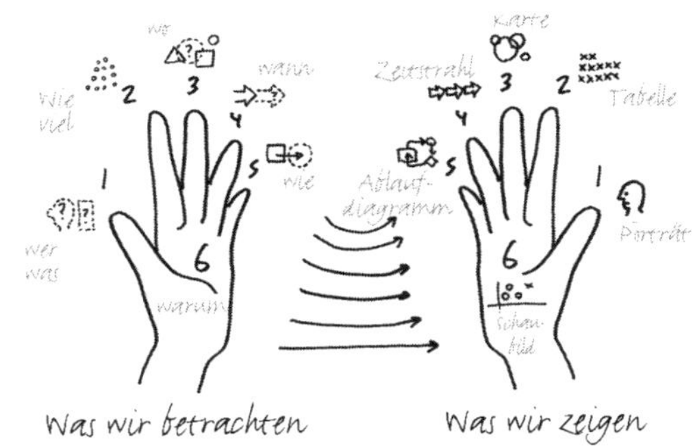

Natürlich geben wir den visuellen Input nicht wirklich mit den Händen an den entsprechenden Output weiter, aber da wir unsere Hände brauchen, um die erforderlichen Bilder zu schaffen, ist das eine gute Gelegenheit, sie ins Spiel zu bringen. Außerdem ist das Modell durch die Verwendung unserer Hände leicht zu visualisieren und schwer zu vergessen (vor allem, weil wir praktischerweise die richtige Anzahl von Fingern plus Handflächen haben).

Folgen für das visuelle Denken

- Das <6><6>-Modell hat zahlreiche Folgen für das visuelle Denken, und sie sind alle positiv:
- Es mag Tausende von möglichen Grafiken geben, die wir erstellen können, aber alle gehen auf nur sechs grundlegende Vermittlungssysteme zurück (oder auf eine Kombination daraus).

- Wenn wir lernen, wann wir diese sechs Systeme anwenden und wie wir sie zeichnen sollen, können wir nahezu jedes erkannte Problem bildhaft darstellen.

Auch das Gegenteil trifft zu:

- Jedes Problem, das wir betrachten (und das wir auf eine der 6-W-Grundlagen herunterbrechen können), können wir auch zeigen, indem wir einfach dieselben 6 W darstellen.
- Am wirkungsvollsten lässt sich eine bestimmte visuelle Kategorie zeigen (*wer/was, wie viel* et cetera), indem wir einfach die Art unseres Betrachtens in der wirklichen Welt herumdrehen. Wenn wir auf der Grundlage der gegenseitigen räumlichen Verhältnisses von Objekten zueinander das *Wo* betrachten, können wir es darstellen, indem wir diese Objekte in einer ähnlichen räumlichen Position zeichnen. Wenn wir anhand der Veränderungen eines Objekts im Laufe der Zeit das *Wann* betrachten, können wir es darstellen, indem wir dasselbe Objekt zeichnen, wie es zu verschiedenen Zeitpunkten erscheint.

Das heißt, wir können die Hunderte verschiedenen Arten von Tabellen, Grafiken, Diagrammen, Piktogrammen, Schemata, Schaubildern, Karten, Tafeln, Illustrationen und Visualisierungen vergessen, denen wir im täglichen Geschäftsleben begegnen. Es ist natürlich nicht verkehrt, eine so riesige Menge verfügbarer Bilder zu haben – im Gegenteil, sie alle erfüllen im richtigen Zusammenhang ihren Zweck (und wir werden bald viele davon im Einsatz erleben) –, aber wenn es um das Verständnis des *Zeigens* geht, müssen wir uns nur über sechs grundlegende Systeme Gedanken machen, nicht über tausend.

Wenn wir also das nächste Mal einem Problem gegenüberstehen, müssen wir nicht mehr fragen: »O Mann, welches Bild soll ich bloß wählen, um dieses

Problem zu lösen?« Wir fragen einfach: »Welches der sechs Systeme passt zu dem Problem, das ich betrachte?«

Betrachten:			Zeigen:
Wer/Was	→	qualitative Darstellung =	Porträt
Wie viel	→	quantitative Darstellung =	Tabelle
Wo	→	räumliche Position =	Karte
Wann	→	zeitliche Position =	Zeitstrahl
Wie	→	Ursache + Wirkung =	Ablauf-diagramm
Warum	→	Herleitung + Voraussagen =	multi-variables Schaubild

Die sechs Arten des *Betrachtens* und die sechs Arten des *Zeigens*.

Wie definiert man ein Vermittlungssystem?

Damit diese Systeme ihren Nutzen erfüllen – sowohl als Ausgangspunkt für visuelles Denken anhand von Ideen wie auch als Werkzeug für das tatsächliche Zeichnen von Bildern –, müssen sie als Gruppe nachvollziehbar sein (sodass wir uns nur auf diese sechs stützen können, um nahezu jedes geforderte Bild zu zeichnen) und zugleich individuell genügend verschieden, dass wir wissen, wann wir uns für welches entscheiden. Dabei helfen uns vier Kriterien, die wir verwenden werden, um jedes einzelne System zu definieren und von den anderen abzugrenzen.

1. **Was das System zeigt.** *Wer/was, wie viel, wo, wann, wie* oder *warum*, je nachdem, wie es durch die Wechselwirkung mit unserer Wahrnehmung nach der Regel <6><6> festgelegt wurde.
2. **Das dem System zugrunde liegende Koordinatensystem.** Die grundlegende Struktur des Bildes, ob räumlich, zeitlich, konzeptuell oder kausal. Auch das leitet sich von der Regel <6><6> ab.
3. **Die gegenseitige Beziehung der Objekte innerhalb des Systems.** Objekte, die durch ihre eigenen Merkmale definiert werden, Objekte, die durch ihre Menge bestimmt werden, Objekte, die durch ihre räumliche Position bestimmt werden, Objekte, die durch ihre zeitliche Position bestimmt werden, Objekte, die durch ihre wechselseitige Beeinflussung bestimmt werden, Objekte, die durch Interaktionen von zwei oder mehr der oben genannten Punkte bestimmt werden.
4. **Der Ausgangspunkt des Systems.** Oben, Mitte, Ende, Anfang et cetera.

Wenn wir auf den folgenden Seiten die einzelnen Systeme durchsprechen, beziehen wir uns immer wieder auf diese vier Kriterien, um die Systeme auseinanderhalten zu können und ein Hilfsmittel zu haben, wenn wir für jedes davon Beispiele zeichnen.

Wie verwendet man ein Vermittlungssystem?

Die Vermittlungssysteme erfüllen drei wichtige Zwecke. Erstens beweisen sie uns, dass das Erzeugen von sinnvollen problemlösenden Bildern kein Zufall und keine Glückssache ist. Im Gegenteil, die Systeme zeigen, dass es eine logische Begründung für die Auswahl eines bestimmten Bildtypus gibt und dass dieser Prozess erlernbar und wiederholbar ist. Zweitens werden wir durch die Auswahl eines Bildtypus gezwungen, darüber nachzudenken, was von dem *betrachteten* Gegenstand zu *vermitteln* uns am wichtigsten ist. Wenn es sich in erster Linie um die Personen handelt – das *Wer* –, verwenden wir ein Porträt. Geht es um den zeitlichen Ablauf – das *Wann* –, verwenden wir einen Zeitstrahl und so weiter. Und drittens bietet uns jedes System durch seine festgelegten Koordinaten und den spezifischen Ausgangspunkt einen Anstoß, um frei von Verwirrung und Besorgnis mit unserem Bild anzufangen.

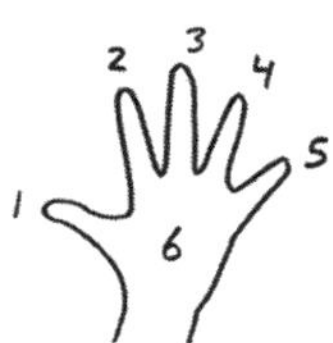

DIE SYSTEME VISUELLEN DENKENS: ZUSAMMENFASSUNG DER MERKMALE UND UNTERSCHIEDE

Systemtyp	*Was wird dargestellt?*	*Koordinatensystem*	*Objektverhältnis*	*Ausgangspunkt*	*Beispiel*
1. Porträt 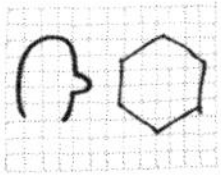	*Wer/was*	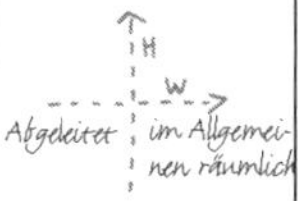	Definiert durch die physischen Objekteigenschaften		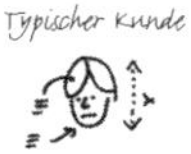
2. Tabelle 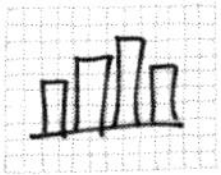	*Wie viel*	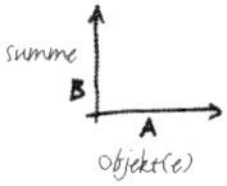	Relative Menge der Objekte	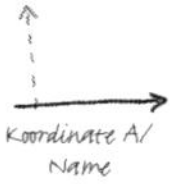	
3. Karte 	*Wo*	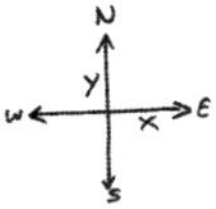	Räumliche Position des Objekts		
4. Zeitstrahl 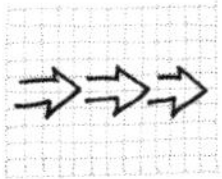	*Wann*	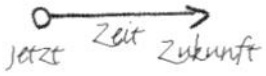	Zeitliche Position des Objekts		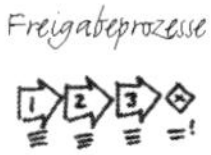
5. Ablaufdiagramm 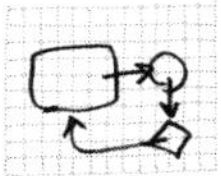	*Wie*		Einfluss der Objekte aufeinander		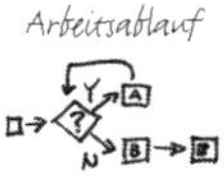

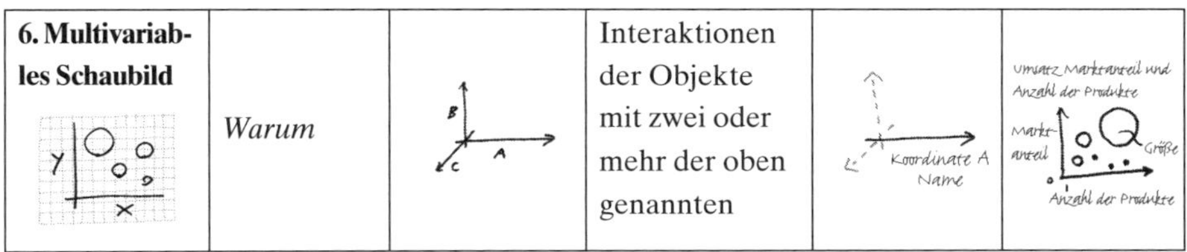

6. Multivariables Schaubild	*Warum*		Interaktionen der Objekte mit zwei oder mehr der oben genannten		

Gesamtdarstellung: Der Kodex visuellen Denkens

Wir haben nun zwei verschiedene Möglichkeiten für das Vermitteln unseres Problems: die sechs Systeme des <6><6>-Modells und die fünf Fragen von SQVID, die den Fokus auf die Vorstellungskraft lenken. Diese Unterschiede sind wichtig, weil die beiden Modelle sich gegenseitig ergänzen. Erst wenn wir sie gemeinsam benutzen, ergeben sich die Lösungen sprichwörtlich wie von selbst.

Stellen wir uns mal vor, wir sind mit einem wichtigen Projekt betraut und müssen unseren Teamleitern erklären, wann einige individuelle Ziele erreicht sein müssen, damit die Auslieferung termingerecht erfolgen kann. Hier ist die Zeiteinteilung der kritische Faktor *(Wann)*, also ist gemäß dem <6><6>-Modell ein Zeitstrahl das richtige System der Vermittlung. Das ist ein guter Ausgangspunkt, aber wir wissen immer noch nicht, wie detailliert der Zeitstrahl sein muss, ob er die ungefähre Dauer der Schritte oder minutengenaue Fristen vorgeben soll, ob er typische Projektzeitpläne mit der hier erforderlichen Dringlichkeit vergleichen soll et cetera.

Mit anderen Worten, wir müssen noch entscheiden, welche Version eines Zeitstrahls wir entwerfen wollen, abhängig von den spezifischen Umständen und unserer Zielgruppe: einen simplen Zeitstrahl oder einen ausführlichen, eine qualitative oder eine quantitative Version, eine mit dem Schwerpunkt auf der

Vision, die wir anstreben, oder auf der Durchführung des Wegs dorthin, eine, die das Projekt für sich oder im Vergleich zu anderen gleichzeitig durchgeführten Projekten darstellt, einen Zeitstrahl, der die Möglichkeiten oder lediglich die Tatsachen widerspiegelt. Hier kommt SQVID ins Spiel. Da SQVID uns zwingt, jede dieser Fragen im Vorfeld zu beantworten, bündelt es unsere Gedanken und lässt uns wichtige Entscheidungen über unser Bild treffen, ehe wir den Stift aufs Papier setzen.

Wenn wir das <6><6>-Modell und SQVID gemeinsam in einer Gitternetztabelle darstellen, entsteht eine Vorlage, die jedes wichtige problemlösende Bild, das wir im weiteren Verlauf dieses Buches verwenden, illustriert und kategorisiert. Diese Liste nennt sich der Kodex visuellen Denkens, und ihre Anwendung ist einfach. Am Schnittpunkt jedes Systems und jedes SQVID-Punktes befinden sich zwei Symbole, eines für jede SQVID-Option (simpel vs. ausführlich, Qualität vs. Quantität et cetera). Diese Symbole repräsentieren den idealen Ausgangspunkt für jedes Bild und berücksichtigen, was am stärksten betont werden soll, je nach Zielgruppe, Kommunikationsschwerpunkten, Datenmaterial und persönlichem Standpunkt.

Um den Kodex zu verwenden, wählen wir zunächst das passende System auf der vertikalen Achse (Porträt für *Wer*, Karte für *Wo* et cetera) dann suchen wir auf der horizontalen Achse die SQVID-Punkte aus, um die beste Systemversion zu wählen. In einigen Fällen findet sich kein Symbol, weil es keine passende Version des Systems gibt (es gibt zum Beispiel keinen Grund, den qualitativen Aspekt von *Wie viel* zu vermitteln).

Wenden wir den Kodex nun auf das oben erwähnte Beispiel des Projektmanagements an.

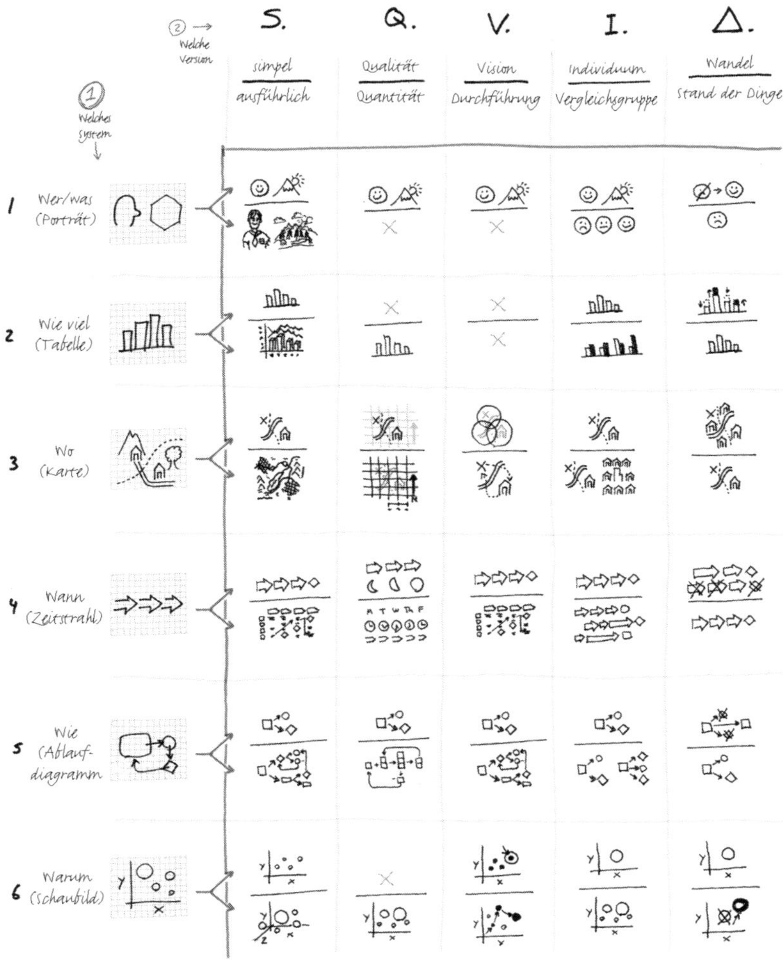

Der Kodex visuellen Denkens: eine Generalvorlage für die Problemlösung mithilfe von Bildern.

Schritt 1. Wann etwas getan werden muss, um eine Frist zu erfüllen, ist in erster Linie ein *Wann*-Problem, also suchen wir im Kodex die *Wann*-Zeile. Wir werden eindeutig einen Zeitstrahl erstellen.

Schritt 2. Wenn wir die detaillierten und präzisen Informationen berücksichtigen, die wir unseren Teamleitern geben müssen, sehen wir in der SQVID-Spalte, dass unser Zeitstrahl ausführlich, quantitativ und durchführungsorientiert ausfallen sollte – eine Art Super-Zeitstrahl, der das spezifische Zusammenspiel vieler exakter Fristen vieler Projektkomponenten darstellt. Hier setzen wir an.

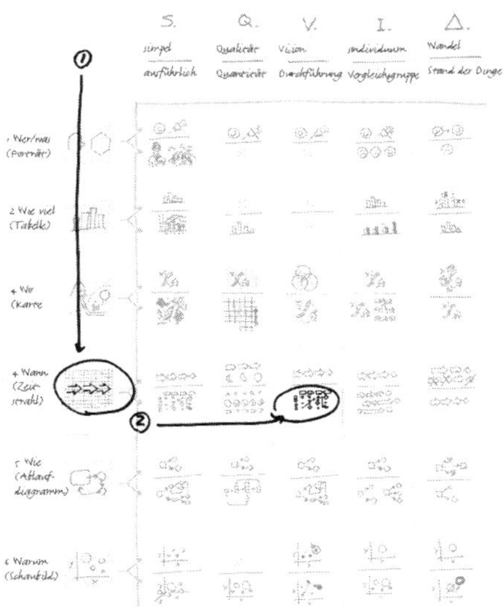

Um den Kodex erneut auszuprobieren, stellen wir uns nun vor, wir wären Daphne, die Markenmanagerin des global tätigen Verlags aus Kapitel 1. Wir wollen uns beim CEO Unterstützung für unser geplantes neues Markenprojekt holen. Unterstützung des CEO ist nahezu immer eine Frage nach dem *Warum* – Warum ist das wichtig für unser Wachstum? Warum muss das gerade jetzt sein? Warum sollte die Wall Street das gut finden? –, also ist das Problem ganz verschieden von dem vorhergehenden und erfordert ein vollkommen anderes Bild.

Schritt 1. Wir schauen in der *Warum*-Spalte nach: ein multivariables Schaubild. Autsch. Dieses Bild ist von allen am schwersten zu zeichnen und zu vermitteln. Aber es hat ja auch keiner behauptet, die Unterstützung des CEO wäre leicht zu haben. Wir werden also ein bisschen Hausaufgaben machen müssen.

Schritt 2. Wir können es uns leichter machen, wenn wir zeigen können, wie sich unser Projekt unmittelbar mit den Unternehmensvisionen des CEO überschneidet, also machen wir ein visionäres Schaubild.

Schritt 3. Noch überzeugender wird unser Bild, wenn wir zeigen, wie unser Projekt unsere Marktposition im Verhältnis zum Wettbewerb verbessert – etwas, worüber der CEO schon seit Jahren redet. Dem Kodex entnehmen wir, dass wir dafür mit einem visionären, vergleichenden, multivariablen Schaubild anfangen sollten – knifflig, aber wenn es am Ende die komplette Botschaft vermittelt, hat es sich gelohnt.

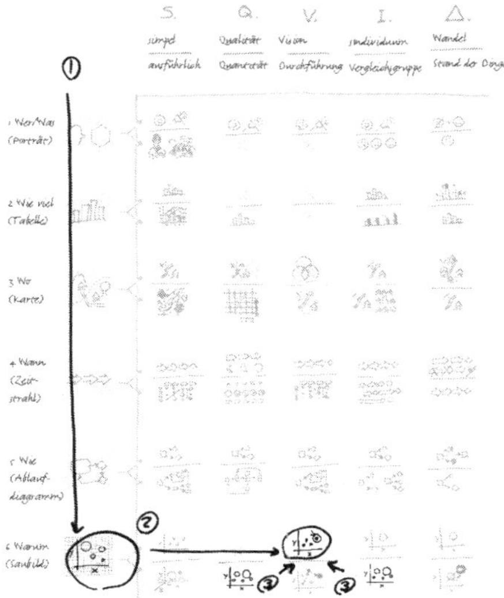

In beiden Fällen, ob wir nun ein wichtiges Projekt leiten und einen detaillierten Zeitstrahl brauchen oder ob wir wie Daphne auf der Suche nach dem richtigen Schaubild sind, haben wir nun unser Ausgangssystem und die Version ausgewählt. Im ersten Fall beginnen wir mit einem Super-Zeitstrahl; für Daphne ist es ein visionäres, vergleichendes, multivariables Schaubild. Der Kodex hat seine Aufgabe erfüllt, jetzt müssen wir nur noch anfangen zu zeichnen.

Bemerkung zum Kombinieren von Systemen

Das Schöne am <6><6>-Modell ist, dass es uns den Überblick über die endlose Auswahl möglicher Bilder erleichtert (und ihre Erstellung im Hinblick auf die sechs grundlegenden Arten des Betrachtens), denn dadurch fällt uns die Auswahl des richtigen Anfangspunkts leicht, um fast alles zu vermitteln, was wir uns vorstellen können … fast alles.

Der Punkt ist, dass *Wie* und *Warum* nicht die einzigen Kombinationen der Betrachtung sind. Das Wunderbare an unserem Wahrnehmungssystem ist ja gerade, dass es kontinuierlich *alle* Betrachtungsarten kombiniert, um uns ein Verständnis unserer Umgebung zu ermöglichen. Wir betrachten *Wann* in Kombination mit *Wo*, wir betrachten *Wie viel* in Kombination mit *Was* und so weiter. Zwei Kombinationen – Mischsysteme, die aus der Verbindung von zwei der sechs Grundlagen entstanden sind – werden beim *Zeigen* so häufig verwendet, dass wir sie noch gesondert benennen werden, wenn wir auf den folgenden Seiten jedes der grundlegenden Systeme durcharbeiten.

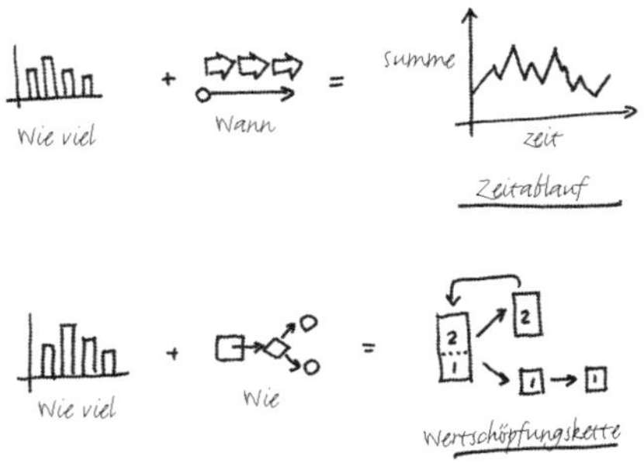

Zwei Systemkombinationen tauchen bei Problemlösungen mithilfe von Bildern so häufig auf, dass wir sie uns auf den folgenden Seiten näher ansehen werden.

Die erste ist das Zeitablaufdiagramm, eine Kombination aus *Wie-viel*-Diagramm und *Wann*-Zeitstrahl. Wir werden diese Kombination im Abschnitt über das *Wann*-System in Kapitel 13 näher betrachten. Die zweite ist die Wertschöpfungskette, eine Kombination aus *Wann*-Zeitstrahl und *Wie*-Ablaufdiagramm, der wir im Abschnitt über das *Wie*-System in Kapitel 14 wiederbegegnen werden.

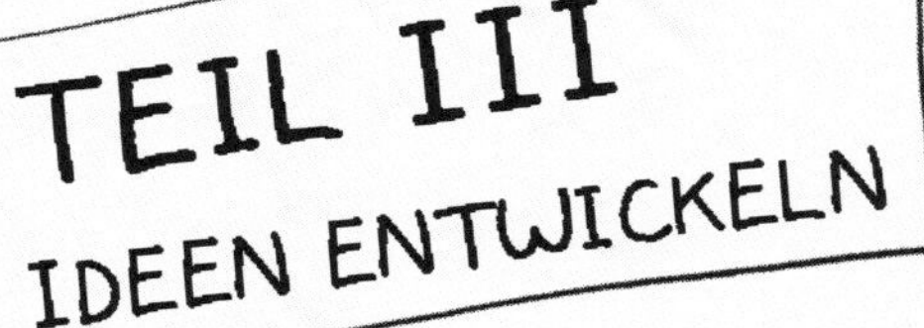

Visuelles Denken für Fortgeschrittene:

Wie man visuelles Denken in die Tat umsetzt

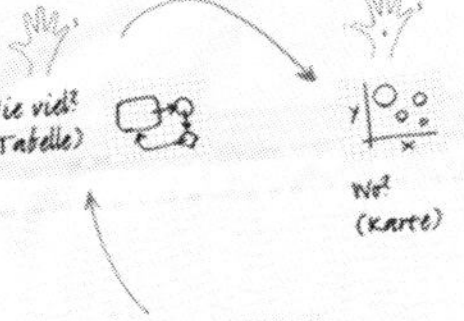

Warum?
(Schaubild)

Wie?
(Ablaufdiagramm)

KAPITEL 8

Zeigen und visuelles Denken für Fortgeschrittene

Meine Damen und Herren, zücken Sie Ihre Stifte

Nachdem wir nun unser Problem identifiziert, das passende Vermittlungssystem ausgewählt und unsere Gedanken mithilfe von SQVID noch weiter eingegrenzt haben, besteht der nächste Schritt darin, den Stift aufs Papier zu setzen (oder auf die Serviette oder auf das Whiteboard) und zu zeichnen. Damit können wir auf zweierlei Arten verfahren. Wenn Sie ein Schwarzer Stift sind, ist das Ihre leichteste Übung; sind Sie aber ein Roter Stift, ist es völlig unmöglich, und Sie werden auf gar keinen Fall irgendetwas hervorbringen, das man einem anderen zeigen könnte. Beide Sichtweisen sind falsch. Das Zeichnen ist schwieriger als erwartet für künstlerisch Begabte (weil sie ihr Gehirn auf potenziell ungewohnte analytische Vorgänge fokussieren müssen) und leichter als erwartet für die Gruppe »Ich bin nicht so der visuelle Typ« (weil sie überraschenden Nutzen aus ihren analytischen Fähigkeiten ziehen, die sie fortwährend einsetzen). Führen Sie sich vor Augen, dass Sie zu diesem Zeitpunkt bereits wissen, was Sie zu tun haben. Sie haben gut hingeschaut, Sie haben sorgfältig betrachtet, Sie haben sich überzeugend etwas vorgestellt – Sie haben sogar Ihr Ausgangssystem gewählt.

Und so funktioniert es: Da jedes System einen anderen Ansatz beim Zeichnen erfordert, werden wir zu jedem ein, zwei Beispiele durchgehen. Das ist mehr als genug, um alles abzudecken, worüber wir bisher in diesem Buch gesprochen haben, aber es reicht bei Weitem nicht aus, um jedem Problem zu begegnen, auf das wir stoßen könnten. Gerade das ist ja das Schöne am visuellen Denken. Man braucht nicht viele Bilder, um zu erkennen, wie man mit ein paar Systemen und Regeln jedes Problem leicht abbilden kann.

Visuelles Denken für Fortgeschrittene: Umsetzung in die Praxis

An Managementschulen verwenden MBA-Studenten und Führungskräfte Fallstudien, um die im Klassenzimmer erlernten Finanz-, Betriebs-, Marketing- und Managementtheorien in die Praxis umzusetzen. Fallstudien sind das Rückgrat der MBA-Studiengänge, weil sie abstrakte Gedanken »real« machen, ob sie nun auf historischen Herausforderungen tatsächlicher Unternehmen beruhen oder hypothetische Situationen in einem erdachten geschäftlichen Umfeld abbilden. In Teil III wählen wir denselben Ansatz. Wir arbeiten eine detaillierte Fallstudie durch und erfüllen dabei die Werkzeuge und Regeln des visuellen Denkens mit Leben.

Vor dem Hintergrund einer fiktiven krisengebeutelten Softwarefirma kommt alles ins Spiel, was wir besprochen haben: der Prozess des visuellen Denkens, SQVID, das <6><6>-Modell und der Kodex. Um zu zeigen, wie effektiv das visuelle Denken beim Begreifen eines komplexen geschäftlichen Problems sein kann, werden wir diese Werkzeuge zur Erzeugung von Bildern verwenden, die alles abdecken, was wir auch im Seminar einer Managementschule lernen würden. Wir beginnen mit Kundenanforderungen, gehen dann über zu Marketing und Produktentwicklung, Finanzanalyse, Projektplanung und schließlich zu strategischer Entscheidungsfindung. Kurz gesagt, es gibt eine Menge in Betracht zu ziehen.

Wie bei jeder ausführlichen Fallstudie gibt es zwei Ansatzmöglichkeiten: entweder ein Überblick aus einer übergeordneten Perspektive oder ein detaillierter Einblick. Für diejenigen Leser, die sich nur einen raschen Überblick verschaffen wollen, ist diese Fallstudie in sechs Kapitel aufgeteilt, die jeweils eins der sechs visuellen Systeme vorstellen. Wenn Sie sich hauptsächlich für die Systeme selbst interessieren, brauchen Sie nur die ersten zwei oder drei zusammenfassenden Seiten jedes Kapitels zu lesen – dann erhalten Sie immer noch einen guten Eindruck der gesamten geschäftlichen Situation.

Möchten Sie dagegen der gesamten Argumentationskette im Detail folgen, fangen Sie am Anfang an. Während Sie sich voranarbeiten, werden Sie bemerken, dass jedes Bild Schritt für Schritt über eine Reihe von Einzelbildern erstellt wird – ungefähr wir bei einem Trickfilm –, damit Sie genau sehen können, wie es aufgebaut ist. Egal auf welche Weise Sie vorgehen – Überblick oder Einblick –, so setzen Sie die Problemlösung mithilfe von Bildern in die Praxis um.

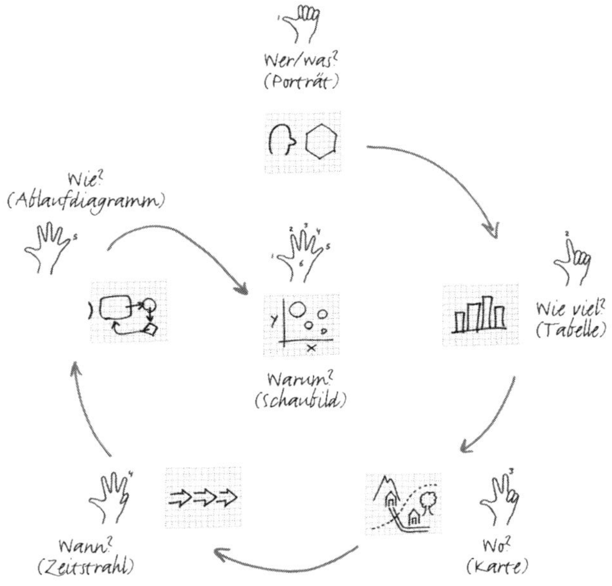

Ausgehend von einem grundlegenden *Wer*-Problem bei SAX Inc. durchlaufen wir alle sechs Systeme und erstellen mehrere Bilder, die von der Definition des Problems bis zu seiner Lösung führen.

Das Fallszenario

Stellen Sie sich vor, Sie arbeiten für ein Buchhaltungssoftwareunternehmen namens Super Accounting Exchange Incorporated, kurz SAX Inc. SAX erstellt und verkauft seit 1996 spezielle Buchhaltungssoftware für Großunternehmen, und obwohl SAX keine besonders große Firma ist, hat das Vorzeigeprodukt fast ein Jahrzehnt lang Branchenmaßstäbe gesetzt.

In unserer Branchennische gibt es derzeit fünf Hauptkonkurrenten, die alle eigene Geschäftsansätze sowie eigene Stärken und Schwächen haben. Diese fünf sind:

- SAX Inc. (das sind wir)
- SMSoft Inc.
- Peridocs Incorporated
- Univerce LLC
- MoneyFree

Das Problem ist Folgendes: Während der vergangenen zwei Jahre stagnierte unser Umsatz, während die Umsätze der anderen Unternehmen weiter gewachsen sind. Unsere letzte Produkteinführung vor einem Jahr bot eine Menge neuer Funktionen und machte unsere Software damit zu der mit den meisten verfügbaren Features, aber die Akzeptanz der Kunden hielt sich in Grenzen. Unsere Vertreter haben sich beschwert, dass es immer schwieriger wird, unsere teure Software zu verkaufen, besonders in Anbetracht des wachsenden Angebots von Open-Source-Freeware während des letzten Jahres. Freeware wird typischerweise von locker miteinander verbundenen Entwicklern erstellt, unbelastet von den Verwaltungskosten und den Shareholder-Anforderungen eines größeren Unternehmens wie des unseren, und hält zunehmend Einzug in die Technologiebranche. Bis jetzt gibt es keine Open-Source-Freeware, die es mit unserem Funktionsumfang aufnehmen kann, aber das wird nicht ewig so bleiben. Wir wissen nicht genau, *was* wir tun müssen, ehe wir spürbar Marktanteile einbüßen, aber wir wissen, *dass* wir etwas tun müssen. Fahren wir also fort mit Kapitel 9 und fangen wir am Anfang an: mit unseren Kunden.

ANMERKUNG ZU DEN BILDERN, DIE WIR ZEICHNEN WERDEN

Ehe wir anfangen, wollen wir uns noch mal einen weiter oben in diesem Buch abgegebenen Kommentar über Bilder anschauen. Alles, was wir hervorbringen werden, soll von Hand gezeichnet werden: auf ein Whiteboard, auf einen Notizzettel, auf die Rückseite einer Serviette, auf jede beliebige Oberfläche, die vor Ihnen liegen mag. In der Einführung habe ich gesagt, dass Daphnes Strategieschaubild das erste und letzte computererstellte Bild in diesem Buch sei, und das trifft auch nach wie vor zu. Computer sind ein wahnsinnig tolles Werkzeug für zahllose Anwendungen, aber einen Beitrag zum visuellen Denken leisten sie auf dieser Ebene nicht – wohingegen sie etliche Einschränkungen liefern. Um genau zu sein, ist das Arbeiten mit einem Computer in diesem Stadium unseren Fähigkeiten des visuellen Denkens eher abträglich als förderlich, weil die Verwendung eines Computers eine Reihe unserer grundlegenden kognitiven Tätigkeiten überlagert – insbesondere die unerwarteten Ideen, die sich entwickeln, wenn man einen Stift auf ein Blatt Papier setzt.

Pluspunkte dagegen sind, dass Computer den Aufbau und die Ausführung fortgeschrittener Bilder unendlich viel einfacher machen als alles, was wir von Hand zeichnen können, dass sie unerlässlich beim Erstellen akkurater quantitativer Bilder sind und unersetzliche Werkzeuge der Präsentation und Kommunikation. All diese Punkte sind keineswegs bedeutungslos. Deshalb gibt es auch Anhang B: er beschäftigt sich damit, welche Software ich für hilfreich halte bei der Weiterentwicklung jedes einzelnen Systems, und gibt ein paar Softwaretipps, falls Sie sich entschließen, doch lieber den digitalen Weg zu gehen.

Fürs Erste bleiben wir aber bei Stiften und Servietten: Das ist eine gute Übung für das nächste Mal, wenn wir in einer Flughafenbar jemand Interessantem begegnen.

KAPITEL 9

Wer sind unsere Kunden?

Bilder zur Lösung von *Wer/was*-Problemen

***System 1: Um ein* Wer/was-*Problem darzustellen, verwenden Sie ein* Porträt.**

Die Kundenkrise

In einem sind wir uns alle einig: Wir kennen unsere Kunden nicht mehr so gut, wie wir sollten, und um herauszufinden, wer die Kunden sind, mit denen wir reden sollten, müssen wir uns ein Porträt davon schaffen, wie wir sie uns vorstellen. Lassen Sie uns ein großes Kundenunternehmen auswählen und unser Wissen darüber verwenden, um ein Musterkundenprofil zu erstellen. Wir wissen, dass unser Musterprofil viele Informationen enthält, dass wir es aus vielen verschiedenen Blickwinkeln betrachten wollen und dass wir es sowohl innerhalb als auch außerhalb unserer Firma vorstellen wollen, also ist es sinnvoll, ein Bild zu erstellen.

Wir wissen bereits, wie wir das richtige System auswählen: aus dem Kodex visuellen Denkens. In diesem Fall hat unser Problem mit Personen zu tun (*wer* unsere Kunden sind), also verlangt der Kodex, dass wir mit einem Porträt oder einer *qualitativen Darstellung* beginnen.

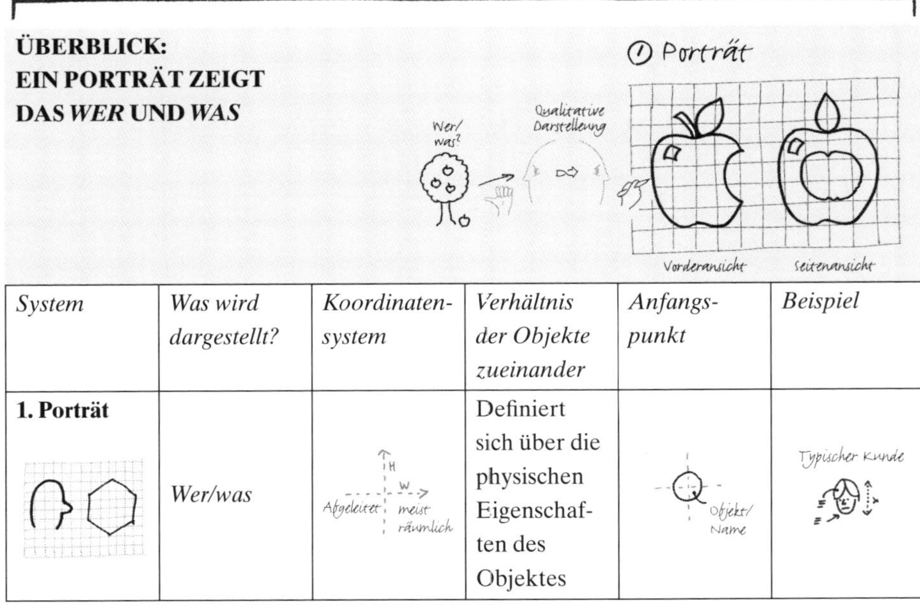

ÜBERBLICK:
EIN PORTRÄT ZEIGT
DAS *WER* UND *WAS*

System	*Was wird dargestellt?*	*Koordinaten-system*	*Verhältnis der Objekte zueinander*	*Anfangs-punkt*	*Beispiel*
1. Porträt	*Wer/was*		Definiert sich über die physischen Eigenschaf-ten des Objektes		

Sie werden sich daran erinnern, dass *Wer* und *Was* die erste Art des Betrachtens war, was bedeutet, dass wir Objekte betrachteten, die wir anhand ihrer unterschiedlichen visuellen Beschaffenheit wiedererkannten: ihre Bestandteile, ihre Form, ihre Proportionen, ihre Größe, ihre Farbe, ihre Struktur et cetera. Um anderen zu zeigen, was wir wahrgenommen haben, zeichnen wir ein Porträt (oder eine *qualitative* Darstellung), in dem die offensichtlichsten dieser Qualitäten wiedergegeben werden, unter besonderer Betonung derjenigen, die unser Objekt visuell von anderen unterscheiden. Porträts zeigen zwar nicht, wie viel von etwas vorhanden ist, wo es ist oder wann und wie es interagiert – das alles wird durch die anderen jeweiligen Systeme abgedeckt –, aber sie geben uns einen Ausgangspunkt für die Identifizierung und Nachvollziehbarkeit dessen, *wer wer* ist und *was was* ist.

Darstellungen, Profile, Pläne, Ansichten, Diagramme: Es gibt viele Arten von Porträts, doch sie alle zeigen dasselbe – die wiedererkennbaren Merkmale, die Objekte unterscheiden.

Porträts: Allgemeine Faustregeln

1. **Denken Sie simpel.** Sie sollen kein Rembrandt werden. Genau genommen zieht ein allzu ausführliches oder schönes Bild unweigerlich viel zu viel Aufmerksamkeit auf sich und lenkt von der Vermittlung der zugrunde liegenden Idee ab. Je einfacher, desto besser: Ein visuelles Telegramm ist besser als ein komplett ausgestaltetes Bild.

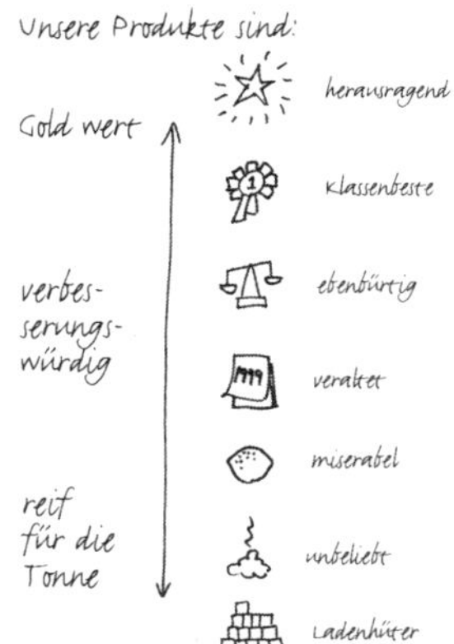

Selbst das Erstellen einfachster Porträts beschäftigt die Vorstellungskraft.

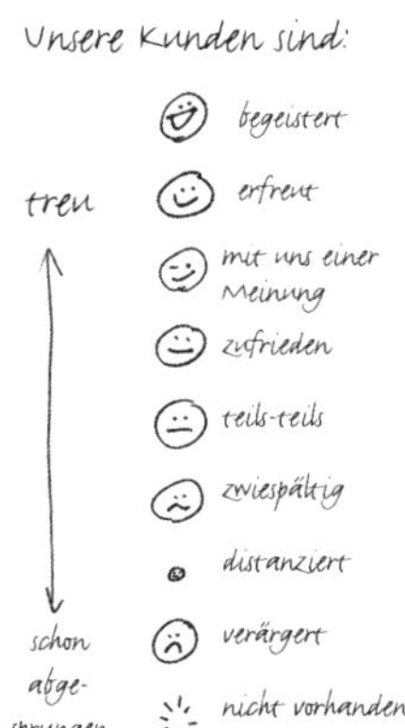

Selbst die sparsamsten Porträts erfüllen Vergleiche mit Leben.

2. **Stellen Sie Listen dar.** Ziel eines Porträts ist es, die unerwarteten guten Ideen auszulösen, die entstehen, wenn Hand und Vorstellungskraft zusammenarbeiten. Die visuelle Darstellung von jemandem oder etwas (unabhängig von der tatsächlichen Ähnlichkeit oder Detailtreue) bringt immer Erkenntnisse, die das Schreiben einer Liste nicht hervorrufen kann.
3. **Beschreiben Sie bildhaft.** Wenn die Zeit begrenzt ist (und im Geschäftsleben ist sie das immer), kann man anhand von Bildern immer besser Vergleiche anstellen als anhand von wörtlichen Beschreibungen. Vergleichende Porträts dürfen durchaus so simpel sein wie eine Reihe von Smileys. Sogar ein derart geringer visueller Aspekt erfüllt Objekte mit Leben und verankert sie im Gedächtnis.

Mit diesem Gedanken im Hinterkopf wollen wir nun zu unserem Kundenporträt zurückkehren. Nach der Auswahl des Systems werfen wir einen Blick auf SQVID und beantworten dabei seine fünf Fragen.

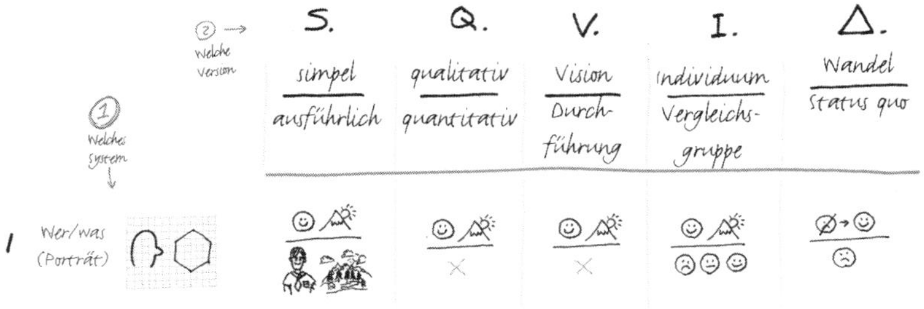

Simpel oder *ausführlich?* Da dies unser erster Versuch ist, unsere Kunden bildhaft darzustellen, probieren wir wohl lieber etwas Simples. *Qualitativ* oder *quantitativ?* Fürs Erste ist dies nur ein Porträt, keine numerische Darstellung, also ist es naturgemäß qualitativ. *Vision* oder *Durchführung?* Grundsätzlich sprechen wir hier noch nicht darüber, wohin wir wollen oder wie wir da hinkommen, also spielt die Frage für dieses Bild keine Rolle; wir lassen sie aus. *Individuum* oder *Vergleichsgruppe?* Da wir die gesamte Bandbreite der Kunden betrachten wollen, handelt es sich um einen Vergleich. *Wandel* oder *Status quo?* Wir möchten eine Grundlagenbetrachtung vornehmen, das heißt, unser Bild wird fürs Erste den Stand der Dinge zeigen, obwohl wir je nach den sich einstellenden Erkenntnissen womöglich irgendwann auch den Wandel darstellen wollen. Zusammengefasst ist das ein recht einfaches Startsystem – *ein simples, qualitatives Porträt einiger Kundentypen,* ungefähr so: ☹ 😐 ☺ Jetzt können wir endlich anfangen zu zeichnen.

Womit fangen wir an? Bevor wir uns den Kopf zerbrechen, ist es gut zu wissen, dass der erste Strich auf der Serviette zwar der schwierigste, zugleich aber auch der am wenigsten wichtige ist. Wir werden ihn noch ergänzen, verändern und möglicherweise auch wieder komplett entfernen. Es ist wichtiger, *irgendwas* aufs Papier zu bringen, als uns zu viele Gedanken darüber zu machen, was das sein soll. Ein guter Anfang für *jedes* Bild ist ein Kreis, dem wir einen Namen geben. Da wir uns bereits darüber einig waren, dass wir unsere Kunden nicht so gut kennen, wie wir sollten, fangen wir mit etwas an, das wir kennen – *mit uns selbst*.

Fangen wir mit einem einfachen Kreis an und geben wir ihm einen Namen.

Da ein Porträt dazu dient, ein Objekt von einem anderen zu unterscheiden, fügen wir noch etwas Bildhaftes hinzu, damit das »Wir« deutlicher *Wir* wird – zum Beispiel ein Gebäude.

Denken Sie daran, dass dies ein Porträt ist, also fügen wir unser Firmengebäude hinzu, damit wir besser zu erkennen sind.

Wenn wir uns nun auf diese Weise dargestellt sehen, erzeugt das irgendwelche Ideen, wie wir unseren Musterkunden abbilden können? Wie wäre es, wenn wir ihn auf die gleiche Weise hinzufügen?

Wir fügen unseren Kunden hinzu, und schon haben wir ein gutes Bild in Gang gebracht.

Sogar dieses sparsame Bild zeigt uns schon etwas über die Beziehung zwischen uns und unserem Kunden und regt unsere Vorstellungskraft an, sich Darstellungsmöglichkeiten für ein Porträt unserer Kunden auszudenken.

Wenn wir also Leute darstellen wollen, warum sollten wir nicht abermals mit unseren eigenen anfangen? Das teilt uns zwar nichts über unsere Kunden mit, aber wenn wir *uns* zeichnen (die wir so gut kennen), liefert uns das den richtigen gedanklichen Rahmen, um über *die anderen* nachzudenken.

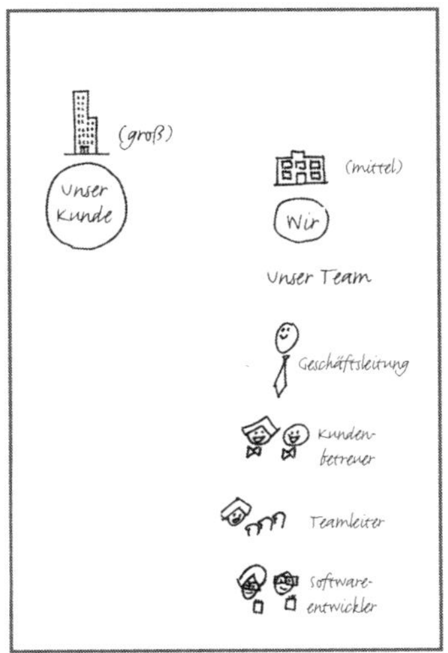

Wir zeichnen die Mitarbeiter unseres eigenen Unternehmens ein: den Chef, die Kundenbetreuer, die Teamleiter und die Entwickler.

Das sind wir. Die Smileys, von denen wir gesprochen haben, tauchen auf. Es hat uns locker gemacht, uns selbst einzuzeichnen, deshalb sind wir jetzt bereit, die Kunden zu zeichnen.

Wir zeichnen die Kunden ein, an die unsere Mitarbeiter verkaufen: die Chefs, die Verkaufsteams, die Buchhalter und die Technikleute.

Da sind sie: unsere Kunden. Interessant. Es gibt mehr verschiedene Typen, als wir ursprünglich gedacht hatten. Nur allein das Erstellen eines solchen Porträts hat uns schon dazu gebracht, anders über unsere Kunden nachzudenken. Wir haben erst ein paar Minuten über diesem Bild verbracht, aber wir haben bereits ein grundlegendes Porträt des Who is Who in unserem Geschäft erschaffen und viele neue Ideen angestoßen, nur weil wir es gezeichnet haben. Jetzt gibt es nur noch eins zu tun, bevor wir Kopien davon erstellen: alles beschriften.

Instinktiv haben wir den Formen Bezeichnungen gegeben, während wir sie einzeichneten. Genau genommen war es ja schon gleich zu Anfang unsere Aufgabe, dem ersten Kreis einen Namen zu geben. Auch die danach hinzugefügten Personen haben wir benannt. Aus gutem Grund: Die visuellen Zentren unseres Gehirns sehen sich zwar gerne Bilder an, aber andere Bereiche der mentalen Verarbeitung verlangen Begriffe, und wenn sie nicht dastehen, erfinden wir selbst welche. Es ist immer besser, beim Beschriften die Initiative zu ergreifen und keinen Zweifel daran zu lassen, was wir zeigen.

Außerdem müssen wir unseren Bildern immer einen Titel geben. Uns selbst ist natürlich völlig klar, was wir gerade gezeichnet haben, aber wir müssen immer davon ausgehen, dass jemand anders unser Bild aus einer anderen Perspektive betrachtet und unsere Absicht möglicherweise völlig missversteht. Die Regel lautet also: Schreiben Sie es oben hin, immer.

Durch das Hinzufügen eines Titels stellen wir klar, was wir dem Betrachter unseres Bildes zeigen.

So einfach es ist, dieses Bild ist ein hilfreiches Gerüst, um weitere qualitative Merkmale unserer Kunden darzustellen. Aus Marktstudien wissen wir zum

Beispiel, dass jeder dieser Kundentypen etwas anderes von einer Buchhaltungssoftware erwartet. Die Chefs sind verantwortlich für alles Gute (oder Schlechte), das mit der Anwendung unserer Software zusammenhängt, also wollen sie ein Produkt, das ihren Mitarbeitern leicht zugänglich, für jeden anderen aber undurchdringlich ist. In erster Linie streben Geschäftsführer nach *Sicherheit*. Verkaufsteams wünschen sich ein Produkt, das es ihnen erleichtert, die Dienstleistungen ihres Unternehmens zu verkaufen, deshalb wollen sie eine Software mit einem guten Ruf – für sie zählt eine *gut verkäufliche* Marke. Buchhalter streben Präzision und Stabilität an; sie wollen Verlässlichkeit. Und Techniker wünschen sich eine Software, die sich leicht mit anderen Systemen verbinden und aktualisieren lässt, sie legen Wert auf *Flexibilität*. Das ist eine lange Wunschliste; etwas, das sich viel leichter in einem Bild vermitteln lässt.

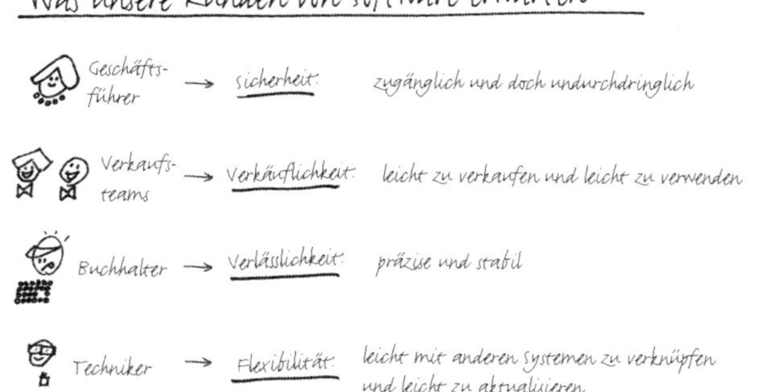

Hinzufügen der Wünsche.

Jetzt haben wir zwei Porträts von unseren Kunden: eines zeigt, wer sie sind, das andere, was sie wollen. Das sind nur zwei von vielen möglichen Versionen. In anderen Branchen und anderen Zusammenhängen könnten ähnliche Bilder als Darstellungen, Pläne, Diagramme oder Ansichten bezeichnet werden, aber sie liefern im Grunde alle dasselbe: eine visuelle Berichterstattung darüber, wie etwas aussieht, das *Wer* und *Was* unserer Wahrnehmung.

KAPITEL 10

Wie viele kaufen?

Bilder zur Lösung von Wie-viel-Problemen

***System 2: Um ein* Wie-viel-*Problem darzustellen, verwenden Sie eine* Tabelle.**

Die Kundenkrise, diesmal in Zahlen

Wir haben unsere Kunden betrachtet, einige ihrer Unterschiede erkannt und uns sogar schon erste Gedanken darüber gemacht, was sie von der Software unseres Unternehmens erwarten könnten. Das sind gute Informationen, die uns bei der Verkaufsförderung nützlich sein werden, aber das war nur der Anfang. Um wirkliche Aussagekraft zu erlangen, müssen wir wissen, *wie viele* von jedem Kundentyp wir haben, beziffern, *wie viel* sie für ein Produkt wie das unsere auszugeben bereit sind, und sogar numerisch zu messen versuchen, wie zufrieden sie mit uns und unseren Produkten sind.

Wir reden jetzt nicht mehr über das *Wer* und *Was*. Jetzt müssen wir das *Wie viel* betrachten. Der Kodex visuellen Denkens schreibt uns vor, dass wir jetzt zu Diagrammen übergehen müssen – Bilder, die Mengen zeigen, messbare Kriterien darstellen und numerische Vergleichswerte darstellen. Im Gegensatz zu Porträts, die wir ohne spezifische quantitative Informationen erstellen konnten, sind für Diagramme Zahlen, Messwerte und Daten erforderlich.

ÜBERBLICK: EINE TABELLE ZEIGT DAS *WIE VIEL*

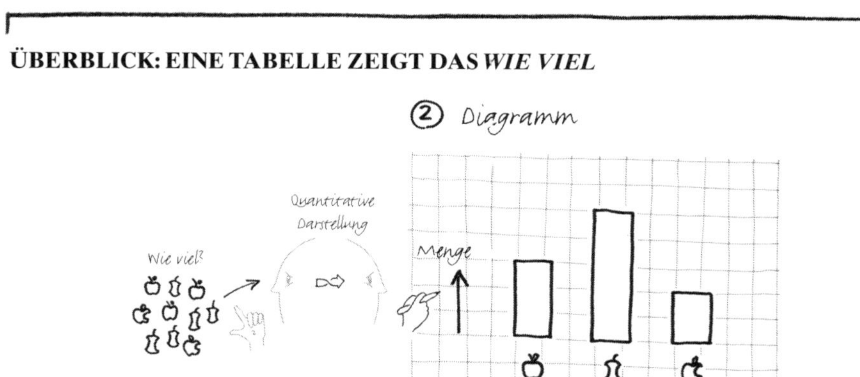

System	*Was wird dargestellt?*	*Koordinaten-system*	*Verhältnis der Objekte zueinander*	*Anfangs-punkt*	*Beispiel*
2. Diagramme	*Wie viel*	Menge B A Objekt(e)	Relative Menge der Objekte	Koordinate A Name	Produktverkäufe Verkäufe $ A B C D Produkt

Nach dem *Wer* und *Was* haben wir als Nächstes betrachtet, *wie viele* Objekte existierten. Kleinere Mengen haben wir im Kopf addiert; etwas größere Mengen wurden grob geschätzt; bei großen Mengen sagten wir einfach »viele«. Um diese Zahlen auch anderen zu vermitteln, verwenden wir ein Diagramm (oder *quantitative Darstellung*), mit der wir abstrakte Zahlen in konkrete Bilder von Mengen umwandeln.

Diagramme: Allgemeine Faustregeln

1. **Es geht um die Daten, also zeigen wir sie.** Viele Menschen finden Zahlen langweilig, deshalb peppen wir unsere Grafiken mit visuellem Schnickschnack auf in der Hoffnung, dass sie dadurch interessanter aussehen. Dazu drei Gedanken: Erstens, aufschlussreiche Daten sind niemals langweilig. Wenn unsere Darstellung bei unseren Zuhörern auf Resonanz stößt (entweder weil sie genau das zeigt, was sie erhofft hatten, oder weil es sie vor Überraschung fast umhaut), schlafen sie auch nicht ein. Zweitens, wir sollten immer so wenige Bilder wie möglich zeigen, um unsere Aussage zu treffen. Also entweder die Zahl der Bilder einschränken, auf denen wir nur einen Punkt darstellen, oder so viele Daten wie möglich in ein oder zwei multivariablen

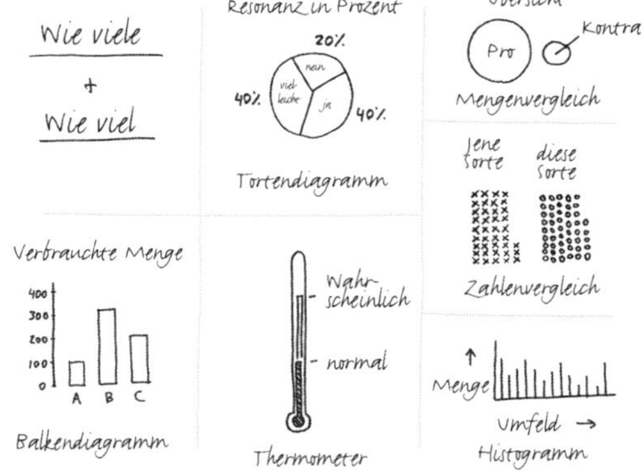

Tortendiagramme, Balkendiagramme, Zahlenvergleiche, Histogramme: Es gibt unzählige Möglichkeiten, das *Wie viel* darzustellen, doch alle sind Variationen desselben Themas – eine visuell dargestellte Quantitätsmessung.

Schaubildern zusammenfassen (mehr dazu später). Und drittens, durch die Zugabe zwangloser anthropomorpher Elemente ☹😐☺ *an passenden Stellen* erzeugen wir kognitives Engagement. Mit anderen Worten, wenn Sie Personen zählen, gehen Sie hin und zeigen Sie die Personen.

2. **Wählen Sie das einfachste Modell aus, um Ihre Aussage zu treffen.** Die diesjährige Version der beliebtesten Tabellenkalkulationssoftware* enthält neunundneunzig verschiedene Diagrammversionen von der Stange. *Kein Wunder, dass wir nicht wissen, welche wir wählen sollen.* Tatsache ist, *es sieht nur so aus,* als wären es neunundneunzig. In Wirklichkeit sind es vier – Balken, Linien, Torten und Blasen. Alles andere sind aufgemotzte Versionen davon. Wenn wir diese vier Varianten so betrachten, sollte es uns nicht schwerfallen, die richtige auszuwählen.

   - Balken: zum Vergleichen absoluter Mengen (1.000 Äpfel versus 800 Orangen versus 120 Birnen).

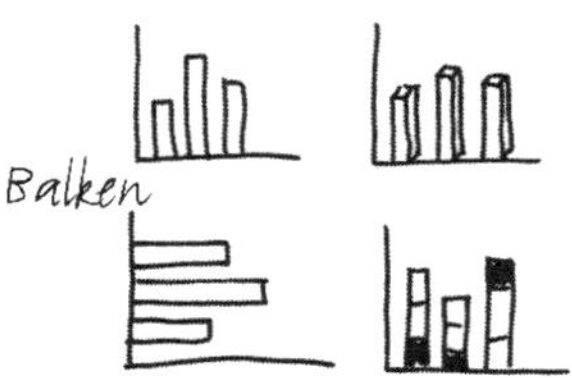

   - Linien und Sektionen: zum Vergleichen absoluter Mengen mit verschiedenen Kriterien oder zu verschiedenen Zeiten (Pasteten haben 1.000

---

* Wenn Sie an einer detaillierten Erklärung interessiert sind, wann diese unzähligen verfügbaren Diagrammtypen jeweils eingesetzt werden sollten, gibt es dazu jede Menge guter Bücher. Empfehlungen finden Sie in Anhang B: Hilfsmittel für das visuelle Denken.

Äpfel, 0 Orangen und 60 Birnen, während Obstkuchen 0 Äpfel, 800 Orangen und 60 Birnen haben). (Mit Zeitablaufdiagramme werden wir uns im Rahmen der *Wann*-Systeme in Kapitel 12 beschäftigen.)

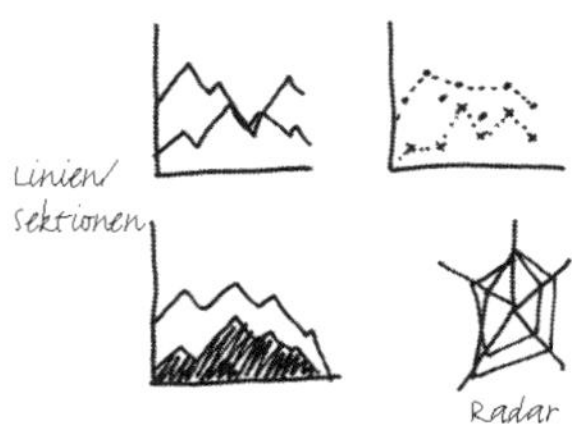

- Torten: zum Vergleichen relativer Mengen (52 Prozent Äpfel, 42 Prozent Orangen und 6 Prozent Birnen).

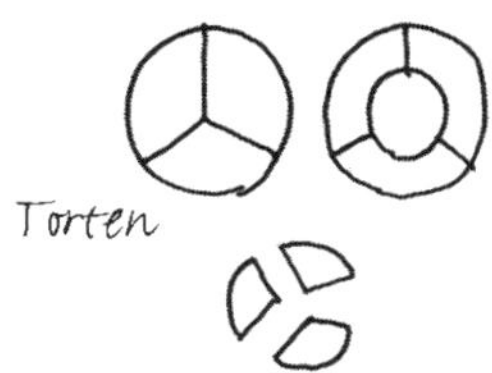

- Blasen bzw. Kreise: um mehr als zwei Variablen zu vergleichen (das werden wir uns in Kapitel 14 bei den *Warum*-Systemen noch näher anschauen).

3. **Wenn Sie mit einem Modell anfangen, bleiben Sie dabei.** Wenn Ihr Diagramm das richtige Koordinatensystem hat, um Ihre Daten zu vermitteln, und auf präkognitiven Merkmalen aufbaut, sollte es sich Ihren Zuhörern in null Komma nichts erschließen. Trotzdem, wenn diese erst mal gelernt haben, unser erstes Diagramm zu lesen, sollten Sie ihre

Sehgewohnheiten nicht durch plötzliches Verschieben einer Achse, Ändern der Diagrammart oder die Einführung einer komplett anderen Denkweise durcheinanderbringen. Stellen Sie sich das Zeigen einer Abfolge von Diagrammen wie eine Reise durch herrliche Landschaften vor: sanfte oder vorhersehbare Übergänge sind angenehm, plötzliches Hinausschießen über eine Klippe nicht.

Unsere Verkaufsdaten verraten uns exakt, wie viele Kunden wir haben.

Zurück zur SAX Inc. Beim Erstellen des Kundenporträts haben wir die *Wer*-Daten zusammengetragen; jetzt müssen wir uns mit einigen *Wie-viel*-Zahlen beschäftigen. Ein Blick auf die Verkaufszahlen unseres Unternehmens sagt uns, dass wir diese Zahlen bereits kennen. »Berufliche Position« ist eins der Felder in der Registrierungsmaske unserer Software, wir haben also Daten darüber, wie viele Kunden von jedem Typ wir besitzen. Wenn wir ein Bild zeichnen müssten, das sowohl die Kunden als auch die Mengen zeigt, sähe es ungefähr so aus.

Numerisch betrachtet könnte dieses Bild nicht präziser sein: Es ist, als hätten wir alle unsere Kunden auf dem Parkplatz versammelt und ein Foto von ihnen gemacht. Aber lassen wir mal die Präzision beiseite, es gibt hier ein paar zentrale Probleme: Erstens können wir die Gruppen nicht erkennen (da sie alle durcheinandergewürfelt sind), obwohl wir einzelne individuelle Typen ausmachen können. Zweitens ist das Zählen nahezu unmöglich. Wir können die Gesamtmenge zwar sehen, aber wir können keinen exakten Wert angeben oder irgendwelche Berechnungen damit anstellen. Also rücken wir mal die Koordinaten zurecht und fügen zusammenfassende Zahlen hinzu.

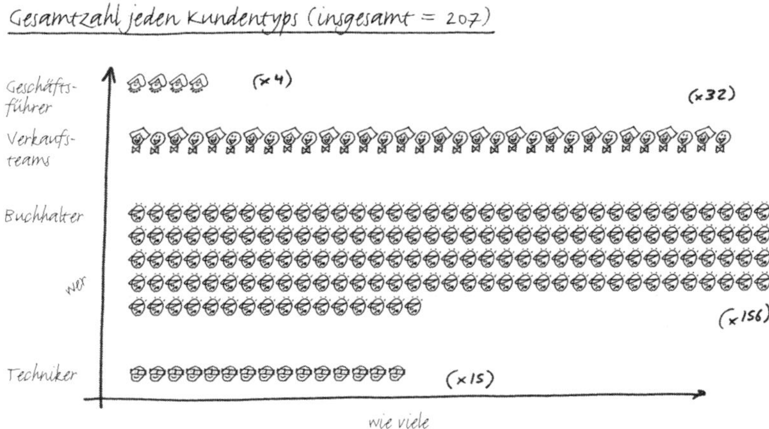

Dasselbe Bild, jetzt allerdings mit Zahlen und Koordinaten.

Schon viel besser. Auf diese Weise können wir die jeweiligen Kundenarten sofort in eine Rangordnung bringen und vergleichen. Wir sehen auf den ersten Blick, dass es mehr Buchhalter als Verkäufer und nur wenige Geschäftsführer

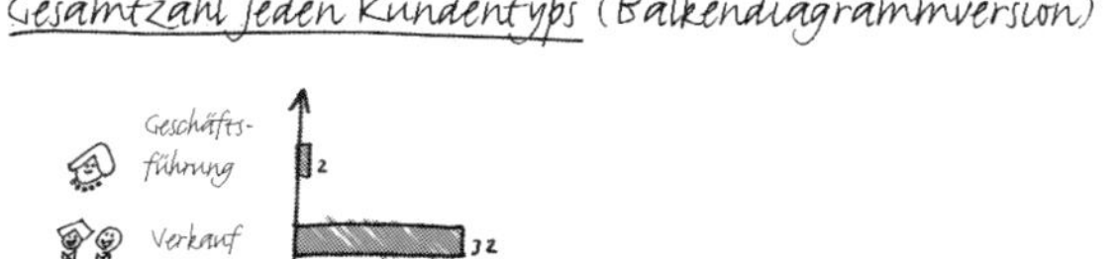

Wir könnten komplett auf das Bild verzichten und es durch eine Grafik ersetzen.

sind. Trotzdem ist das Bild immer noch schwer zu zeichnen. Was wir wirklich brauchen, ist eine einfachere Methode, diese Mengen zu zeigen, ohne dass wir jede einzelne Person zeichnen müssen. Probieren wir mal etwas aus: Wie wär's, wenn wir uns komplett von dem Bild verabschieden und einfach nur die Zahlen darstellen?

Auch so erhalten wir numerische Genauigkeit, aber die unmittelbare bildhafte Wirkung geht komplett verloren – jetzt braucht unser Verstand ein paar Sekunden, um zwischen den Spalten und Zeilen hin- und herzuwandern, welche die Kundenzahlen miteinander vergleichen. Ein Diagramm bietet auch keinen Anker für unser visuelles Gedächtnis. Wenn wir uns nicht an die genauen Zahlen erinnern können, haben wir keinen größeren Zusammenhang, auf den wir zurückgreifen können. Was wir jetzt brauchen, ist eine Mischform, eine Kombination des jeweils Besten beider Darstellungen. Wie wäre es mit einem Balkendiagramm?

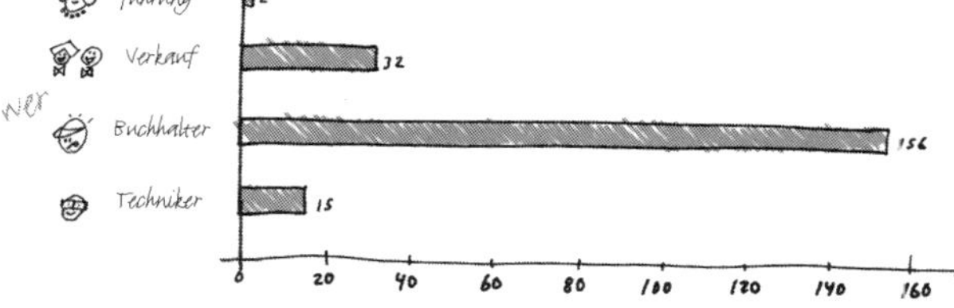

Ein Balkendiagramm zeigt uns die Bilder *und* die Zahlen.

Bitte schön. Es ist leicht auszumachen, über *wen* wir reden und *wie viele* es jeweils gibt, und zusätzlich haben wir auch noch die Zahlen – wir haben sogar präkognitive Mengenbalken, die unsere Augen unmittelbar erfassen, vergleichen und intuitiv ins Gedächtnis zurückrufen können, wenn wir die Zahlen schon lange wieder vergessen haben: »Ich weiß nicht mehr genau, wie viele es waren, aber ich weiß, dass es viel mehr Buchhalter als Verkäufer waren.« Perfekt. Wenn wir genau sehen müssen, wie viel es *insgesamt* von etwas gibt, ist ein simples Balkendiagramm die Lösung der Wahl.

Mit einem Tortendiagramm zeigen wir Mengen relativ zur Gesamtzahl.

Die genaue Anzahl unserer Kunden ist aber nur eine Seite der Gleichung. Was wir wirklich wissen müssen, ist, wie viele Geschäftsführer im Verhältnis zu Buchhaltern im Verhältnis zu Verkäufern darunter sind. So finden wir heraus, auf wen wir uns angesichts unseres festgelegten Marketingbudgets am ehesten konzentrieren sollten. Wenn unser Marketingbudget beispielsweise nur ein Tortenstück abdeckt, müssen wir wissen, wer den größten Anteil bekommen sollte. Aus diesem Grund verwenden wir Tortendiagramme, wenn wir Prozentsätze im Verhältnis zum Gesamten betrachten wollen.

Die Gesamtzahlen ziehen wir nicht mehr in Betracht; stattdessen überprüfen wir, wie groß die jeweilige Kundengruppe im Verhältnis zu den anderen ist. Wenn alle Kunden mit derselben Wahrscheinlichkeit Käufer unserer Software wären, würden wir das Marketingbudget genau anhand dieser Prozentsätze aufteilen. Dann wüssten wir, dass wir unsere Werbemittel gleichmäßig auf alle Kunden verteilen.

TORTENSCHLACHT

Es gibt nur ein Problem bei den Tortendiagrammen: Sie befinden sich mitten im Krieg.

Die große Tortendiagrammschlacht

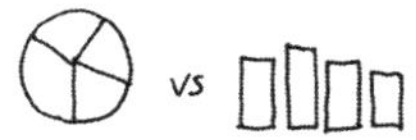

Die Kriegsgegner.

Bezüglich der Effektivität von Tortendiagrammen für die Vermittlung von Daten tobt ein erbitterter Streit. Auf der einen Seite stehen all jene, die Tortendiagramme gut finden – leicht herzustellen (mit der richtigen Software), visuell ansprechend und leicht verständlich. An der gegnerischen Front befinden sich jene, die glauben, dass unsere Augen exakte proportionale Messgrößenunterschiede nicht so gut in Form von Tortenstücken, sondern eher als einfache Vertikale und Horizontale wahrnehmen können (womit sie recht haben), und dass man deshalb niemals Tortendiagramme verwenden sollte.

Tatsächlich haben beide ihre Berechtigung, und der Beweis dafür ist die Pizza. Falls Sie jemals auf einem Kindergeburtstag waren, werden Sie wissen, dass Sechsjährige absolut kein Problem damit haben, das größte Stück der Torte herauszufinden. Und wenn sie das können, dann können wir das auch. Falls Sie also runde Pizza bevorzugen, verwenden Sie ruhig Tortendiagramme. Mögen Sie dagegen lieber eckige Pizza, gibt es ein gleichwertiges Diagramm, auf das Sie zurückgreifen können: das Stapeldiagramm. Es bietet dieselben Informationen, nur anhand von geraden Linien. Wenn die Unterschiede zwischen den einzelnen Teilstücken bedeutsam, dabei aber so gering sind, dass sie visuell nur mit Mühe wahrgenommen werden können, sind Sie mit einer nicht bildhaften Grafiken sowieso besser beraten.

Gesamtzahl jeden Kundentyps

Dasselbe in % von der Gesamtzahl, Balkendiagramm

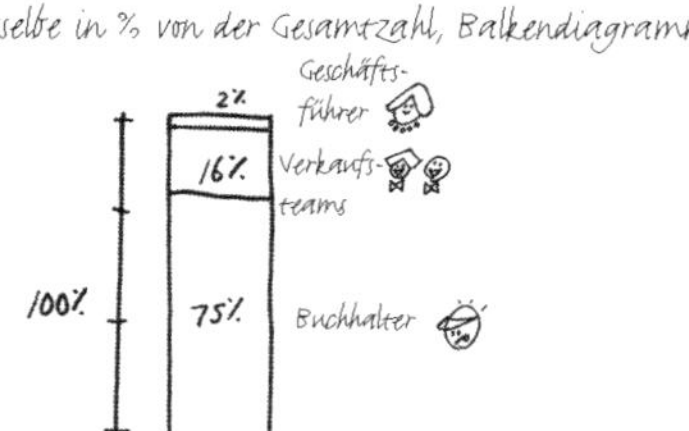

Die Stapelpizza, auch als vertikales Stapeldiagramm bekannt.

Aber das ist eben eins der Probleme bei einem typischen *Wie-viel*-Diagramm. Da sie nur Mengen zeigt, vergisst man leicht andere wichtige Unterschiede, die möglicherweise zwischen den einzelnen Werten bestehen. Mit anderen Worten: Obwohl die Zahlen, die wir bei einem quantitativen Vergleich betrachten, durchaus korrekt sein mögen, können sie uns trotzdem in die Irre führen. Wäre beispielsweise das oben dargestellte Tortendiagramm mein einziger Maßstab für die Zahl meiner Kunden, müsste ich theoretisch eingestehen, dass ich 75 Prozent meines Marketingbudgets auf meine Buchhaltungskunden verwenden sollte, denn sie stellen 75 Prozent der registrierten Nutzer dar. Das könnte aber eine Verzerrung der Verkaufsrealität bedeuten.

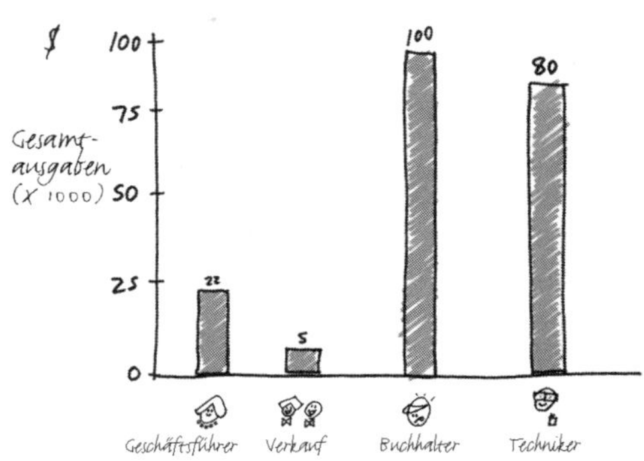

Im Hinblick auf die Gesamtausgaben sind die Buchhalter die größte Kundengruppe.

Wenn wir unsere Verkaufszahlen durchgehen, könnten wir beispielsweise über die tatsächlichen Kundenbestellungen stolpern. Diese zeigen, welche Endbeträge von wem bezahlt wurden – nicht wer die Software registriert hat, sondern wer sie gekauft hat. Anhand eines weiteren Balkendiagramms (da wir ja absolute Zahlen betrachten, keine Prozentsätze) erkennen wir, dass Buchhaltungskunden im letzten Jahr 100.000 Dollar bei uns gelassen haben, Verkäufer dagegen nur 5.000 Dollar.

Hier deutet sich eine ganz andere Perspektive an. Die Buchhalter stellen zwar drei Viertel unserer registrierten Gesamtkunden, aber sie haben nur unwesentlich mehr Software gekauft als die Techniker, die zweitkleinste Gruppe! Das ist interessant. Wer hätte gedacht, dass die Techniker so fleißige Käufer sind?

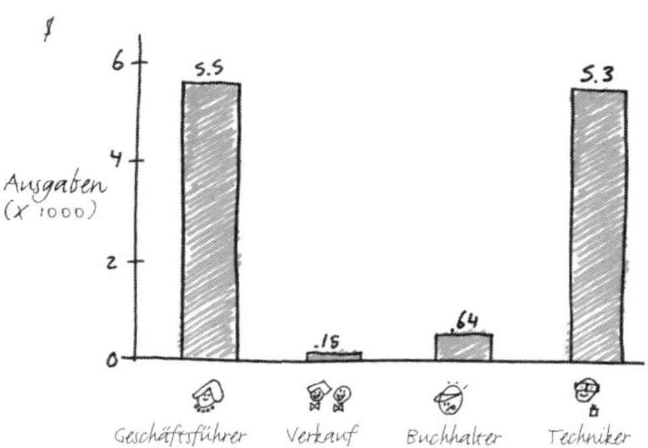

Im Hinblick auf die individuellen Ausgaben sind Geschäftsführer und Techniker unsere größten Kunden.

Zur besseren Nachvollziehbarkeit werfen wir einen Blick auf ein weiteres Diagramm. Diesmal stellen wir die Größe jeder Kundengruppe ihren Ausgaben gegenüber. Einfaches Kopfrechnen (Gesamtausgaben dividiert durch Anzahl der Kundengruppen) bringt uns zu folgendem Ergebnis: Wenn wir die Zahl der Kunden ihren Ausgaben gegenüberstellen, erkennen wir, dass der durchschnittliche Geschäftsführer 5.500 Dollar für unsere Software bezahlt, der durchschnittliche Techniker 5.300 Dollar, der durchschnittliche Buchhalter jedoch nur 640 Dollar.

Uff! Sieh mal einer an! Während Geschäftsführer und Techniker für die Hälfte aller Käufe verantwortlich zeichnen, gibt jeder von ihnen neunmal mehr aus als die Buchhalter. Keine unserer bisherigen Datenanalysen hätte uns darauf gebracht. Obwohl dieses Diagramm uns nicht erklärt, *warum* die Zahlen sich so darstellen, gibt es uns doch eine Menge zu denken. Vielleicht kaufen die Techniker häufig im Auftrag der Buchhalter. Falls das so ist, haben die Techniker eine enorme Kaufkraft. Und es gibt nur vier Geschäftsführer, die mehr kaufen? Dadurch erfahren wir etwas Neues über Kaufentscheidungen bei unseren Kunden: Sie verteilen sich unproportional auf die beiden unterschiedlichsten Gruppen. Wir lernen daraus auch, dass wir den Kaufprozess der Techniker und der Geschäftsführer sorgfältig unter die Lupe nehmen sollten.

Wir sollten jetzt eine Ahnung haben, wo unser Verkaufsproblem herrührt – und genau das schauen wir uns als Nächstes an: das *Wo*-System. Doch zunächst verschaffen wir uns noch mal einen Überblick. Die hier gezeigten Bilder –

numerische Vergleiche, Tortendiagramme und Balkendiagramme – sind nur ein Teil der zahlreichen Möglichkeiten, um das *Wie viel* darzustellen. Wie wir bei den Porträts gesehen haben, erfordern verschiedene Branchen und verschiedene Probleme auch verschiedene Arten der Darstellung, um Mengen zu zeigen, aber genau wie die Porträts sind sie alle nur Variationen desselben Themas. Sie bieten verschiedene Möglichkeiten, um das *Wie viel* des *Wer* und *Was* darzustellen, das wir mit unserem ersten System vorgeführt hatten.

KAPITEL 11

Wo steht unser Unternehmen?

Bilder zur Lösung von WO-Problemen

3

***System 3: Um ein Wo-Problem darzustellen, verwenden Sie eine* Karte.**

Mit dem Finger auf der Landkarte

Gemäß der Zahlen, die wir im vorhergehenden Kapitel betrachtet haben, sind die Chefs und die Techniker bei unseren Kunden für einen überproportionalen Anteil der Käufe verantwortlich. Das war interessant und überraschend: Wir hatten immer angenommen, dass die Buchhalter den Großteil unserer Software kaufen, weil die sie ja schließlich verwenden. Dieses Missverhältnis warf die Frage auf, ob wir die Hierarchie unserer Kunden tatsächlich richtig begreifen; es scheint, dass die Techniker mehr Einfluss besitzen, als wir wussten.

Wir haben also ein *Wo*-Problem – kein geografisches »Wo« in dem Sinne, wer in welchem Gebäude oder in welcher Stadt arbeitet, sondern eher ein strukturelles. Wir möchten erkennen, *wo* die offensichtlich maßgeblichen Techniker im Entscheidungsprozess ihren Platz haben, und zwar im Verhältnis zu den Buchhaltern, Verkäufern und Vorgesetzten. Was wir brauchen, ist eine Karte mit der Organisationsstruktur unseres Kunden. Und auch wenn das streng genommen keine Landkarte ist, gehen wir die Sache so an, als wäre es eine.

ÜBERBLICK: EINE KARTE ZEIGT DAS *WO*

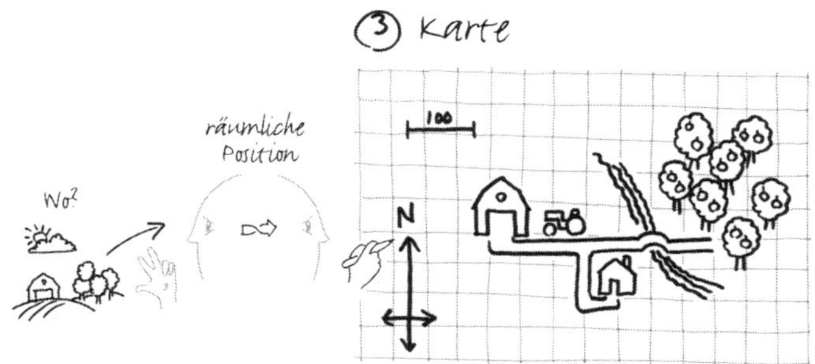

System	*Was wird dargestellt?*	*Koordinaten-system*	*Verhältnis der Objekte zueinander*	*Anfangs-punkt*	*Beispiel*
3. Karte	*Wo*	N, W, O, S, X, Y	Räumliche Position des Objekts	Hervor-stechendstes Merkmal	Karte der Organisationsstruktur

Im Anschluss an das *Wie viel* erkannten wir, *wo* sich die Objekte im Verhältnis zueinander befanden. Wir betrachteten ihre Positionen, ihre relative Orientierung und ihre Entfernung voneinander. Um anderen diese Anordnung zeigen zu können, verwenden wir Karten, mit denen wir Platzierung, Nähe, Überschneidungen, Entfernung und Richtung darstellen können – und das nicht nur in der Geografie: Karten machen jede räumliche Beziehung von Objekten zueinander überraschend deutlich.

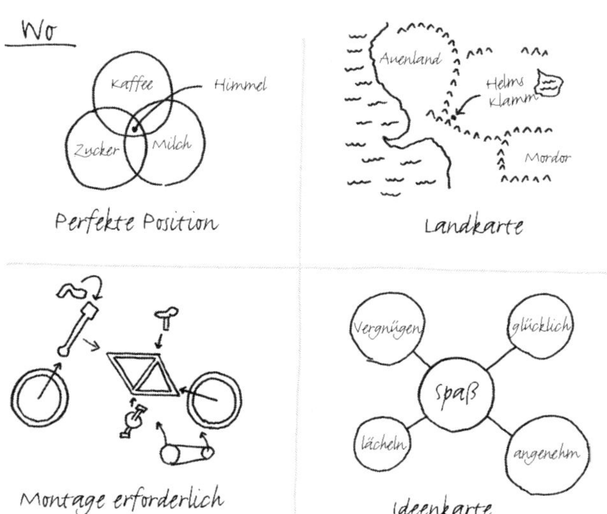

Karten können Venn-Diagramme, schematische Darstellungen, Landkarten, Gedankenkarten sein: Egal wie unterschiedlich sie aussehen, sie werden alle auf dieselbe Weise erstellt und stellen dasselbe dar – die räumliche Beziehung zwischen Objekten.

Aufgrund ihrer Vielseitigkeit sind Karten das flexibelste der sechs Systeme, was zur Folge hat, dass verschiedene Arten von Karten nur geringe äußere Ähnlichkeit aufweisen können. Sie haben trotzdem eine Menge gemeinsam, besonders im Hinblick auf ihre Erstellung und auf die räumlichen Beziehungen, die sie darstellen. Wenn wir damit beginnen, das herausragendste Merkmal unserer »Landschaft« einzuzeichnen – ob das nun ein Berg, eine Person oder ein Gedanke ist –, und die Koordinaten festlegen, ist es verhältnismäßig leicht, weitere Merkmale und Details hinzuzufügen und durch ergänzende Informationen alles von Randbereichen und Entfernungen bis hin zu Verbindungen und Gemeinsamkeiten darzustellen.

Karten sind uns von allen Systemen des visuellen Denkens am meisten vertraut: von Organigrammen (die jeder zeichnen kann) über Venn-Diagramme (die jeder versteht) bis zur guten alten Schatzkarte (die jeder gerne anschaut) werden Karten am häufigsten verwendet.

Karten: Allgemeine Faustregeln

1. **Alles ist geografisch.** Alles, das aus mehreren einzelnen Komponenten zusammengesetzt ist – ob diese Komponenten Städte und Flüsse oder Konzepte und Ideen sind –, kann in einer Karte dargestellt werden. Der visuelle Denker muss sich fragen: »Wenn diese Ideen (oder Wörter, Konzepte, Elemente, Komponenten et cetera) Länder wären, wo würden ihre Grenzen verlaufen – und welche Straßen würden sie miteinander verbinden?«

2. **Norden ist ein Geisteszustand.** Wir sind daran gewohnt, dass Karten ein Nord/Süd- und ein Ost/West-Koordinatensystem haben, in das die Orte und Objekte je nach ihrer räumlichen Position zueinander eingezeichnet sind. Wir können Karten aber auch aus fast allen anderen Gegensatzpaaren erzeugen: gut/schlecht und teuer/billig, hoch/niedrig und Gewinner/Verlierer. Eigentlich ist es das Bestimmen eines sinnvollen Koordinatensystems bei den meisten Karten die einzige Schwierigkeit; sobald es steht, ist das Einzeichnen der Orientierungspunkte ein Leichtes.

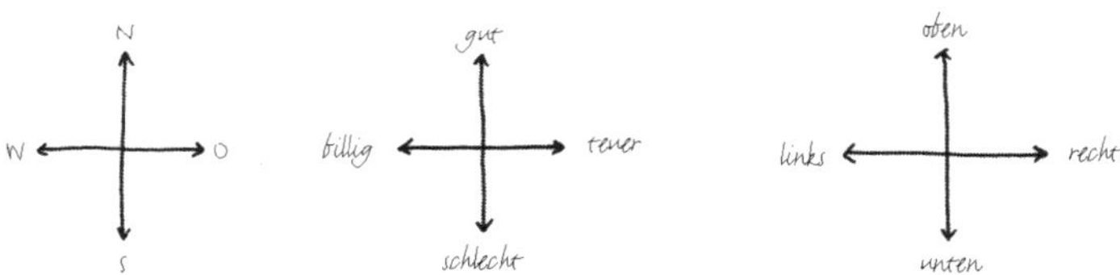

3. **Blicken Sie hinter das Offensichtliche.** Traditionelle (hierarchische) Organigramme eignen sich hervorragend, um die offizielle Befehlskette innerhalb eines Unternehmens darzustellen und zu zeigen, wer für was verantwortlich ist. Wenn es aber darum geht, die weniger offenkundigen – im Allgemeinen jedoch mächtigeren – politischen Verbindungen zu erkennen, leistet eine »Einflusskarte« mit Kreisen oder Verbindungslinien bessere Dienste. Das Datenmaterial für solche Karten ist viel schwerer zu bekommen, aber die Mühe lohnt sich, wenn ein Einblick in die inneren Abläufe eines Unternehmens notwendig ist.

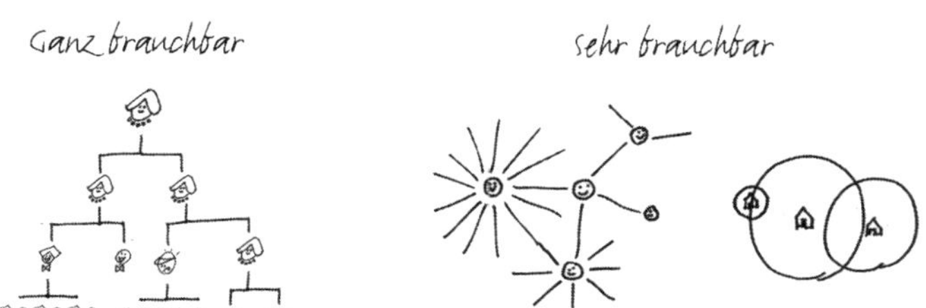

Kehren wir wieder zurück zur SAX Inc.: Wir entnehmen dem Kodex, dass ein *Wo*-Problem eine Karte erfordert, und bei unserem Blick auf SQVID entscheiden wir uns für *simpel, qualitativ, visionär, individuell* und *Stand der Dinge.* Wir werden irgendetwas zwischen Konzeptmodell und Schatzkarte erstellen müssen, um die Firmenstruktur darzustellen. Außerdem wissen wir, dass man eine Karte am besten mit dem herausragendsten Merkmal beginnt, was im Fall unseres Kunden die starke Buchhaltungsabteilung ist, sozusagen die »Fabrik« des gesamten Unternehmens.

Als Erstes zeichnen wir in die Karte mit der Unternehmensstruktur unseres Kunden das herausragendste Merkmal ein: seine riesige Buchhaltungsabteilung.

Auch wenn hier die ganzen Buchhalter sitzen, wissen wir inzwischen, dass die Buchhaltung nicht unsere neue Käuferzielgruppe ist, also legen wir Verzweigungen an und fügen die anderen Abteilungen hinzu.

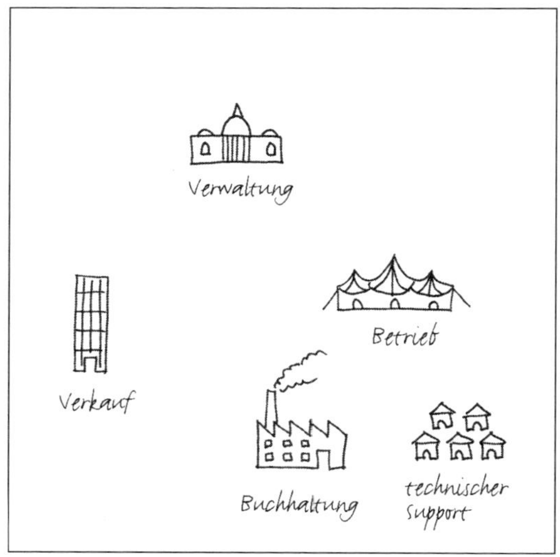

Die Hauptbuchhaltungsfabrik ist umgeben von der Verwaltung, der Verkaufs- und der Supportabteilung.

Wir wissen auch, dass all diese Gruppen wie kleine Lehensgüter geführt werden, deshalb zeichnen wir die Grenzen ein, um herauszufinden, wer vor wem katzbuckelt – und wer überhaupt keine gemeinsamen Grenzlinien hat.

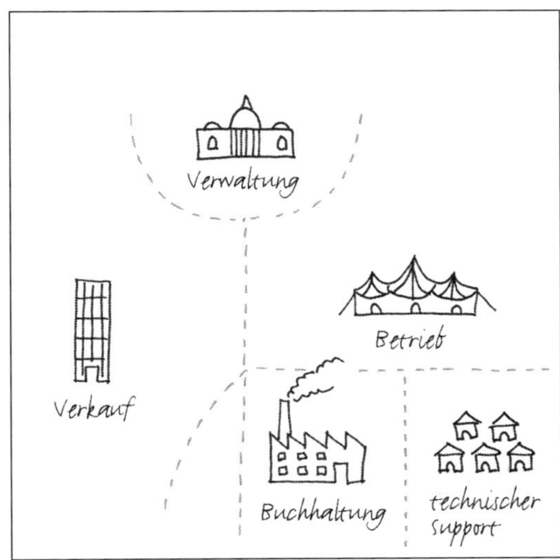

Wenn wir die Grenzen einzeichnen, sehen wir, dass der Verkauf ein unabhängiger Staat ist, der nach eigenen Gesetzen geführt wird, während Betrieb, Buchhaltung und Support viele gemeinsame Grenzen besitzen.

Im echten Leben sind benachbarte Länder durch Straßen verbunden, und das gilt auch für unseren Kunden. Wir bitten einen unserer eigenen Verkäufer – jemanden, der weiß, wie die Dinge dort in Kundenland wirklich laufen –, uns beim Einzeichnen dieser abteilungsübergreifenden Straßenverbindungen zu helfen.

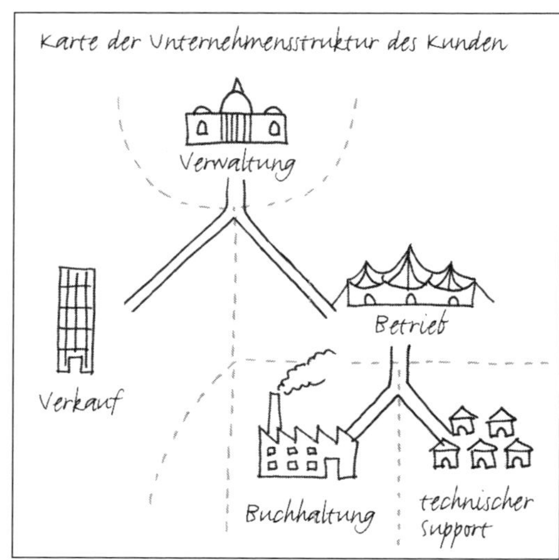

Aufgrund der Einblicke unseres Verkaufspersonals in die Organisation des Kunden zeichnen wir die Straßen zwischen den Abteilungen ein.

Hmm: keine Straße zwischen Verkauf und Buchhaltung. Keine direkte Verbindung bedeutet kaum Einfluss in die eine oder in die andere Richtung, also ist es unwahrscheinlich, dass einer die Kaufentscheidungen des anderen beeinflusst. Okay, wir haben unsere Karte. Jetzt schauen wir mal, wo der Schatz ist.

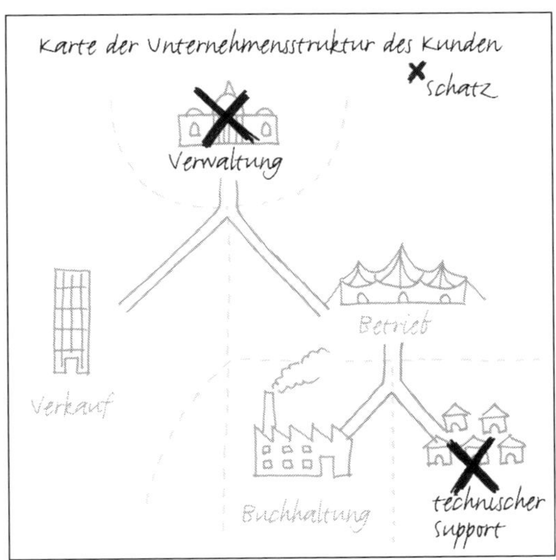

X kennzeichnet die Stellen, wo Schätze vergraben sind (also die Personen, die unsere Software kaufen).

Wir haben jetzt einen Einblick in die Abteilungsstruktur unseres Kunden. Diese Übersicht ist nützlich, doch bei näherem Hinsehen stellen wir fest, dass wir eigentlich die hierarchischen Verbindungen zwischen diesen Kompetenzbereichen herausfinden müssten: wer was entscheidet und wer wen beeinflusst. Also erstellen wir eine weitere Karte derselben »Geografie«, diesmal jedoch mit dem Schwerpunkt auf der wahren Macht – auf den Menschen. Wir wählen denselben Ansatz und beginnen mit dem herausragendsten Merkmal: in diesem Fall Marge, die CEO.

Wir beginnen eine Landkarte mit dem herausragendsten geografischen Merkmal, also fangen wir mit der CEO an.

Da wir alle anderen in ihrem Verhältnis zu Marge abbilden wollen, müssen wir ein Koordinatensystem um sie herum aufbauen, in das wir die nächstherausragenden Merkmale einzeichnen können: Mary (die Leiterin der Verkaufsabteilung) und Mildred (die Betriebsleiterin).

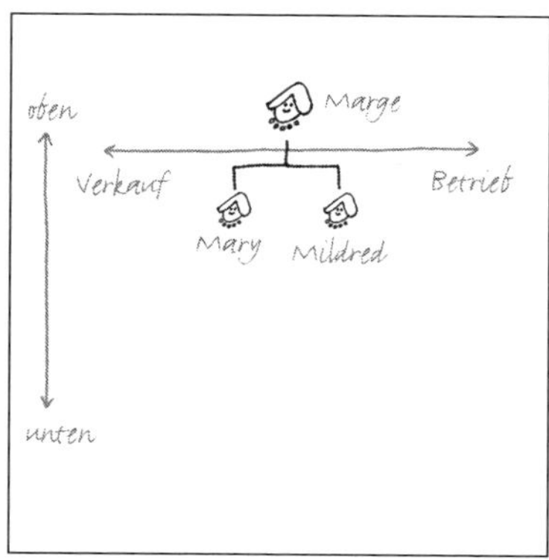

Zwei Linien bezeichnen unser Koordinatensystem und ermöglichen uns das Einzeichnen weiterer Personen.

Als Nächstes stellen wir die mittlere Managementebene dar, die aus Morgan, Tom, Dick und Beth besteht – die wahren Eckpfeiler der Abteilungen des Unternehmens. Dann beschließen wir, die Koordinaten wieder zu entfernen, weil sie die Sache komplizierter machen, und außerdem weiß doch schließlich jeder, wo bei einem Organigramm oben ist.

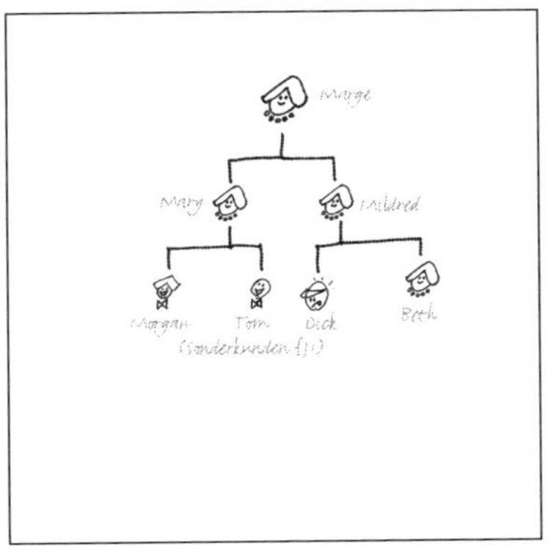

Das mittlere Management erscheint.

Schließlich zeichnen wir das Fußvolk ein. Erstaunlich. Wir haben fast die gesamte Firma kartografiert, aber die Techniker (die Hälfte unserer Käufer) sind noch nicht aufgetaucht.

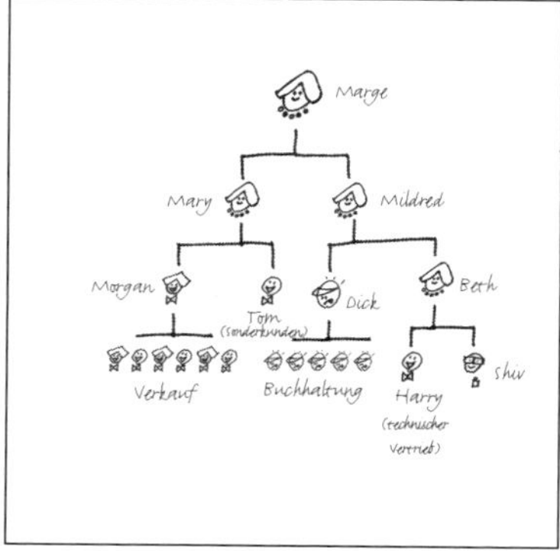

Vier Ebenen, und immer noch kein Techniker zu sehen.

Noch eine letzte Ebene, dann tauchen sie endlich auf, ganz unten an der Basis, weit weg von Marge und den Geschäftsführern und ohne irgendwelche erkennbaren Verbindungen zum Verkaufsteam. Tja, das war's: Nur noch die Überschrift hinzufügen, und schon haben wir eine organisatorische Karte unseres Kunden, welche die hierarchische Position jeder einzelnen Gruppe im Verhältnis zu den anderen abbildet.

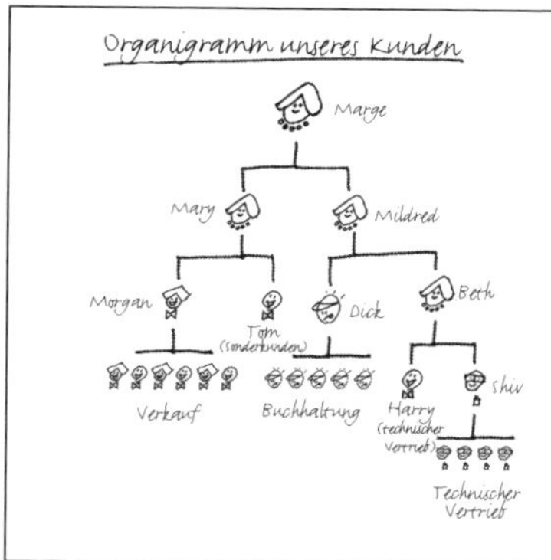

Wir sind fertig: eine vollständige Karte der hierarchischen Organisationsstruktur unseres Kunden.

Organigramme wie dieses sind das beste Beispiel für eine unternehmerische *Wo*-Karte: ihre Erstellung zeigt, wie leicht es ist, die räumlichen Beziehungen verschiedener Objekte auf übersichtliche Art darzustellen, und – was sogar noch besser ist – Organigramme gehören zu jenen Karten, die jeder mit Überzeugung zeichnen kann (einschließlich, *insbesondere einschließlich* derjenigen, die immer sagen »Ich bin nicht so der visuelle Typ«). Wenn uns irgendjemand bäte, die Funktionsweise unseres Unternehmens zu skizzieren, wäre unser erstes (und höchstwahrscheinlich einziges) Bild ein hierarchisches, von oben nach unten verlaufendes Organigramm.

Jeder von uns hat schon mal ein Organigramm gesehen, jeder versteht es, und jeder findet es beruhigend, sich selbst und die Menschen, die er kennt, in einem so eindeutigen System konkret dargestellt zu sehen, egal ob er mit seiner Position darin zufrieden ist oder nicht. Da Organigramme unser Vertrauen in die Weltordnung stärken, betrachten wir sie als präzise Spiegelung des Einflusses, den Personen innerhalb der Organisation aufeinander ausüben. Diese Überzeugung ist zwar stichhaltig genug, um Organigrammen den Platz als beliebtestes geschäftlich genutztes Bild aller Zeiten zu sichern, kann jedoch auch grob irreführend sein. Tatsächlich sind das Bedeutsamste an einem Organigramm oft die Dinge, die nicht darin zu sehen sind. Aber um das zu erkennen, müssen wir eine andere Betrachtungsweise wählen.

Ich werde Ihnen sagen, was ich meine. Wenn wir unser Organigramm anschauen, begegnen wir einer Anomalie.

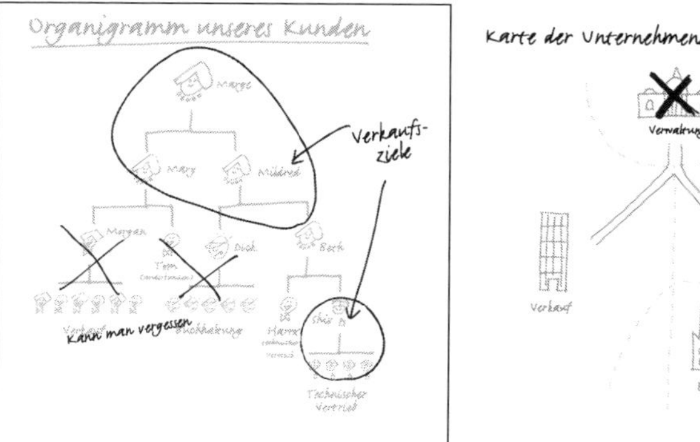

Keine der beiden Karten zeigt eine direkte Verbindung zwischen der Geschäftsleitung und den Technikern – was ist da los?

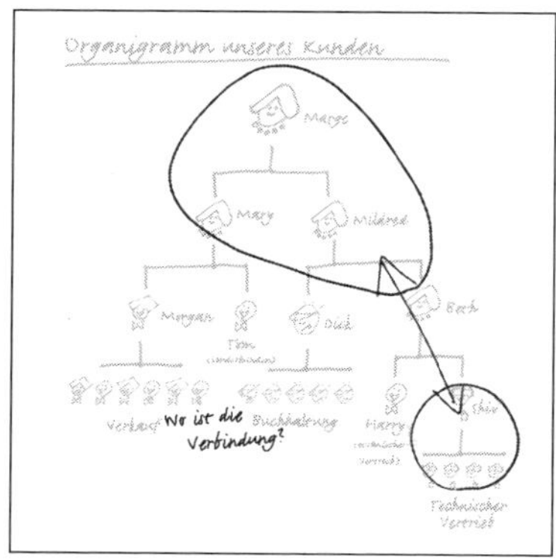

Welches ist die entscheidende Verbindung zwischen Geschäftsführung und Technikern?

Unseren Zahlen zufolge sind die Geschäftsführer und die Techniker die großen Käufer, aber organisationstechnisch sind sie so weit voneinander entfernt, wie es nur möglich ist – und unsere erste Karte der Unternehmensstruktur wies keinerlei »Verbindungsstraßen« zwischen ihnen auf.

Wir könnten sagen, dass wir jetzt zwei verschiedene Verkaufsziele innerhalb derselben Kundenorganisation haben, die jeweils einen eigenen Marketingansatz erfordern, aber besser wäre, wenn wir die Beziehungen zwischen den beiden Gruppen klären. Wenn wir die Verbindung besser verstehen, finden wir vielleicht einen einzigen, kosteneffektiveren Marketingansatz, der sowohl für die Geschäftsführer als auch für die Techniker geeignet ist. Das klingt mühsam, aber es lohnt mit Sicherheit die Mühe, wenn wir den roten Faden finden.

Wir sind ratlos, doch dann erzählt unser eigener Verkäufer – derjenige, der sich dort genau auskennt – von Jason, dem Wunderknaben unter den Technikern unseres Kunden. Es stellt sich heraus, dass Jason vor zwei Jahren die Fachschule beendet hat, hier bei unserem Kunden seinen ersten Job hat und ein wahres Genie im Reparieren von Laptops ist. Er hat bereits einen so guten Ruf errungen, dass jeder nach ihm fragt, wenn er ein Problem hat, und Jason konnte für Mildred, die Betriebsleiterin, bereits so viele Probleme lösen, dass sie sich in allen technologischen Fragen auf Jasons Sachverstand verlässt. Das ist also die Verbindung: Jason. Der Bursche am untersten Ende der Hierarchie erweist sich als derjenige mit dem besten Zugang zu Technik im gesamten Unternehmen.

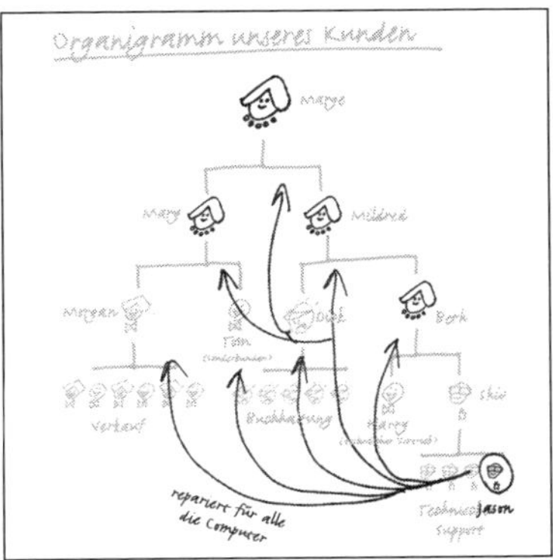

Aha! Es stellt sich heraus, dass Jason – der Bursche am untersten Ende der Hierarchie derjenige ist, nach dem alle rufen, wenn ihr Computer nicht funktioniert.

Wir haben jetzt sowohl die Schwächen als auch die Stärken eines traditionellen Organigramms kennengelernt. Da es immer die »offizielle« Struktur darstellt, erhellt es viele der menschlichen Verbindungen nicht, die den Laden am Laufen halten. Andererseits: Ist ein Organigramm erst mal erstellt, bildet es ein wunderbares Gerüst für die Darstellung der wirklichen Einflusssphären.

Größe ist einer jener visuellen Hinweise, die wir ohne Zögern begreifen. Wenn wir über das soeben erstellte Organigramm weitere Schichten zeichnen sollten, könnten wir anhand von Größe rasch Jasons wahren Einfluss innerhalb unserer Kundenlandschaft darstellen. Nehmen wir also das Organigramm und zeichnen wir Kreise in verschiedenen Größen ein, um den relativen technischen Einfluss jeder Person anzuzeigen.

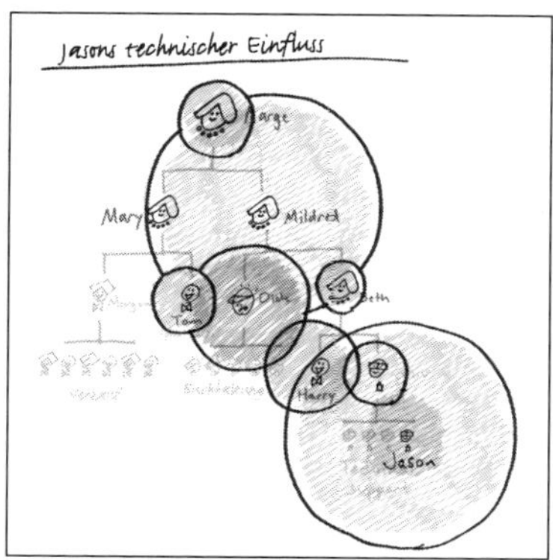

Jasons wahre Bedeutung wird deutlich, wenn wir verschieden große Kreise verwenden, um seinen technischen Einfluss auf das mittlere Management und die Geschäftsführung anzuzeigen.

Wir haben das fehlende Glied gefunden: Jason. Und wenn er bei den Entscheidungsträgern im gesamten Unternehmen Gehör findet, verleiht ihm das enormen Einfluss auf technologische Kaufentscheidungen. Ob er den Kauf tatsächlich durchführt oder nicht, in jedem Fall beeinflusst er ihn – sowohl in der Technik- und in der Buchhaltungsabteilung, die für die meisten Gesamtkäufe verantwortlich sind, als auch bei den Geschäftsführern, welche die größte Zahl an Einzelkäufen durchführen. Bei so viel Einfluss ist es sinnvoll herauszufinden, was Jason über eine bestimmte Software an Gutem (oder Schlechtem) zu sagen hat.

Als Ausgangspunkt kehren wir zurück zu dem Porträt, mit dem wir dargestellt haben, wonach jeder unserer Kunden bei der Auswahl von Software sucht, aber diesmal versuchen wir, die Verbindungen einzuflechten – vielleicht können wir erkennen, was in Jason vorgeht. Wir beginnen ganz oben und erinnern uns, dass die Geschäftsleitung nach Sicherheit verlangt.

Die Geschäftsführung schätzt vor allem die Sicherheit von Software.

Dann erinnern wir uns, dass die Buchhalter Verlässlichkeit wollen, die sich leicht mit der Sicherheit überschneidet.

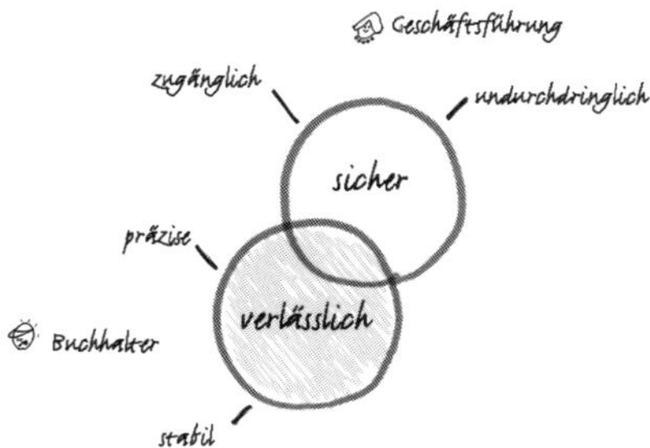

Die Zuverlässigkeit, die Buchhalter wollen, überschneidet sich zum Teil mit den Wünschen der Geschäftsführung.

Jason, der auf allen Ebenen des Unternehmens zu Hause ist, weiß, dass eine gute Software nicht nur seinen eigenen Flexibilitätskriterien entspricht (leicht mit anderen Systemen zu verknüpfen und leicht zu aktualisieren), sondern auch die Bedürfnisse von Geschäftsführung und Buchhaltung erfüllt. Und Jason kennt ihre Bedürfnisse, denn er muss sich ja immer anhören, wenn etwas schiefgeht. Das bedeutet, die einzige Person im Unternehmen, die weiß, was eine Software können muss, und gleichzeitig genügend Einfluss besitzt, um Kaufentscheidungen auf allen Hierarchieebenen zu beeinflussen, ist der Typ, der es kaum auf das Organigramm geschafft hat.

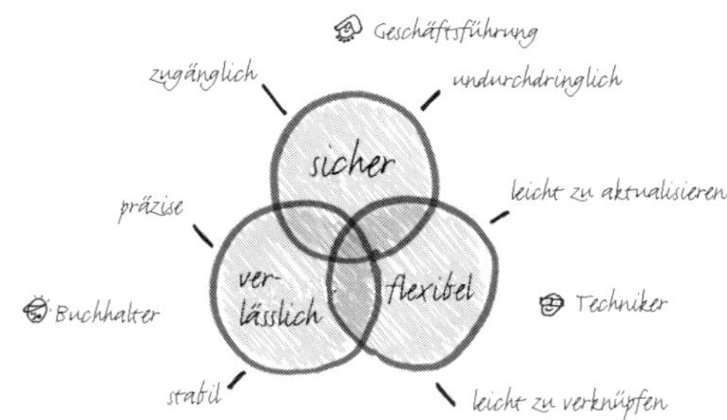

Jasons Verständnis von Software überschneidet sich mit dem der Geschäftsführung und der Buchhaltung.

Eine solche Karte nennt sich Venn-Diagramm und wird eingesetzt, um räumliche Überschneidungen zwischen jeder Art von Objekten darzustellen, sogar von Ideen. Venn-Diagramme gehören zur Oberkategorie der »Konzeptkarten«, die keinerlei Ähnlichkeit sowohl mit der Schatzkarte als auch mit den Organigrammen besitzen, die wir erstellt haben, aber genau denselben Zweck erfüllen: Sie zeigen dieselbe Art der Wahrnehmung *(wo)*, sie haben dasselbe Koordinatensystem (räumlich: oben/unten, rechts/links, vorne/hinten), werden gleich erzeugt (mit dem herausragendsten Merkmal anfangen und die anderen in ihren relativen Positionen dazu anordnen) und stellen dasselbe dar – die relative Position verschiedener Objekte *im Raum*.

Da das Venn-Diagramm uns hier so gute Dienste erweist, indem es uns zeigt, worauf Jason bei der Buchhaltungssoftware Wert legt, verwenden wir eine ähnliche, aber ausführlichere Konzeptkarte, um die Grundeigenschaften *unserer* Super-Chefbuchhalter-Software (SCS) aufzuzeigen. Dieses Bild führt uns vor Augen, an welcher Stelle des Systems wir Verbesserungen vornehmen können, um Jasons Kriterien für eine perfekte Buchhaltungssoftware zu erfüllen: Sicherheit, Verlässlichkeit und Flexibilität.

Wie bei jeder visuellen Aufgabe beginnen wir mit dem *Hinschauen*, also haben wir hier eine Liste aller wichtigen SCS-Komponenten zusammengetragen. Obwohl die Liste in Kategorien unterteilt ist, lassen sich keine Beziehungen zwischen den Komponenten erkennen.

Haupteigenschaften der Super-Chefbuchhalter-Software

GESCHÄFTSBERICHTE
Forderungen:
- Einkäufe
- Vorbestellungen
Verbindlichkeiten
- Kosten
- Lohn und Gehalt

BERICHTSWESEN
- Gewinn + Verlust
- Bilanz
- Steuern

BANKWESEN
- Bankkonten
- Kreditkarten
- Kundenkredite

KUNDENBERICHTE
- Verträge
- Verkäufe
- Kontakte

MITARBEITERBERICHTE
- Gehalt
- Sonderleistungen
- Kontakte

Geschäftsrechner
Hirn des Systems

Buchhaltungswesen
Herz des Systems

Eigenschaften unserer Software: eine vollständige Liste, die jedoch keine gegenseitigen Beziehungen abbildet.

Wir wissen, dass wir eine Karte am besten mit dem herausragendsten Merkmal beginnen. Hier wird der letzte Punkt auf der Liste, Buchhaltungswesen, als »Herz des Systems« bezeichnet, das klingt vielversprechend. Wenn dies also wirklich das Herz ist, zeichnen wir es in die Mitte.

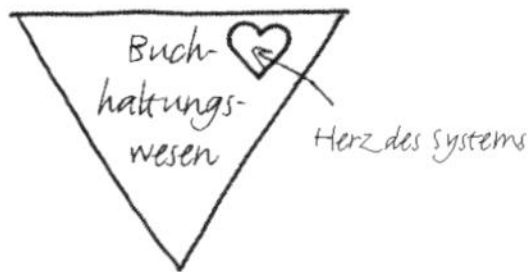

Wir beginnen mit dem Herzen.

Das Herz jeden Systems ist mit allen Hauptkomponenten verbunden, also platzieren wir die Kategorieüberschriften darum herum. Es scheint Parallelen zwischen Mitarbeiterberichten (Mitarbeiter) und Kundenberichten (Kunden) zu geben, also kommen sie auf dieselbe Ebene; das Gleiche gilt für Berichtswesen (Bericht) und Bankwesen (Bank).

Konzeptmodell der Super-Chefbuchhalter-Software

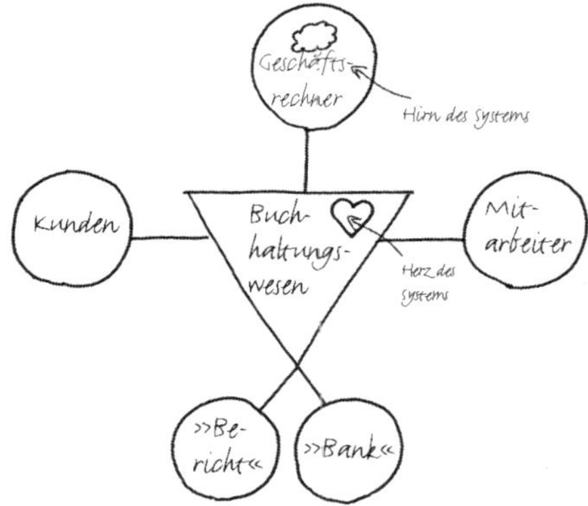

Dann ordnen wir die Hauptkategorien um das Herz herum an.

Okay, das ist eine Möglichkeit, die Grundbausteine unserer Software zu betrachten – und sie ähnelt sehr dem Venn-Diagramm, nur dass es hier mehr Komponenten gibt und sie sich nicht so sehr überschneiden. Jetzt, wo wir die Hauptkategorien haben, können wir weitere daraus abgeleitete Unterkomponenten hinzufügen. Im Zuge dessen tauchen Verbindungen zwischen Komponenten auf, die in der ursprünglichen Liste nicht zu sehen waren.

Konzeptmodell der Super-Chefbuchhalter-Software

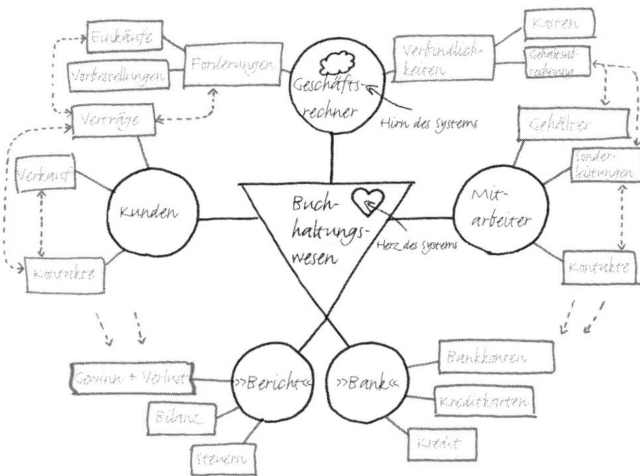

Mit den hinzugefügten Subkomponenten erhalten wir eine vollständige schematische Darstellung unserer Software. Wir sehen sogar Verbindungen auftauchen, die in der ursprünglichen Liste nicht zu erkennen waren.

Nachdem wir nun eine Möglichkeit gefunden haben, unser Softwarepaket zu betrachten, wollen wir diejenigen Bereiche einzeichnen, die verbessert werden müssen, um den wachsenden Kundenansprüchen zu genügen. Um die Sicherheit zu erhöhen, brauchen wir einen verbesserten Schutz derjenigen Bereiche, an denen die meisten Informationen in das System hinein- und aus dem System herausfließen: der Bank-Komponenten, die mit separaten Systemen und den Banken verbunden sind, und die Bericht-Komponenten, die Informationen an passwortgeschützte Websites weiterleiten.

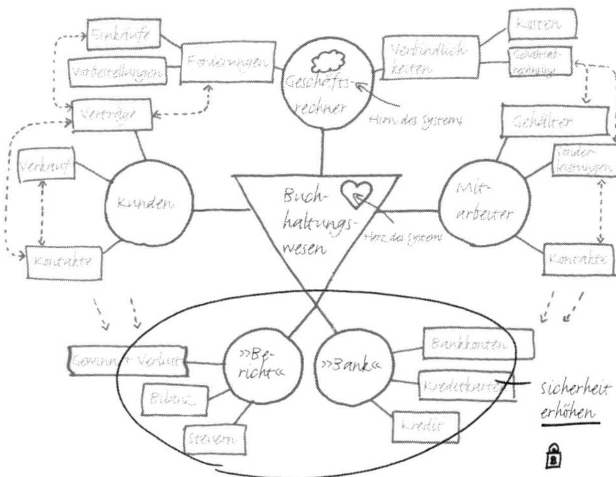

Um dem Wunsch der Geschäftsführung nach mehr Sicherheit zu entsprechen, müssen wir die Bank- und die Bericht-Bereiche unserer Anwendung anpassen.

Ganz ähnlich können wir jetzt klar diejenigen Komponenten benennen, die wir zur Verbesserung der Verlässlichkeit modifizieren müssen, nämlich Geschäftsrechner und Buchhaltungswesen.

Konzeptmodell der Super-Chefbuchhalter-Software

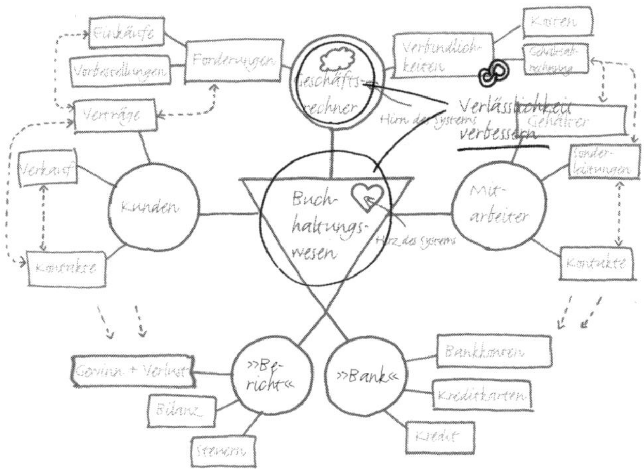

Um dem Kundenwunsch nach verbesserter Verlässlichkeit nachzukommen, müssen wir Geschäftsrechner (»das Hirn des Systems«) und Buchhaltungswesen (»das Herz des Systems«) anpassen.

Am wichtigsten jedoch ist, zumindest aus Jasons Perspektive, dass wir mit dieser Karte unseres Systems jetzt auch bestimmen können, wo sich die Flexibilität verbessern lässt. Wie wir sehen, gibt es zahlreiche Bereiche, wo die verschiedenen Komponenten ineinandergreifen, und an diesen Verbindungspunkten können wir die größten Veränderungen vornehmen.

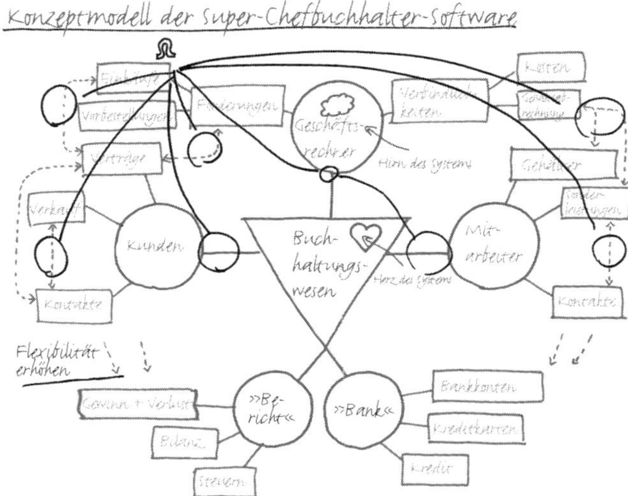

An diesen Stellen wünscht Jason sich Verbesserungen: Jede Vereinfachung und Standardisierung der Verbindungen zwischen Systemkomponenten erhöht die Flexibilität.

Da haben wir's: Wenn wir Veränderungen an unserer Software vornehmen wollen, sollten wir mit diesen Bereichen anfangen. Diese Karten zeigen uns nicht nur, auf welche Softwareverbesserungen wir uns konzentrieren sollten, sondern auch wie vielschichtig die Integration unseres Systems ist. Um so viele Veränderungen vorzunehmen, brauchen wir ein größeres Projekt – das wird Monate dauern. Im nächsten Kapitel über Zeitstrahlen schauen wir uns an, wie lange so ein Projekt dauert und *wann* wir jeden einzelnen Schritt abgeschlossen haben müssen.

KAPITEL 12

Bis wann kann das erledigt sein?

Bilder zur Lösung von WANN-Problemen

4

System 4: Um ein Wann-*Problem* darzustellen, verwenden Sie einen Zeitstrahl.

Ein Schritt nach dem anderen

Wir wissen jetzt, wo wir unsere Software verändern müssen, um sie für unsere wichtigsten Käufer attraktiver zu machen. Angenommen, wir können unsere Vorstandsebene davon überzeugen, dass diese Veränderungen der richtige Weg sind, um die Verkaufszahlen zu erhöhen (eine kühne Annahme, aber wir werden ihr noch wiederbegegnen, wenn es um das *Warum*-System geht), dann lautet die nächste Frage, wie lange das dauern wird. Benötigen wir für die Upgrades ein paar Wochen, ein paar Monate oder ein Jahr und mehr? Eindeutig stehen wir jetzt vor einem *Wann*-Problem, und laut Kodex präsentieren wir das am besten mit einem Zeitstrahl.

ÜBERBLICK: EIN ZEITSTRAHL ZEIGT DAS *WANN*

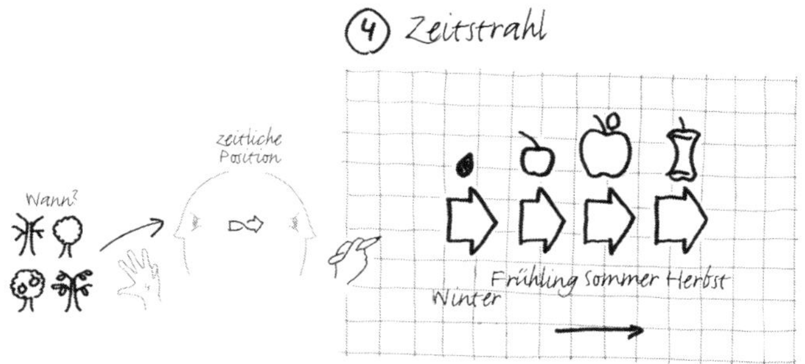

System	*Was wird dargestellt?*	*Koordinaten-system*	*Verhältnis der Objekte zueinander*	*Anfangs-punkt*	*Beispiel*
4. Zeitstrahl	*Wann*	Jetzt Zeit Zukunft	Zeitliche Position des Objekts	Anfang ODER Ende	Herausgabeprozess

Nachdem wir das *Wo* betrachtet haben – und ein bisschen Zeit vergangen ist –, haben wir den Wandel von Objekten auf jede der vorangegangenen Arten beobachtet: im Hinblick auf Qualität, Menge oder Position. Um jemand anderem diese Veränderungen zu zeigen, verwenden wir einen Zeitstrahl, der die verschiedenen Zustände unseres Objekts zu verschiedenen Zeitpunkten oder das Verhältnis dieser Objekte zueinander im Laufe der Zeit darstellt.

Zeitstrahlen: Allgemeine Faustregeln

1. **Die Zeit ist eine Einbahnstraße.** Diskussionen über die vierte Dimension und die grundlegende Natur der Zeit sind zwar faszinierend, aber irrelevant für die Art von Problemen, denen wir im Geschäftsalltag typischerweise begegnen. Für unsere Zwecke stellen wir uns die Zeit als eine gerade Linie vor, die immer von gestern nach morgen führt und immer von links nach rechts verläuft. Mag sein, dass die erste Regel auf Zeitreisende nicht zutrifft und die zweite nur eine kulturelle Übereinkunft ist, aber beide sind sinnvolle Standards, die wir alle wiedererkennen und auf die wir uns einigen können.

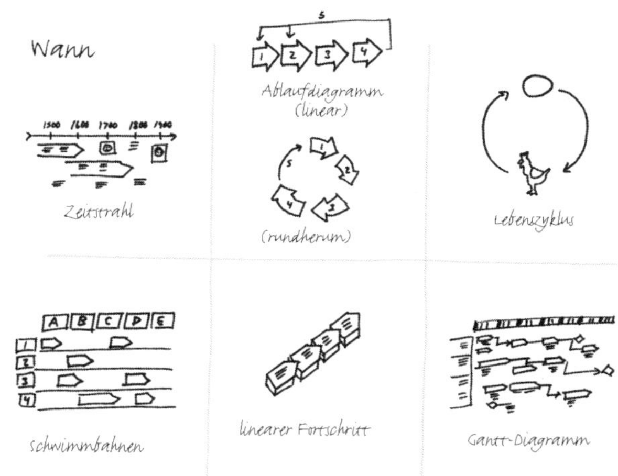

Lebenszyklen, Ablaufdiagramme, Gantt-Diagramme, Fortschritte, Schwimmbahnen: Zeitstrahlen können die verschiedensten Formen haben, doch sie zeigen alle dasselbe – *wann* im Zeitablauf eine Handlung relativ zu anderen stattfindet.

2. **Die Wiederholung von Zeitstrahlen erzeugt Lebenszyklen.** Huhn und Ei, steigende und fallende Marktzyklen, Tage zu Monaten zu Jahren – Zeitstrahlen wiederholen sich oft immer wieder. In diesem Fall können wir sie als Lebenszyklen bezeichnen und entweder als endlosen Kreis darstellen oder als einen wiederkehrenden »Zurück-zum-Anfang«-Pfeil am Ende des Strahls. Für unsere Zwecke ist es unerheblich, ob der Zeitstrahl sich wiederholt oder nicht, wir bauen ihn auf dieselbe Weise auf. Wenn wir den Startpunkt nicht festlegen können, wählen wir einen wichtigen Meilenstein irgendwo im Verlauf des Zyklus und fangen dort an.

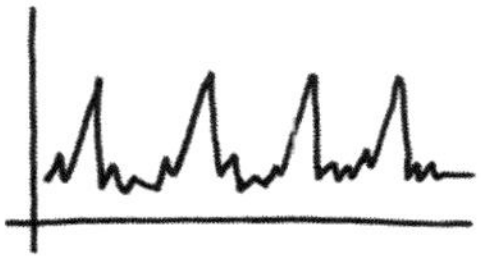

3. **Rund versus linear.** Sowohl eine Uhr als auch ein Lineal bestehen aus einer einzigen Linie, nur dass die Erstere zufällig zu sich selbst zurückkehrt. Kreisförmige Zeitstrahlen sind zwar in vieler Hinsicht die präzisere Darstellung eines sich wiederholenden Lebenszyklus, aber es ist fast immer besser, mit geraden Linien zu arbeiten. Sie sind nicht nur leichter zu zeichnen (besonders wenn die einzelnen Stufen mit ausführlichen Texten beschriftet werden), sondern auch leichter zu lesen und leichter zu behalten. Kreisförmige Zeitstrahlen und Kalender (zum Beispiel der alten Azteken oder moderner Astrologen) sind toll, wenn Sie vor allem die fortlaufende Wiederkehr eines bestimmten Zyklus betonen wollen, doch selbst dann ist es ratsam, eine Version mit einer geraden Linie zu schaffen, um Details hinzufügen zu können.

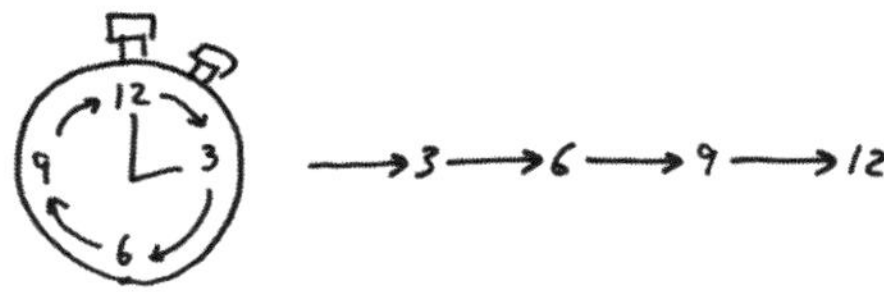

Um nun einen Zeitstrahl für SAX Inc. zu erstellen, müssen wir mit einem Koordinatensystem anfangen. Das ist leicht, denn ein Zeitstrahl zeigt ja die Beziehungen von Dingen im Laufe der Zeit. Wir fangen in der Gegenwart an und zeigen den Ablauf der Zeit, indem wir uns weiter nach rechts bewegen. Da wir bei SAX schon seit langem Software entwickeln und genau wissen, wie man etwas in Gang bringt, starten wir diesen Zeitstrahl am Anfangspunkt: Entdeckung.

Bei SAX Inc. beginnen wir jedes Projekt, indem wir das generelle Problem bestimmen, um das es sich handelt. Das nennen wir die »Entdeckungsphase«, und auf diesem Weg sind wir schon weit vorangeschritten: indem wir nach Möglichkeiten gesucht haben, unsere Buchhaltungssoftware für Jason attraktiver zu machen.

Softwareentwicklungsprozess in unserem Unternehmen

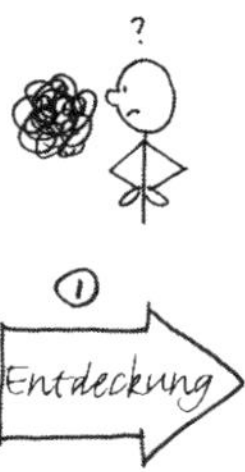

Jedes Softwareentwicklungsprojekt beginnen wir mit »Entdeckung«, indem wir das zu lösende Problem auf den Punkt bringen.

Nachdem wir einen guten Zugang zu dem Problem gefunden haben, fangen wir an, mögliche Lösungen zu suchen. Das nennen wir »Planungsdesign«, und an dieser Stelle legen wir die Besonderheiten dessen fest, was wir zustande bringen wollen.

Softwareentwicklungsprozess in unserem Unternehmen

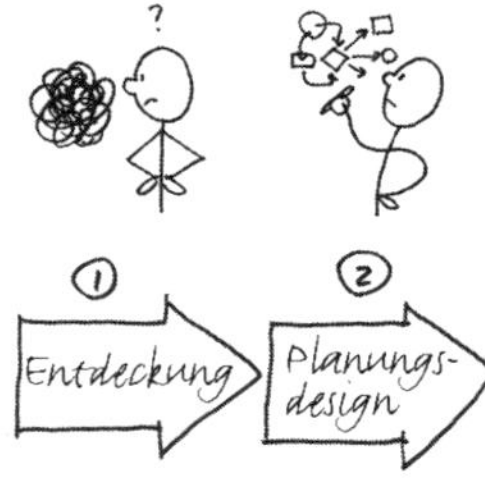

Im »Planungsdesign« suchen wir nach Lösungen und legen fest, wie die Sache aussehen soll.

Nachdem die Lösung entworfen wurde, müssen wir sie umsetzen. An dieser Stelle kommt die »Entwicklung« ins Spiel: das Programm muss geschrieben werden, sowohl für alle individuellen Softwarefunktionen als auch für die gesamte Anwendung.

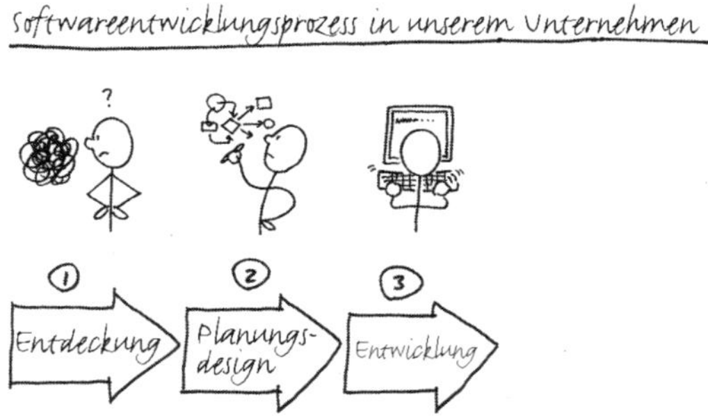

»Entwicklung« ist, wenn das Programm geschrieben und die Anwendung erstellt wird.

Wenn dann alles geschrieben ist, muss es getestet werden … und noch mal getestet und wieder getestet. Die nächste Phase besteht aus nichts weiter als Tests: Fehlertests, Vorabtests, Tests mit einer kleinen Kundengruppe und schließlich Tests der Kundenakzeptanz mit einer größeren Gruppe.

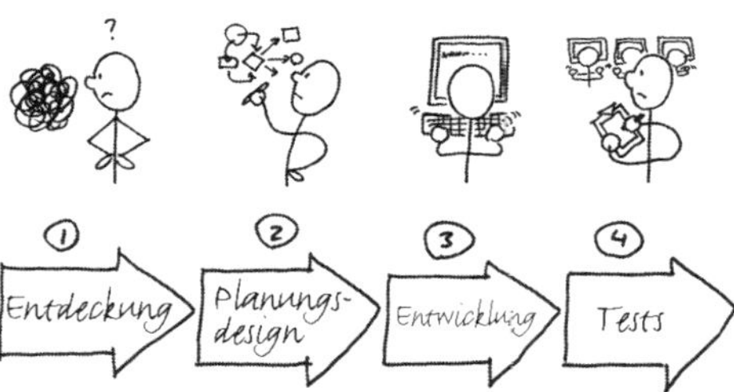

In der vierten Phase wird getestet und noch mal getestet, um sicherzugehen, dass die Anwendung auch macht, was sie soll.

Wenn die Tests abgeschlossen und alle Fehler behoben sind, kann der Verkauf beginnen. Diese letzte Phase nennen wir »Bereitstellung«, denn an dieser Stelle packen wir unsere Software zusammen und überlassen sie unseren Kunden zum Gebrauch. Gleichzeitig übergeben wir die Anwendung an unsere Kundendienstabteilung, damit wir mit der Arbeit an der nächsten Version beginnen können.

»Bereitstellung« bedeutet, dass wir die Software an die Kunden verkaufen und alles an die Kundendienstabteilung übergeben. Unser Entwicklungsprozess ist abgeschlossen.

Das war's: unser Zeitstrahl zur Softwareentwicklung. Das war *simpel, qualitativ, durchführungsorientiert, individuell, Stand der Dinge* – also genauso, wie wir es nach SQVID machen sollen, wenn unsere Zielgruppe neu in der Softwarebranche ist und etwas über die wichtigsten Schritte erfahren will. Es ist ein guter Anfang, aber wir müssen viel mehr ins Detail gehen, wenn wir den Zeitstrahl wirklich anwenden wollen. Nehmen wir also die einfache Übersicht als Ausgangspunkt und überarbeiten sie, diesmal mit dem Schwerpunkt auf dem *Ausführlichen* und *Quantitativen*. Derselbe Zeitstrahl, nur mit einer anderen Absicht im Hinterkopf.

Das erste Manko des vorhergehenden Zeitstrahls war, dass er die Zeit nicht präzise widerspiegelte. Er zeigte zwar die einzelnen Schritte im Verlauf der Zeit, aber nicht wie lange die fünf Phasen jeweils dauerten. Wir müssen also als Erstes die Pfeile für die einzelnen Phasen verlängern, um die relative Dauer anzuzeigen – die wir kennen, weil wir diesen Prozess ja schon viele Male durchlaufen haben.

Die fünf Phasen dauern unterschiedlich lange, die Entwicklung mehr als doppelt so lange wie die anderen.

Aus der Erfahrung heraus können wir gut abschätzen, wie viele Wochen und Monate jede Phase realistischerweise dauert, also können wir jetzt einen Kalender einzeichnen.

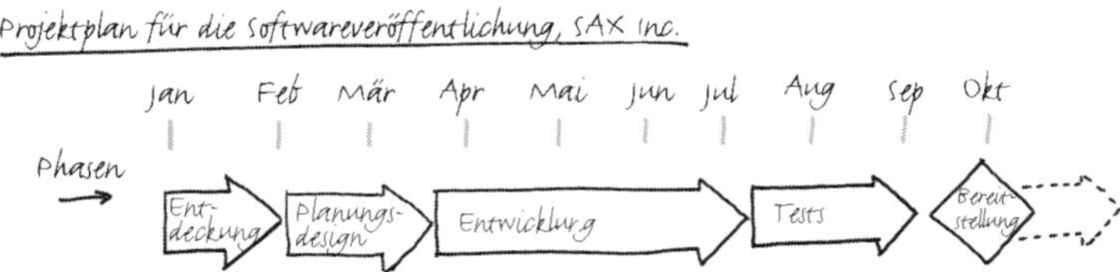

Durch den Kalender wird der Zeitstrahl präziser.

Eine Menge Leute sind an diesem Projekt beteiligt, deshalb erstellen wir eine Liste aller Projektteams und zeichnen sie seitlich senkrecht ein, wo wir ihre individuellen Aktivitäten in jeder Phase darstellen können.

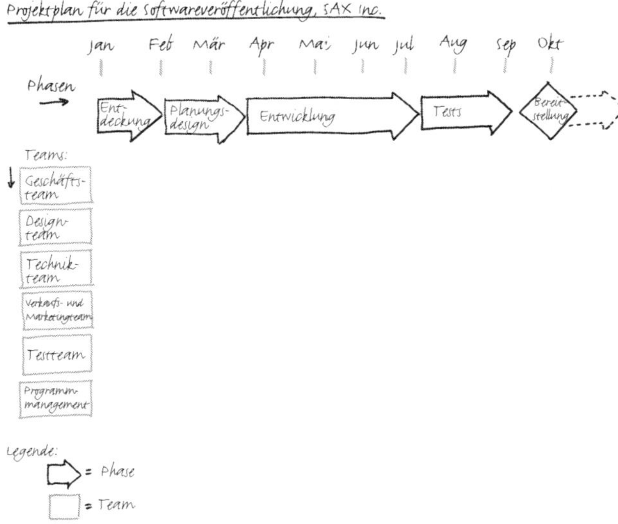

Wir fügen an der Seite senkrecht die Teams hinzu, damit wir ihre individuellen Aktivitäten während jeder Phase darstellen können.

Jetzt haben wir zwei Koordinaten eingerichtet, genau wie bei den Diagrammen und Karten zuvor, aber diesmal werden auch verschiedene *Arten* von Informationen auf demselben Spielfeld abgebildet: *wer* (unsere Teams) und *wann* (unser Zeitstrahl). Auf der Grundlage dieser beiden Koordinaten können wir nun das *Was* einzeichnen, und wir beginnen mit den entscheidenden Meilensteinen, die das Ende der einen und den Anfang der nächsten Phase markieren.

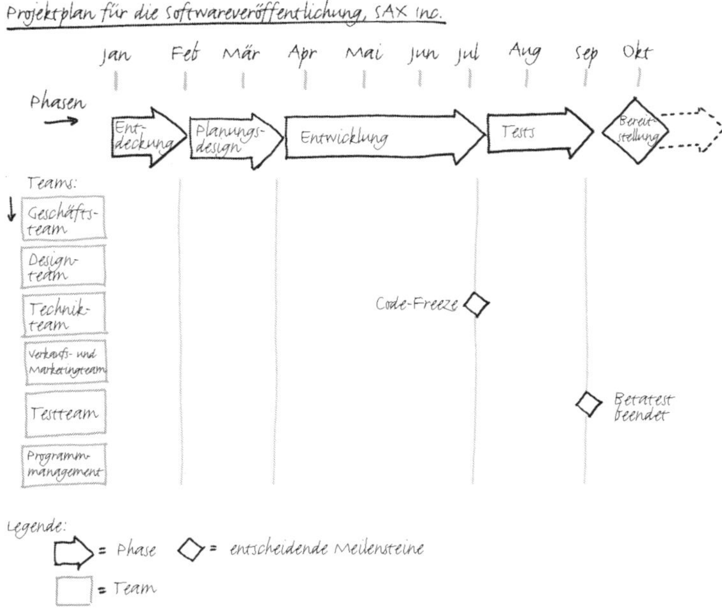

Durch das Einzeichnen entscheidender Meilensteine zeigen wir die Auslöser, die das Ende einer Phase und den Beginn einer neuen markieren.

Woher wissen wir nun, wann ein solcher Meilenstein erreicht ist? Meilensteine sind nichts körperlich Existentes, sie sind nur vordefinierte Augenblicke. Wir wissen, dass wir sie erreicht haben, indem wir messen, was wir bereits erledigt haben – im Falle eines Projekts sind diese greifbaren Dinge die »Deliverables«. Wenn beispielsweise das Geschäftsteam die »geschäftlichen Grundprinzipien« schriftlich fixiert hat, das Designteam die »Kundenwunschstudie« und das Verkaufs- und Marketingteam seine »Marktstudie«, dann können wir sagen, dass ein problemdefinierter Meilenstein erreicht wurde, und mit dem Planungsdesign beginnen.

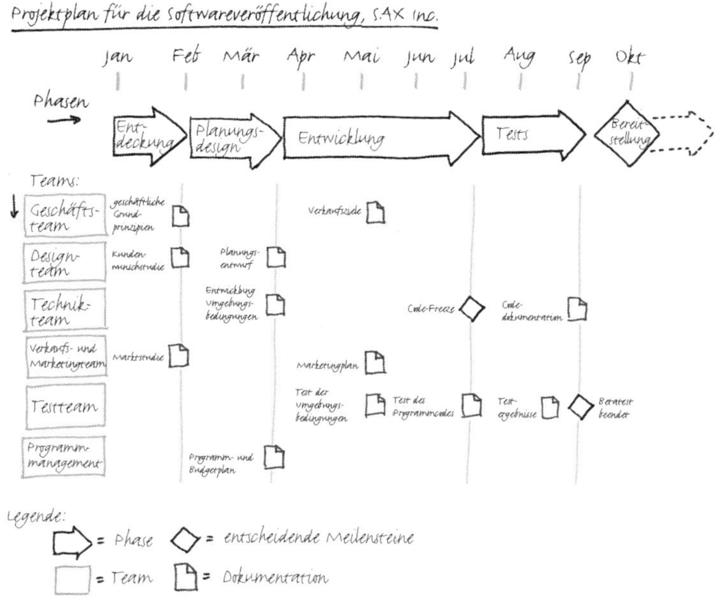

Die individuellen Deliverables jedes Teams zeigen an, welche physischen Resultate vorliegen müssen, um einen Meilenstein zu erreichen, das heißt um eine Phase zu beenden und die nächste zu beginnen.

Deliverables mögen inhaltlich wertvoll sein, aber sie sind lediglich die Endergebnisse all der Mühen, die in sie eingeflossen sind. Es ist entscheidend für die Planung, dass wir im Auge behalten, wann die Deliverables fällig sind, aber wir müssen auch darauf achten, was für ihre Vollendung erforderlich ist. Dazu verwenden wir Work Streams: Das sind die Aufgabenlisten, die jedes Team der Reihe nach abarbeiten muss, um seine Deliverables fertigzustellen. Das Einzeichnen der Work Streams vervollständigt diesen detaillierteren Zeitstrahl, sodass wir jetzt erkennen können, wie lange das Projekt dauern wird.

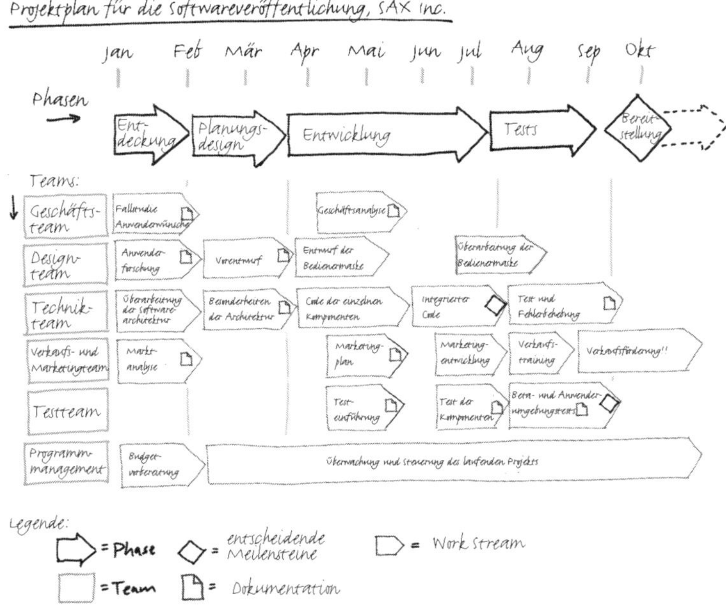

Wenn wir die Work Streams jedes einzelnen Teams einzeichnen, sehen wir schließlich alles, was zur kompletten Durchführung dieses Projekts erforderlich ist, und wie lange es dauern wird: neun Monate.

Neun Monate vom grünen Licht bis hin zum Ausliefern der Software an den Kunden: Jetzt sehen wir, was für einen enormen zeitlichen Aufwand es bedeutet, unsere Anwendung zu aktualisieren. Mit den monatlichen Kosten für die Gehälter und die Aufwendungen für alle Teammitglieder kommen wir auf 9 Millionen Dollar. Das ist eine hohe Anforderung für ein Unternehmen unserer Größe, deshalb wollen wir, bevor wir zur Geschäftsführung gehen, erst mal sehen, wie viel diese 9 Millionen Dollar im Vergleich zu den Kosten der vorhergehenden Entwicklungszyklen sind.

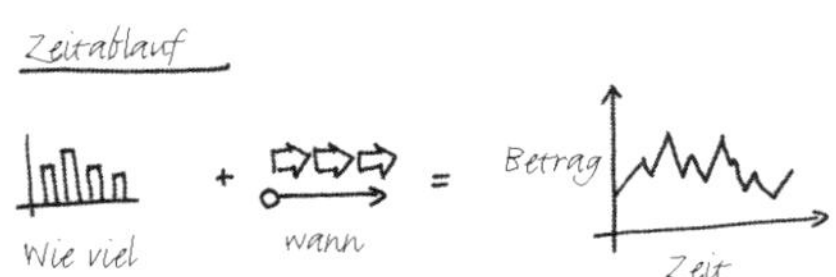

Ein Zeitablaufdiagramm ist die Kombination einer Zeitstrahlachse mit einem typischen *Wie-viel*-Diagramm: Es zeigt Mengenschwankungen im Verlaufe der Zeit.

Dazu werden wir unser erstes Mischsystem verwenden, das Zeitablaufdiagramm. Wir sind ihm noch nicht begegnet, aber es wird uns trotzdem vertraut vorkommen – es ist lediglich eine Kombination aus einem *Wie-viel*-Diagramm und einem *Wann*-Zeitstrahl, zwei Systeme, die wir bereits gut kennen. Wie der Name schon sagt, zeigt ein Zeitablaufdiagramm die Veränderungen einer Menge im Laufe der Zeit. In diesem System verschmelzen die Koordinatensysteme der beiden zugrunde liegenden Systeme und bilden das Steigen und Fallen von Preisen, Quoten, Zahlen, Temperaturen ab – was auch immer zu verschiedenen Zeitpunkten gemessen werden kann.

Das Zeitablaufdiagramm lässt uns erkennen, wie hoch die Kosten eines kompletten Softwareentwicklungszyklus heute im Vergleich zu früher sind. Wenn wir 9 Millionen Dollar verlangen, sollten wir schon vorher ganz genau wissen, ob das mehr oder weniger ist als zuvor. Wenn es weniger ist, dürfte die Sache relativ leicht werden, wenn es mehr ist, müssen wir das Projekt auf besonders solide Füße stellen.

Wie bei jedem anderen Zeitstrahl bildet die horizontale Koordinate die Zeit ab, und wie bei jeder anderen Grafik bildet die vertikale Koordinate die Menge ab. In diese Koordinaten können wir nun die Entwicklungskosten der vergangenen Jahre einzeichnen, die Informationen erhalten wir aus unseren vorhergehenden Projektmanagement-Aufzeichnungen. SAX Inc. brachte die erste Version der Super-Chefbuchhalter-Software 1996 heraus, also fangen wir damit an. In jenem ersten Jahr kostete die Entwicklung von SCS Version 1 weniger als 500.000 Dollar, und ein Team von zehn Personen arbeitete beinahe ein Jahr daran, auch nachts und an Wochenenden. Die Kosten der zweiten Version, die zwei Jahre später eingeführt wurde, vervierfachten sich auf 2 Millionen Dollar. Der Grund: das Team war auf 40 Personen gewachsen, und mehr Leute kosten eben mehr Geld. Im Jahr 2000 kostete es fast 6 Millionen Dollar, um SCS 3 auf den Markt zu bringen, die Version, mit der SAX Inc. zum Branchenführer wurde.

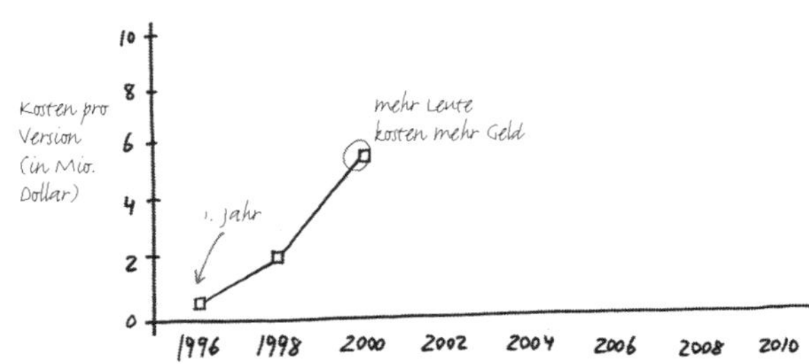

Dieses Zeitablaufdiagramm vergleicht die Entwicklungskosten der alle zwei Jahre stattfindenden Veröffentlichungszyklen. Als SAX Inc. 1996 startete, kostete die Erstellung der Originalanwendung 500.000 Dollar. Zwei Jahre später betrugen die Kosten das Vierfache, und nach zwei weiteren Jahren waren sie erneut gestiegen – auf 6 Millionen Dollar.

Dann kam der Einbruch. Ende 2001 brach der gesamte Markt zusammen, und SAX Inc. musste Entlassungen vornehmen, um zu überleben. Wir schafften es, weiterhin verbesserte Versionen von SCS herauszubringen, aber die Entwicklungskosten gingen nach unten, weil die Teams kleiner wurden und das Unternehmen mit jeder Version weniger hohe Ziele verfolgte.

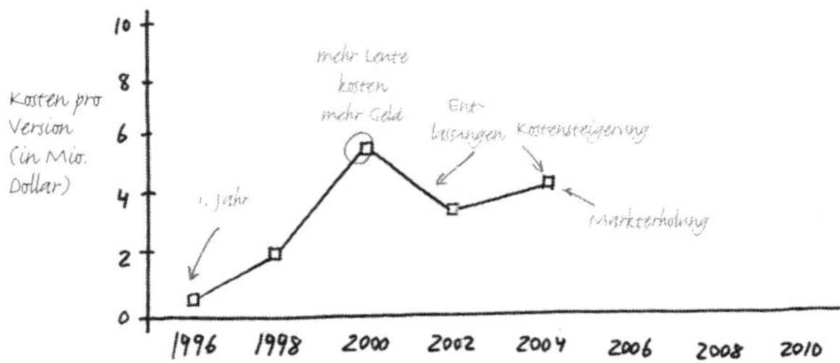

Boom: Mit dem Marktzusammenbruch sanken die Entwicklungskosten aufgrund von Entlassungen, doch sie stiegen wieder an, als der Markt sich 2004 erholte.

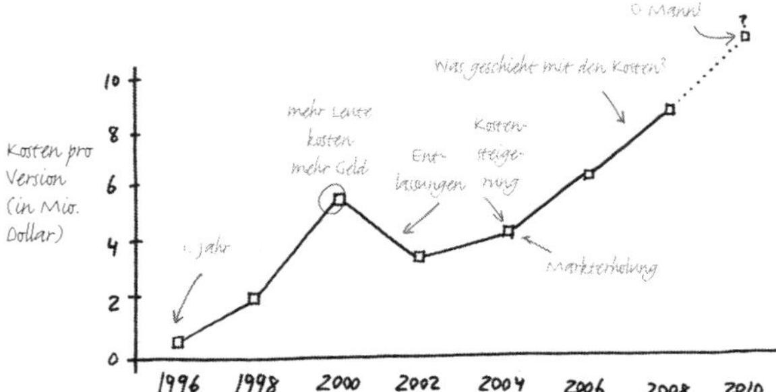

Seit 2004 steigen die Entwicklungskosten kontinuierlich mit jeder Version. Wenn wir also jetzt mit der 9-Millionen-Dollar-Version weitermachen, sind wir auf dem richtigen Weg.

Seither sind die Entwicklungskosten mit jeder Version gestiegen. SCS 6, das 2006 herauskam, kostete über 6 Millionen Dollar und übertraf damit den bisherigen Höchstwert von 2000. In Anbetracht der Entwicklung seit 2002 scheinen Kosten in Höhe von 9 Millionen Dollar genau im Rahmen des Erwarteten zu liegen.

Das ist aber nicht die ganze Geschichte. So gerne wir jetzt zur Geschäftsführung gingen, um 9 Millionen Dollar zu verlangen und ihnen zur Rechtfertigung der Kosten dieses Zeitablaufdiagramm zu zeigen, wir wissen, dass sie uns nach etwas fragen werden, was wir selbst noch nicht herausgefunden haben: Wie verhalten sich diese Kosten zum Gesamtumsatz des Unternehmens?

Um das in Erfahrung zu bringen, erstellen wir ein weiteres Zeitablaufdiagramm mit genau derselben horizontalen Zeitachse, nur dass die vertikale Achse diesmal den Unternehmensgesamtumsatz darstellt, was bedeutet, dass wir die Skala von maximal 10 Millionen (der Höchstbetrag, der jemals für eine Version ausgegeben wurde) auf 40 Millionen erweitern müssen, was dem höchsten Umsatz entspricht. Wieder zeichnen wir die Zahlen seit 1996 ein, als der Unternehmensumsatz bei etwa 1 Million Dollar lag, über die nächsten vier Jahre, als der Umsatz auf 21 Millionen Dollar hochschnellte. Wieder sehen wir im Jahr 2001 die Blase platzen: In den nächsten beiden Jahren fällt der Umsatz um mehr als die Hälfte, und selbst nach der Markterholung gibt es noch eine Abwärtstendenz.

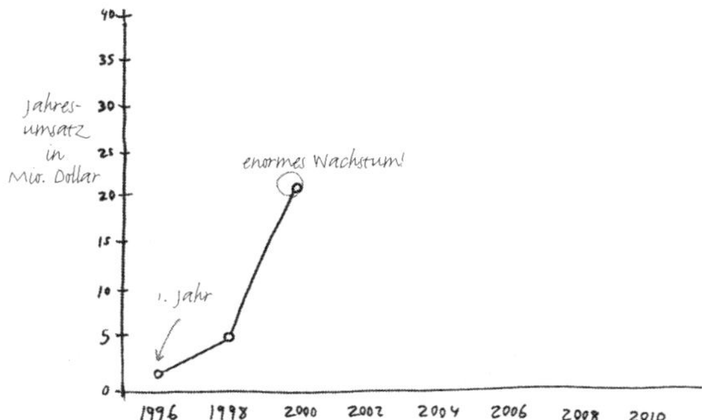

Wir verwenden noch mal dasselbe Zeitablaufdiagramm, aber diesmal mit dem Unternehmensumsatz statt mit den Projektkosten, weshalb wir die Skala auf der vertikalen Achse bis auf 40 Millionen erweitern müssen.

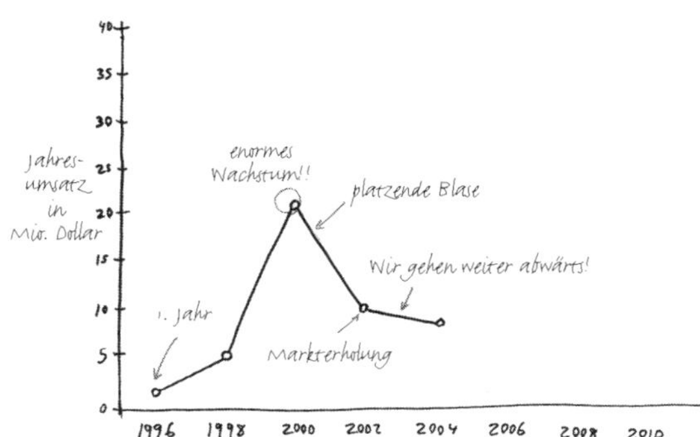

Im Jahr 2001 sank der Umsatz, und das setzte sich auch nach der Markterholung fort.

2004 zogen die Umsätze dann wieder stark an und stiegen innerhalb von zwei Jahren auf 30 Millionen Dollar. Dann … tja, dann passierte nicht mehr viel: Umsätze und Verkäufe stagnierten. Was uns wieder zurück zu dem Problem bringt, das uns mit dem *Wer/was*-System anfangen ließ.

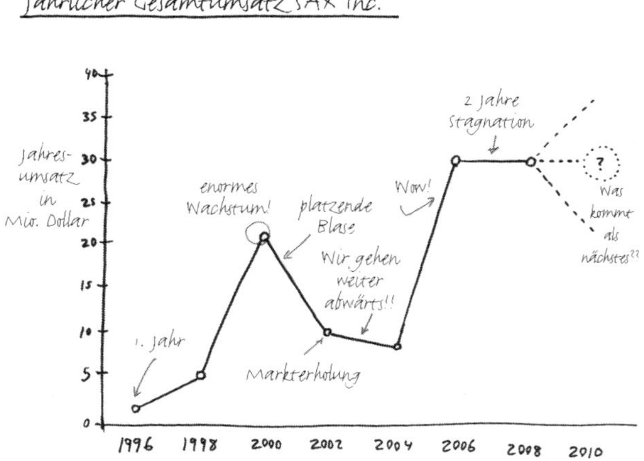

Zwischen 2004 und 2006 stiegen die Umsätze stark an, und dann blieb alles unverändert.

Jedes für sich betrachtet teilen uns diese beiden Diagramme zwei Dinge mit: Das erste hat uns gezeigt, dass die Entwicklungskosten mit einer scheinbar kontinuierlichen Steigerungsrate nach oben gehen; das zweite beweist, dass die Umsätze stagnieren (obwohl sie immer noch hoch sind). Die wahren Erkenntnisse – und Fragen – tauchen aber erst auf, wenn wir die beiden übereinanderlegen. Dazu müssen wir ein bisschen tricksen. Da die vertikalen Skalen unterschiedlich sind, müssen wir das Kostendiagramm nach unten zusammendrücken, um die Zahlen in Einklang zu bringen.

Bei einheitlichen Zahlen können wir Äpfeln mit Äpfeln vergleichen und erkennen, wie die Entwicklungskosten im Vergleich zu den Umsätzen schwanken.

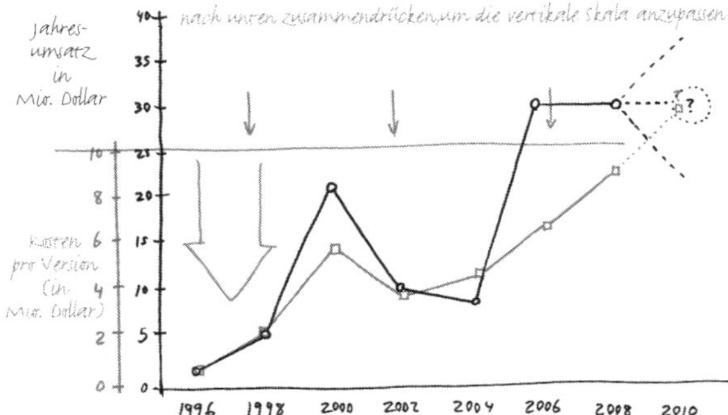

Wenn wir das erste Diagramm über das zweite legen, müssen wir es nach unten zusammendrücken um die Zahlen auf der vertikalen Achse anzugleichen.

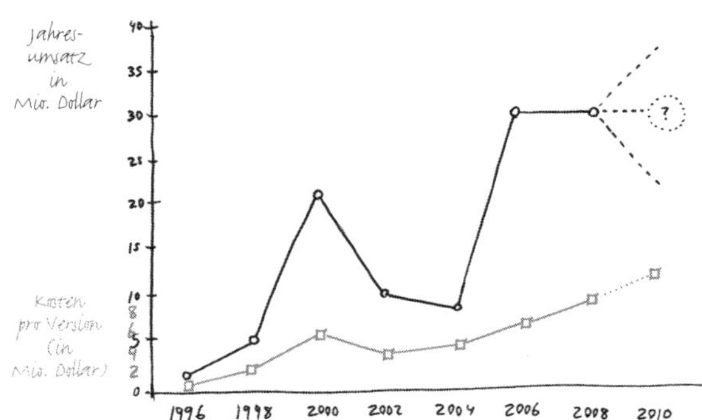

Ein Diagramm zeigt Entwicklungkosten und Umsätze nebeneinander, sodass wir sie leicht miteinander vergleichen können.

Wir hören bereits die Antwort der Geschäftsführung auf unsere 9-Millionen-Dollar-Anfrage: *Wenn vor vier Jahren eine 30-prozentige Kostensteigerung zu einer 300-prozentigen Umsatzsteigerung geführt hat, aber vor zwei Jahren eine weitere 30-prozentige Kostensteigerung nur eine Umsatzstagnation bewirkte, wer sagt dann, dass* noch eine *30-prozentige Kostensteigerung überhaupt irgendetwas nützt?*

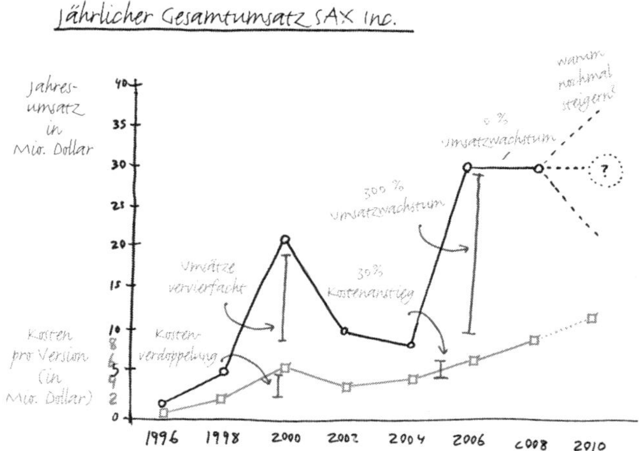

Gute Frage: Die Umsätze gehen nicht nach oben, warum sollten das dann die Kosten tun?

Wir sehen also, welche Frage wir werden beantworten müssen, jetzt müssen wir nur noch herausfinden, wie.

KAPITEL 13

Wie können wir das Geschäft ankurbeln?

Bilder zur Lösung von WIE-Problemen

System 5: Um ein Wie-Problem darzustellen, verwenden Sie ein Ablaufdiagramm.

Wie kriegen wir das hin?

Wir stehen vor einem neuen Problem: Wie können wir die Geschäftsführung überzeugen *(wie können wir uns selbst überzeugen),* dass eine Ausgabe von 9 Millionen Dollar für die Verbesserung unserer Software das richtige Mittel ist, um den Verkauf wieder anzukurbeln? Sehen wir den Tatsachen ins Auge: Von den Wünschen des untersten Burschen in der Unternehmenshierarchie bis zu einem 9-Millionen-Dollar-Projekt ist es ein ganz schöner Sprung, nicht wahr?

So gesehen schon. Aber vielleicht ist das nicht die richtige Schlussfolgerung. Lassen Sie uns doch einfach gar nicht schlussfolgern: Lassen Sie uns lieber *zeigen*, wir wir zu dieser Schlussfolgerung gelangt sind.

ÜBERBLICK: EIN ABLAUFDIAGRAMM ZEIGT DAS *WIE*

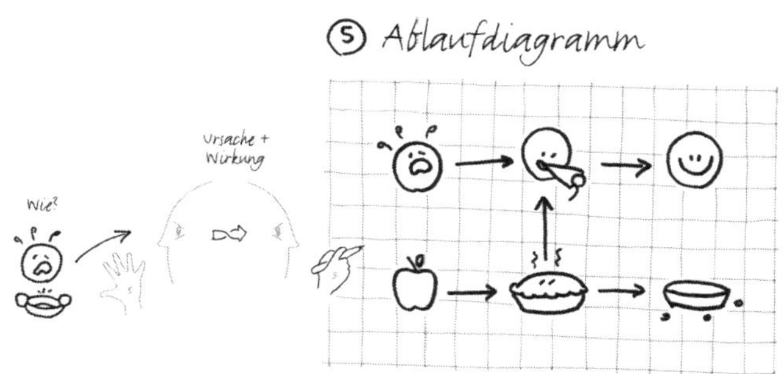

System	*Was wird dargestellt?*	*Koordinaten-system*	*Verhältnis der Objekte zueinander*	*Anfangs-punkt*	*Beispiel*
5. Ablauf-diagramm	Wie	Handlung Reaktion	Gegenseitige Beeinflus-sung der Objekte	Beginn Handlung Reaktion	Arbeitsablauf

Bei der Betrachtung der Interaktion verschiedener Objekte im Laufe der Zeit – Veränderungen der Qualität, der Zahl oder der Position, aber jetzt mit sichtbarem gegenseitigem Einfluss – haben wir Ursache und Wirkung kennengelernt: wir haben gesehen, wie die Dinge funktionieren. Der Kodex sagt uns, dass wir zur Darstellung von Ursache und Wirkung ein Ablaufdiagramm verwenden sollen.

Wir fangen aber nicht mit einem ausgeklügelten Ablaufdiagramm an, in dem wir Jasons Softwareansprüche visuell mit einer kompletten Überarbeitung unserer Plattform in Verbindung bringen. Zum Aufwärmen nehmen wir etwas Einfacheres (aber ebenso Nützliches). Sehen wir uns mal an, wie die Geschäftsführung unseres Unternehmens so große Finanzentscheidungen trifft.

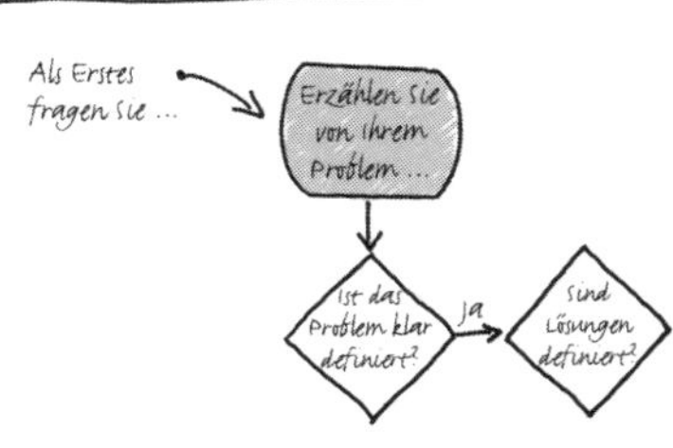

Wie Unternehmensentscheidungen getroffen werden, Teil 1: Als Erstes bittet uns der Geschäftsführer, von unserem Problem zu erzählen.

Die Systemtabelle sagt uns, dass die Koordinaten eines Ablaufdiagramms von *Handlung* bis *Reaktion* verlaufen und dass der Ausgangspunkt immer die Ursprungshandlung sein sollte. Also fangen wir mit dem an, was der Geschäftsführer als Erstes sagen wird, wenn wir mit unseren Grafiken und Diagrammen auftauchen: »Ist Ihr Problem klar definiert?«, gefolgt von: »Haben Sie sich schon über Lösungen Gedanken gemacht?«

Da wir wissen, dass er uns aus dem Büro wirft, falls eine der Antworten auf diese Fragen nein lautet, ziehen wir unsere Problemdefinition und unsere beispielhaften Lösungsvorschläge aus der Tasche.

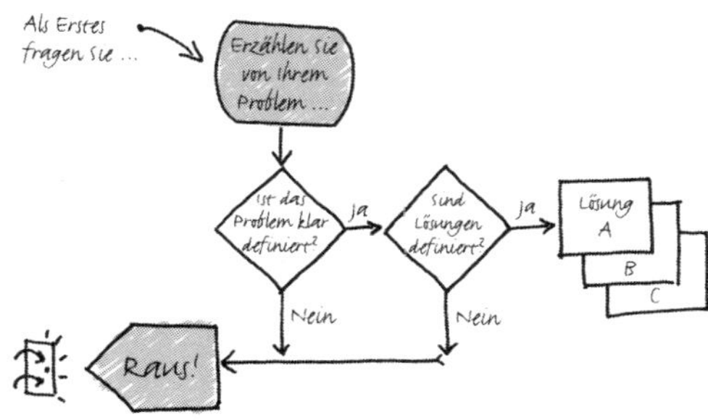

Teil 2: Wenn weder das Problem noch irgendeine potenzielle Lösung definiert sind, ist das Gespräch beendet. Haben wir dagegen ein paar mögliche Lösungen parat, ist der Geschäftsführer ganz Ohr.

Als Nächstes kommt die Diskussion der Lösungen: Sind sie technisch machbar? Falls nein, vergessen Sie's. Falls ja, sind sie finanziell vernünftig? Wieder gilt: falls nein, gehen Sie zurück auf Los. Aber falls ja, kommt der Härtetest: die »Bauchprobe«. Unsere Chefs sind schon lange im Softwaregeschäft und haben ein Gespür dafür, was funktionieren kann und was nicht. Also fragen sie sich: »Kann das Problem damit wirklich gelöst werden?« Dann fangen sie an nachzudenken.

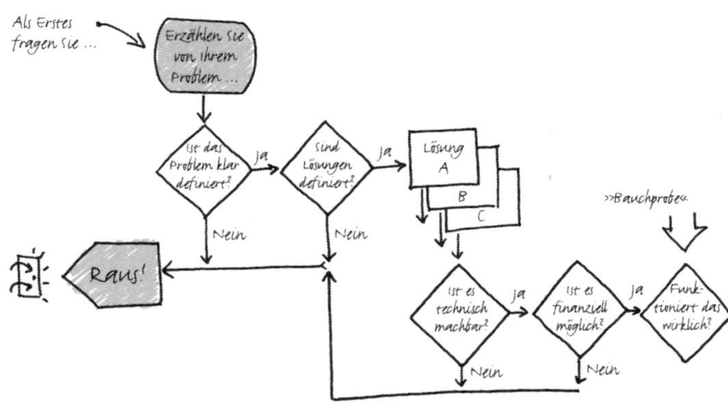

Wenn die von uns vorgeschlagenen Lösungen weder technisch noch finanziell machbar sind, werden sie abgelehnt. Wenn sie aber diese beiden Hürden passiert haben, stehen sie vor der größten Prüfung: der »Bauchprobe«.

Wenn das Bauchgefühl des Geschäftsführers ihm sagt, dass eine wenigstens 75-prozentige Erfolgsaussicht besteht, gibt er grünes Licht, und wir haben es geschafft.

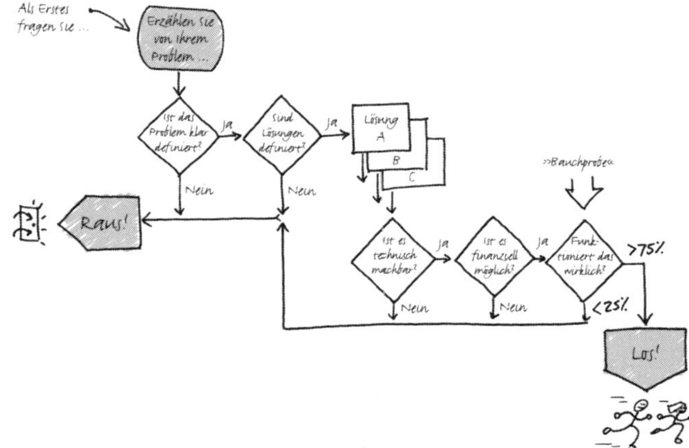

Wenn es sich so anfühlt, als hätte unsere Lösung eine 75-prozentige Erfolgschance, haben wir es geschafft. Falls nicht, sollten wir uns etwas anderes einfallen lassen.

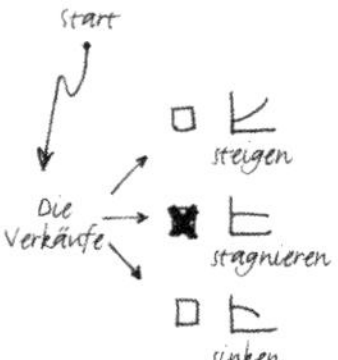

Wir müssen unser Problem definieren. In diesem Fall ist es groß und offensichtlich: Die Verkäufe steigen nicht, aber sie fallen auch nicht – nein, sie stagnieren einfach.

Jetzt wissen wir, was uns erwartet, wenn wir in den großen Konferenzraum gehen. Das Erste, was wir brauchen, ist ein wohldefiniertes Problem und eine dazugehörige potenzielle Lösung. Wir wollen also mithilfe desselben Ablaufdiagramms unser Verständnis des ursprünglichen Problems noch einmal illustrieren, aber diesmal wird es ein bisschen komplizierter – und sogar unser Ausgangspunkt ist negativ: stagnierende Verkäufe.

Wir können mindestens drei potenzielle Gründe für stagnierende Verkäufe finden: Erstens, unsere Kunden wachsen selbst nicht (was nicht stimmt; sie sind während der letzten zwei Jahre alle um mindestens 20 Prozent jährlich gewachsen), oder sie brauchen unsere Software nicht mehr (stimmt auch nicht; unser Produkt ist das umfassendste in dieser Wachstumsbranche, und es dauert mindestens ein Jahr, ehe irgendein Mitbewerber eine ähnliche Bandbreite von Leistungen anbietet). Nein, der einzige andere wahrscheinliche Grund ist, dass das Produkt die Kunden einfach nicht begeistert.

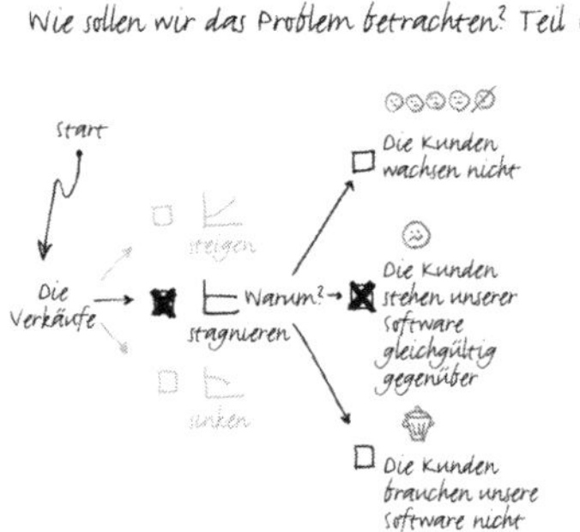

Die vernünftigste Erklärung für den stagnierenden Verkauf ist, dass das Produkt die Kunden einfach nicht mehr begeistert.

Wir können uns zwei mögliche Gründe für die Gleichgültigkeit der Kunden vorstellen: Entweder stellt unsere Software sie nicht zufrieden, oder wir erreichen nicht die richtigen Kunden. Beides könnte durchaus den Tatsachen entsprechen. Interessanterweise erfordert beides dasselbe – ein besseres Verständnis dessen, wer unsere Kunden sind und was sie wollen.

Wie sollen wir das Problem betrachten? Teil 1

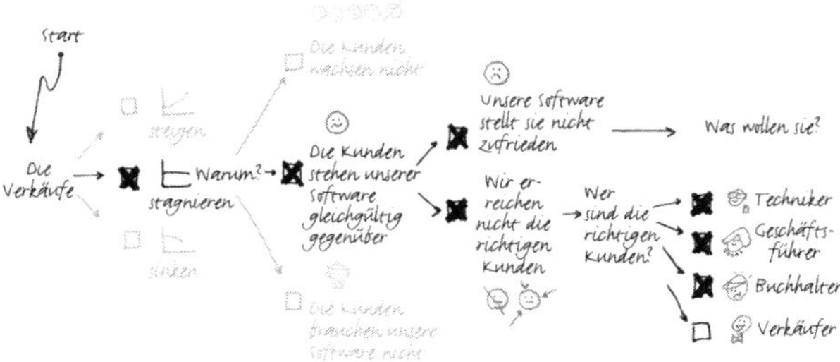

Wir vermuten, dass die Kunden mit unserem Produkt nicht zufrieden sind und dass wir nicht die richtigen Kunden erreichen. Die gute Nachricht ist, dass ein besseres Verständnis dessen, wer sie sind, uns mehr über ihre Wünsche verraten sollte.

An diesem Punkt haben wir viele Seiten zuvor das Kundenporträt gezeichnet, deshalb wissen wir jetzt, wer unsere einflussreichen Kunden wirklich sind (Techniker, besonders Jason, und Geschäftsführer sowie in geringerem Maße die Buchhalter selbst), und wir haben herausgefunden, was sie von einer Buchhaltungssoftware erwarten: Flexibilität, Sicherheit und Verlässlichkeit. Das bringt uns auf eine mögliche Lösung: Wenn wir irgendeins dieser drei Merkmale unserer Software verbessern – besonders die Flexibilität, weil Jason daran interessiert ist –, sollte es uns gelingen, den Verkauf wieder anzukurbeln.

Wie sollen wir das Problem betrachten? Teil 1

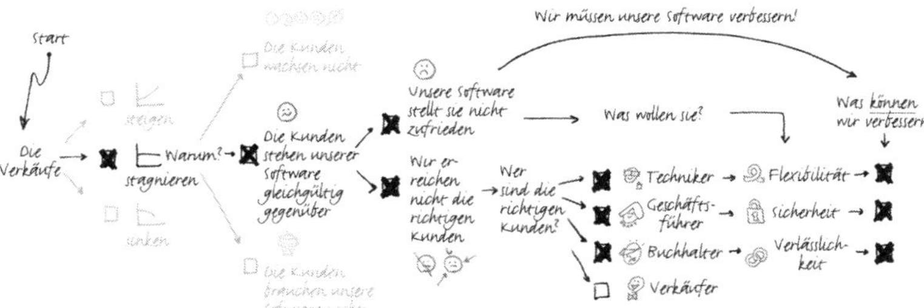

Wir haben eine potenzielle Lösung: Wenn wir die Flexibilität unserer Software verbessern, sollten wir Jason dafür begeistern können, mehr zu kaufen.

Schritt eins unseres Gesprächs mit der Geschäftsführung ist klar: Wir haben das Problem klar umrissen und verfügen über eine potenzielle Lösung. Die einzige Schwierigkeit ist, dass unsere Lösung 9 Millionen Dollar kostet. Jetzt müssen wir die Geschäftsführer nur noch davon überzeugen, dass sich das lohnt.

KAPITEL 14

Warum sollten wir uns überhaupt die Mühe machen?

Bilder zur Lösung von WARUM-Problemen

***System 6: Um ein* Warum-*Problem darzustellen, verwenden Sie ein* multivariables Schaubild.**

Warum Geld ausgeben?

Wir sind überzeugt, dass wir den Verkauf am besten ankurbeln, wenn wir 9 Millionen Dollar in die Neugestaltung unserer Softwareplattform investieren. Nur dieser grundlegende Ansatz versetzt uns in die Lage, die von unseren einflussreichsten Kunden verlangten Softwareverbesserungen durchzuführen. Tatsache ist aber, dass wir erheblich weniger Geld ausgeben würden, wenn wir nur kleinere Verbesserungen an der existierenden Plattform vornähmen. Und da unsere Geschäftsführung heutzutage stark auf die Gewinnorientierung fixiert ist, wird sie sich höchstwahrscheinlich dafür entscheiden.

Um zu erkennen, warum wir auf die eine oder andere Weise eine Ausgabeentscheidung treffen müssen, schauen wir uns mal die gesamte Branche an: wer unsere Mitbewerber und ihre Wachstumsprojekte sind, wie die Kunden und die Verkaufstrends sich verändern und wie Änderungen an der Plattformtechnologie sich auf die Umsätze auswirken. Nur durch die Bündelung all dieser Informationen formt sich das Bild, das wir brauchen. Aber wie können wir das alles erkennen? Ist es überhaupt möglich, so viele Informationen auf sinnvolle Weise zusammenzuführen?

Laut Kodex ist das Koordinatensystem eines multivariablen Schaubilds per definitionem aus drei oder mehr Variablen zusammengesetzt. Hier haben wir jetzt fünf oder sechs potenziell wichtige Variablen, also schauen wir mal, was passiert, wenn wir sie alle in einem einzigen Bild darstellen. Wir werden eine *ausführliche, quantitative, visionäre, vergleichende* Zeichnung erstellen, die den *Stand der Dinge* sowie die *Möglichkeiten* wiedergibt, ein Fenster in die geschlossene Schachtel unserer Branche. Wenn wir dieses Fenster öffnen können, sollte es uns ein überzeugendes visuelles Argument dafür liefern, *warum* wir das Geld jetzt ausgeben müssen.

ÜBERBLICK: EIN MULTIVARIABLES SCHAUBILD ZEIGT DAS *WARUM*

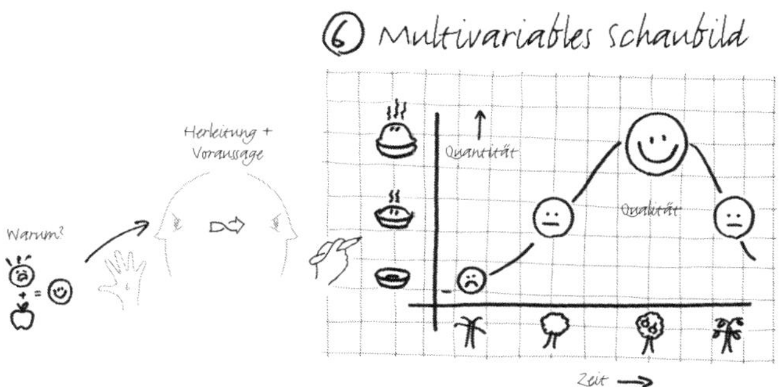

System	*Was wird dargestellt?*	*Koordinaten-system*	*Verhältnis der Objekte zueinander*	*Anfangs-punkt*	*Beispiel*
6. Multi-variables Schaubild	*Warum*		Die Interaktionen der Objekte betreffen zwei oder mehr der oben Genannten		

Nachdem wir das *Wer, Was, Wie viel, Wo, Wann* und *Wie* betrachtet haben, bildete sich ein Grund (oder mehrere Gründe) heraus. Je länger wir beobachteten, wie alles miteinander interagiert, und unsere Aufmerksamkeit auf Ursache und Wirkung richteten, desto besser verstanden wir, *warum* die Dinge so funktionieren, wie sie es eben tun. Um anderen die Gründe dafür zu vermitteln und Vorhersagen darüber abzugeben, wie alles wieder in Ordnung gebracht werden kann, erstellen wir multivariable Schaubilder.

In Kapitel 5 haben wir gelernt, dass wir das *Warum* erkennen, wenn unser inneres Auge die anderen Arten des Betrachtens miteinander kombiniert. Zur Erstellung eines multivariablen Schaubilds machen wir genau dasselbe, nur dass wir sie diesmal auf einem Blatt Papier miteinander verbinden. Wir beginnen mit *Wer/was,* arbeiten uns zu *Wie viel* vor, wenden uns *Wo* zu und fügen dann *Wann* hinzu. Da wir in den vorangegangenen Abschnitten bereits ähnliche Zeichnungen gemacht haben, wird das Erstellen dieses Schaubilds im Großen und Ganzen eine Nachbearbeitung sein, allerdings mit zwei großen Unterschieden: Erstens werden wir alles in ein einziges Bild einfließen lassen statt in mehrere, und zweitens fangen wir das *Wer/was* nicht mit einem Porträt unserer Kunden an, sondern stattdessen mit einem Porträt unserer Mitbewerber.

Multivariable Schaubilder: Allgemeine Faustregeln

1. **Multivariable Schaubilder sind nicht schwer herzustellen, aber sie erfordern Geduld, Übung und vor allem einen Standpunkt.** Von den sechs Systemen und den Hunderten von Bildarten, die es gibt, ist ein wohldurchdachtes und klar gezeichnetes multivariables Schaubild das Wirkungsvollste und Erkenntnisreichste, was wir hervorbringen können. (Weiter unten werden wir noch darüber reden, warum das so ist.) Allerdings kann ich mich nicht erinnern, in irgendeinem *Business*-Buch jemals eine einfache Erklärung gelesen zu haben, wie man eins zeichnet. Mein Rat lautet: Beginnen Sie mit einem einfachen *x-y*-System und verwenden Sie zwei *beliebige* qualitative Variablen, deren Daten Ihnen vorliegen, für die Koordinaten (denken Sie daran, falls sie sich als nutzlos erweisen, können Sie sie später immer noch

verändern). Zeichnen Sie eine *beliebige* quantitative Variable ein, deren Daten Ihnen vorliegen, indem Sie Kreise von angemessener Größe in die Mitte zeichnen, immer nur ein Argument auf einmal. Dann fügen Sie eine weitere Gruppe von Kreisen hinzu, welche dieselbe quantitative Variable zu einem anderen Zeitpunkt wiedergeben. Das war's – das ist alles, was Sie brauchen, um ein multivariables Schaubild entweder als fertiges Bild oder als Grundlage für immer weitere Variablen zu erstellen.

2. **Der Mittelweg ist golden.** Ein multivariables Schaubild ist das Modell eines gesamten Geschäftsuniversums oder geschäftlichen Problems. Wenn wir es erstellen, hegen wir dabei die Hoffnung, eine begrenzte Zahl von Branchenaspekten (oder -problemen) zu identifizieren, die *möglicherweise* einen großen Einfluss aufeinander haben, sodass wir sie einfach herauslösen und nebeneinander betrachten können, ohne durch die anderen Variablen abgelenkt zu werden. Haben wir zu wenige Variablen, kommen wir auf ein schlichtes Balkendiagramm hinaus – das für sich betrachtet in vielerlei Hinsicht nützlich ist, aber keine echten Erkenntnisse liefert. Haben wir zu viele Variablen, stehen wir wieder vor dem ursprünglichen Problem, dass wir zu viel in Betracht ziehen müssen, und wir haben nichts erreicht. Wieder gibt es nur eine Möglichkeit, die »richtige« Anzahl herauszufinden, nämlich zu zeichnen beginnen und schauen, ob brauchbare Ideen entstehen.

3. **Man kann alles mit allem verknüpfen, aber …** Die größte Gefahr eines multivariablen Schaubilds besteht darin, dass wir immer mehr Informationsschichten hinzufügen und allzu leicht Verbindungen zwischen Variablen »entdecken«, die eigentlich gar nichts miteinander zu tun haben. Das ist die große Herausforderung der Statistik und sogar jeder grundlegenden Wissenschaft: die »Korrelation« (das Auftauchen ähnlicher Tendenzen bei verschiedenen Variablen) von der »Kausalität« zu unterscheiden (die direkte Auswirkung einer Variablen auf eine andere). Es mag verlockend sein, globale Temperaturschwan-

kungen mit der Häufigkeit von *Bay-Watch*-Wiederholungen in Beziehung zu setzen – und das mit einem möglicherweise sehr hohen Korrelationswert –, aber das heißt nicht, dass das eine notwendigerweise das andere verursacht.

Zurück zu SAX Inc. In unserer Branche haben wir es mit zwei Arten von Mitbewerbern zu tun: der alten Garde (das sind wir, die SAX Inc., gemeinsam mit SMSoft und Peridocs, Unternehmen, mit denen wir während des letzten Jahrzehnts im Wettbewerb standen) und den Neulingen (Univerce und MoneyFree, die erst vor ein paar Jahren auf der Bildfläche erschienen sind). Die beiden Gruppen lassen sich nach anderen spezifischen Kriterien weiter unterscheiden: Wir großen drei sind alle seit mindestens zehn Jahren im Geschäft, haben unsere Software auf firmeneigenen Codes und Plattformen aufgebaut, bieten Software mit vielen Funktionen und verdienen unser Geld durch den Verkauf von Software, wobei wir Upgrades und Kundendienst gratis anbieten. Die beiden kleineren Unternehmen verwenden für ihre Software Open-Source-Code, haben wenige Funktionen und verdienen ihr Geld nur mit den Kundendienstverträgen: Sie verteilen die Software gratis, stellen ihren Kunden jedoch Upgrades und Service in Rechnung.

So sieht's aus: fünf Unternehmen, zwei verschiedene Plattformen, zwei verschiedene Geschäftsmodelle. Stellen wir nun einen einfachen numerischen Vergleich an, um herauszufinden, wie viel Umsatz jedes dieser Unternehmen im vergangenen Jahr gemacht hat. Wenn wir die Unternehmen nach Größe geordnet aufzeichnen (wir verwenden entsprechend große Kreise, um die Umsätze abzubilden), ergibt sich ein weiteres Merkmal: Die alte Garde hat im letzten Jahr den ganzen Umsatz gemacht, während die Neulinge kaum eine Chance hatten. SAX Inc. stand mit Umsätzen von 25 Millionen Dollar an der Spitze, gefolgt von SMSoft mit 20 Millionen und Peridocs mit 18 Millionen. Univerce landete bei 3

Millionen und MoneyFree brachte es nur auf 250.000 Dollar.

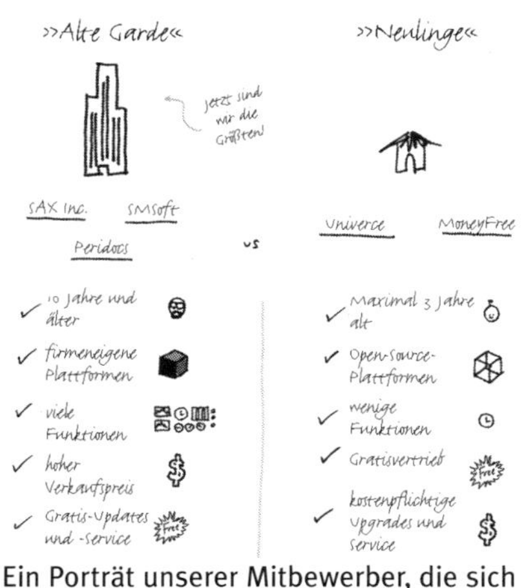

Ein Porträt unserer Mitbewerber, die sich in zwei Hauptgruppen einteilen lassen und sich durch Alter und unterschiedliche Marktzugänge unterscheiden.

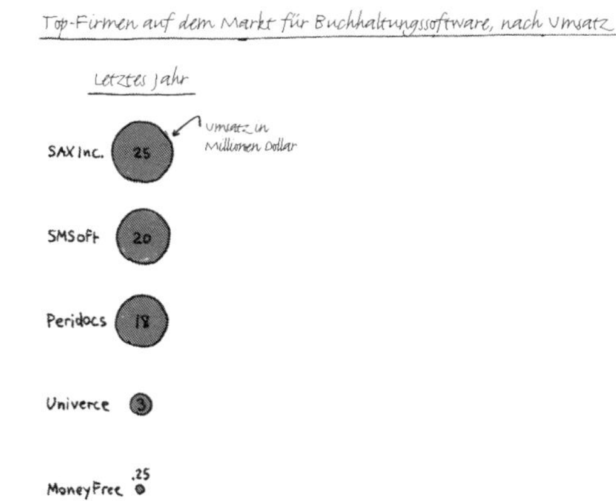

Blicken wir nach vorn. Unter Verwendung von Analystenberichten, Wall-Street-Vorhersagen und Branchengerüchten können wir abschätzen, wie hoch die Umsätze dieser Unternehmen bis Ende nächsten Jahres ausfallen werden. Wir wissen bereits, dass unsere Verkäufe stagnieren, aber diese Information ist neu: SMSoft verhandelt über den Kauf von Peridocs, um ein gemeinsames Unternehmen mit erwarteten Umsätzen von 40 Millionen Dollar zu gründen. Darüber hinaus sagen Analysten voraus, dass Univerce, eine Firma, die vor drei Jahren noch gar nicht existierte, unsere anvisierten 30 Millionen Dollar um über 1 Million übertreffen wird, was uns vom ersten auf den dritten Platz katapultiert. Selbst das mickrige MoneyFree wird wahrscheinlich 18 Millionen einfahren. Was?!

Das sind große Branchenumbrüche in kurzer Zeit. Abgesehen von dem großen Zusammenschluss, was könnte noch passieren? Offensichtlich geht da mehr vor sich, als diese einfache *Wie-viel*-Tabelle abbilden kann. Wir müssen nicht nur sehen, wie groß diese Unternehmen sind, wir müssen auch sehen, *wo* sie in Bezug auf Kunden, Plattformen, Technologien im Verhältnis zueinander angeordnet sind – all diese einzigartigen Variablen, die wir in unserem Porträt identifiziert haben. Was wir jetzt brauchen, ist eine Branchenlandkarte.

Probieren wir's aus. Wir zeichnen ein, was wir an einzelnen Informationen besitzen, und schauen, ob sich irgendwelche Verbindungen ergeben. Die speziellen Informationen, die wir gemeinsam betrachten wollen, sind Dinge, die wir bereits kennen: Name des Mitbewerbers, Plattformart, Bandbreite der Softwarefunktionen, Umsatz und Zeit. Denken Sie daran, dass sich in einem multivariablen Schaubild drei oder mehr Kriterien überlagern, und für den Anfang müssen wir nur ein oder zwei erste Achsen einzeichnen und sie benennen. Zum Beispiel firmeneigene Standards versus Open-Source-Standards im Vergleich zu voller Funktionsumfang versus wenige Funktionen.

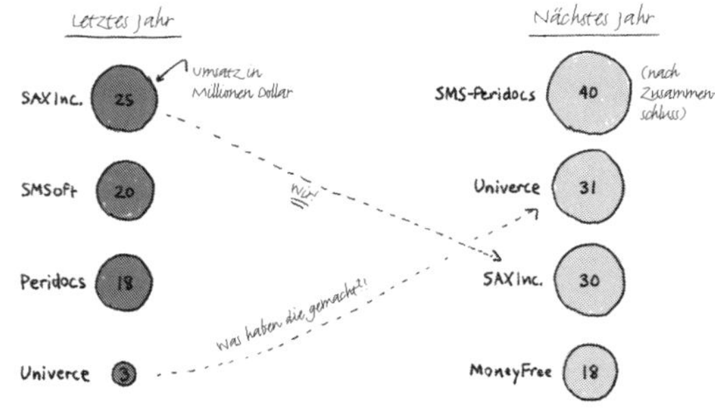

Voraussichtliche Umsätze unserer Mitbewerber bis Ende nächsten Jahres.

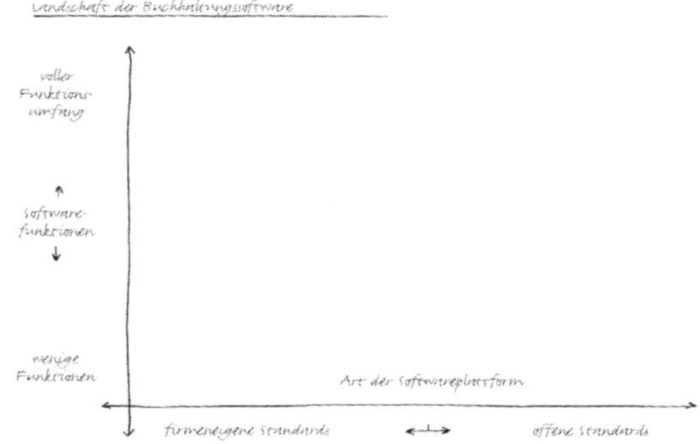

Wir beginnen unsere Zeichnung mit der horizontalen Koordinate, in diesem Fall der Art der Softwareplattform, und fügen dann die vertikale Achse mit den Softwarefunktionen hinzu.

Nachdem wir ein erstes Koordinatensystem bestimmt haben, verhält sich das Bild wie jede andere Landkarte, und wir müssen nur noch die Funktionen einzeichnen. Da wir bereits die Kreise haben, welche die Umsätze des letzten Jahres repräsentieren (unsere dritte Variable), können wir sie in der Zeichnung dorthin platzieren, wo die Koordinaten es vorgeben. SAX, SMSoft und Peridocs liegen zum Beispiel alle auf der firmeneigenen Seite, während die anderen in Richtung Open Source angesiedelt sind, und vertikal ordnen wir sie entsprechend der Anzahl der Funktionen an (SAX hat die meisten, gefolgt von SMSoft und so weiter).

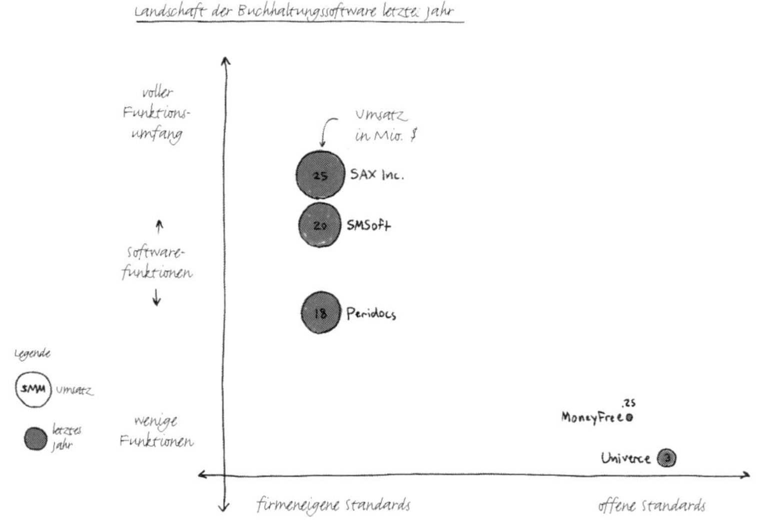

Nachdem die Koordinaten stehen, zeichnen wir die Funktionen ein: in diesem Fall die räumliche Position unseres eigenen Unternehmens und der Mitbewerber.

Bis jetzt sehen wir nichts, das unserem inneren Auge nicht bereits aufgefallen wäre: Die großen Kreise (mehr Umsatz) haben mehr Funktionen und basieren auf firmeneigenen Plattformen, jedenfalls letztes Jahr. Wir hätten das Bild nicht gebraucht, um das herauszufinden. Aber wenn wir die voraussichtlichen Daten für nächstes Jahr eintragen, ändern sich die Dinge – und zwar sehr.

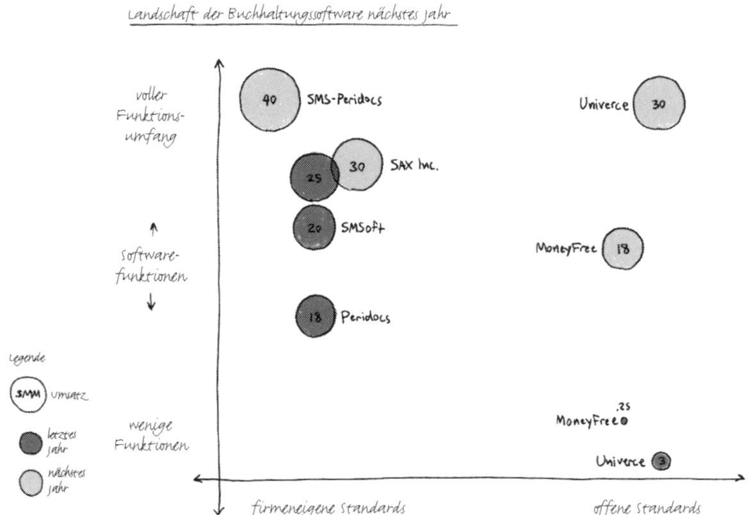

Dann zeichnen wir die voraussichtlichen Umsätze für nächstes Jahr ein, und die Kreise fangen an zu hüpfen.

Wir haben jetzt fünf Variablen im Spiel: *Name des Unternehmens, Plattform, Funktionen, Umsatz letztes Jahr* und *Umsatz nächstes Jahr*. Bevor wir weitere hinzufügen (und das werden wir), wollen wir mal sehen, was sich ablesen lässt.

Zunächst mal werden wir vom SMS-Peridocs-Zusammenschluss im Umsatz übertroffen (größerer Kreis), und seine kombinierte Software übertrifft unsere an Funktionen (seine Kreise bewegen sich nach oben). Gleichzeitig zwingt der Zusammenschluss die beiden Unternehmen, zwei firmeneigene Plattformen zu kombinieren, wodurch ihre Plattform noch weniger offen wird als zuvor (der Kreis bewegt sich nach links). Mittlerweile ist unser Umsatz leicht gestiegen (etwas größerer Kreis), unsere fortlaufenden Softwareoptimierungen geben uns einen kleinen Anstoß bei den Funktionen (unser Kreis hüpft hoch), und falls wir mit den geplanten Verbesserungen unserer Plattform durchkommen, werden wir ein bisschen offener (unser Kreis bewegt sich nach rechts).

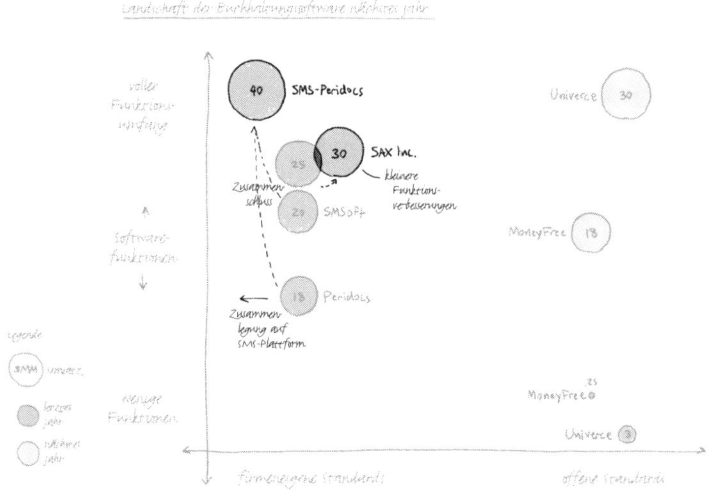

Die fusionierten SMS-Peridocs übertreffen uns in puncto Umsatz und Funktionen, werden aber zu einem stärker firmeneigenen (geschlossenen) System, während wir geringfügige Funktionsverbesserungen vornehmen und unsere Plattform leicht öffnen.

Schauen wir uns mal an, was mittlerweile auf der Open-Source-Seite des Schaubilds geschehen ist. Die ganzen plötzlichen Umsatzsteigerungen und Funktions-Upgrades der alten Garde sind nicht gerade beeindruckend. Bis Ende nächsten Jahres dürfte Univerce nicht nur unsere Umsätze übertroffen haben, sondern auch mehr Funktionen anbieten. Wie ist das möglich?

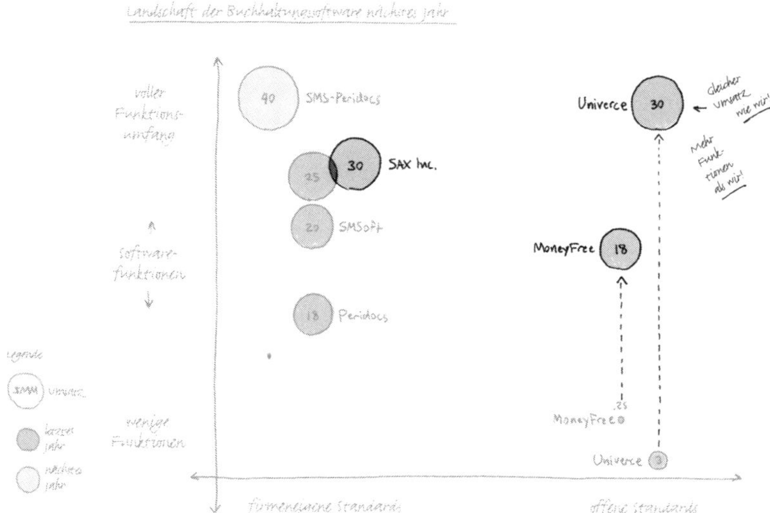

Das Wachstum der alten Garde verblasst im nächsten Jahr gegenüber Univerce und MoneyFree, den Neulingen. Plötzlich haben sie mehr Funktionen und Umsatzwachstum, als wir jemals hatten.

Damit wir sehen können, was hier passiert, müssen wir noch eine weitere Datenschicht hinzufügen. Zuvor müssen wir aber ein bisschen Platz schaffen. Löschen wir einige der Details, die wir bis hierher zusammengetragen haben, und treffen wir eine Auswahl anhand der Softwareverbesserungen, die Jason von uns verlangt: Flexibilität, Sicherheit und Verlässlichkeit. In der Vergangenheit waren firmeneigene Plattformen wie die unsere sicherer und zuverlässiger als offene Plattformen, wenn auch weniger flexibel. Um dies auf unserem Schaubild darzustellen, können wir die Landschaft des letzten Jahres einfach in der Mitte senkrecht teilen: sicherer und zuverlässiger auf der Seite der alten Garde (links); flexibler auf der Seite der Neulinge (rechts).

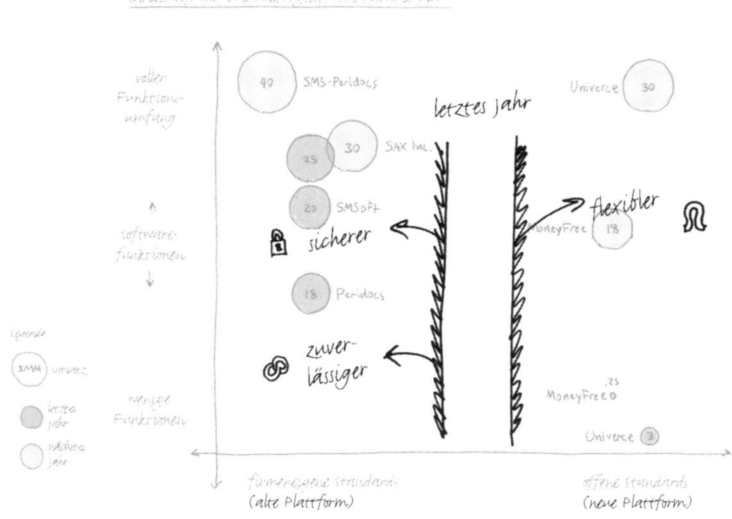

In den vergangenen Jahren waren firmeneigene Plattformen grundsätzlich sicherer und zuverlässiger, während offene Plattformen allgemein flexibler waren.

Das ist der Grund, weshalb notdürftige Flexibilitätsverbesserungen an unserer Plattform die Sicherheit und Zuverlässigkeit verringern: Wir würden unseren Kreis nach rechts bewegen, ohne die Sicherheits-/Verlässlichkeitslinie mitzunehmen. Doch in den nächsten paar Jahren sollen offene Plattformen so stark verbessert werden, dass sie genauso sicher und zuverlässig werden, wie unsere Systeme es heute sind – und gleichzeitig flexibler bleiben. Mit anderen Worten, die Unternehmen, deren Systeme auf offenen Plattformen aufsetzen, werden nicht nur mehr Flexibilität anbieten, sondern sie werden auch genauso viel Sicherheit und Verlässlichkeit anbieten können wie unsereins mit den geschlossenen Systemen – wenn nicht sogar mehr.

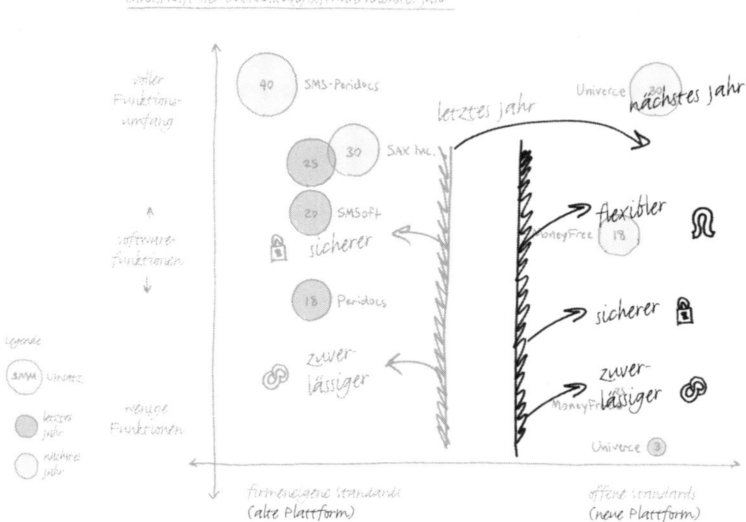

Die gesamte Landschaft wird sich nächstes Jahr verschieben, wenn die offenen Plattformen weiter verbessert werden. Sie werden ebenso viel (wenn nicht mehr) Sicherheit und Zuverlässigkeit anbieten wie unsere geschlossene Plattform, ohne dadurch ihre größere Flexibilität einzubüßen.

Jetzt erkennen wir endlich, was in unserer Branche wirklich vor sich geht. Bereits im nächsten Jahr werden die Neulinge – Firmen, die erst spät eingestiegen sind und deren Systeme auf offenen Plattformen aufsetzen – denselben oder sogar einen besseren Service anbieten können als diejenigen von uns, die sehr viel früher mit unseren eigenen geschlossenen Plattformen angefangen haben. Was uns schließlich zu unserer ursprünglichen Frage zurückbringt: Warum sollten wir 9 Millionen Dollar für die Einrichtung einer neuen offenen Plattform ausgeben, wenn wir auch weitaus weniger für bescheidenere Verbesserungen unserer existierenden Plattform ausgeben könnten?

Ob Sie es glauben oder nicht, wir haben jetzt alles zusammengetragen, was wir wissen müssen, um das *Warum* erklären zu können. Wir haben dieses Kapitel mit einer einfachen Frage eingeleitet: *Müssen wir mehr über unsere Kunden erfahren, um zu wissen, warum die Verkäufe stagnieren?* Nachdem wir die sechs grundlegenden Systeme des visuellen Denkens angewendet haben, können wir diese Frage nicht nur beantworten *(ja – wir gefallen Jason nicht),* sondern wissen auch genau, wie wir unsere Kunden zufriedenstellen *(Sicherheit, Verlässlichkeit und Flexibilität verbessern)* und Branchenführer bleiben können *(zu einer offenen Plattform wechseln)*. Das Problem ist nur, dass das 9 Millionen Dollar kostet. Was bedeutet, dass uns noch eins zu tun bleibt: unseren Vorgesetzten dieses Bild zeigen und sie dazu bringen, dasselbe zu sehen wir wir – das *Warum* selbst zu erkennen.

Im nächsten und letzten Teil dieses Buches arbeiten wir uns durch eine kurze Vorstandspräsentation, die auf nichts weiter aufbaut als auf den Bildern, die wir gerade gezeichnet haben. Dabei werden wir die beiden letzten noch offenen »großen« Fragen zum visuellen Denken beantworten – diejenigen, die mir immer gestellt werden, wenn ich über Problemlösung mithilfe von Bildern spreche. Erstens: Wie kann man ein Bild am effektivsten vermitteln? Zweitens: Muss ein gutes Problemlösungsbild immer selbsterklärend sein?

it's showtime

KAPITEL 15

Alles, was ich über das Geschäft weiß, habe ich durch Zeigen und Erklären gelernt

Zwei große Fragen über das visuelle Denken sind noch offen, schwierige Fragen, die mir immer wieder gestellt werden, wenn ich über das Problemlösen mithilfe von Bildern spreche. Beide beziehen sich auf das Verkaufen von Ideen mit Bildern, auf den Zeitpunkt, wenn wir die erschaffenen Bilder schließlich jemandem zeigen müssen. Die erste Frage hat etwas mit uns als Präsentatoren zu tun: Wie können wir ein Bild am besten verbal beschreiben? Die zweite bezieht sich auf die Bilder selbst: Sind sie »schlecht«, wenn sie überhaupt einer Erklärung bedürfen?

Alles, was ich über das Geschäft weiß, habe ich durch Zeigen und Erklären gelernt

Gehen Sie mal in einen Kindergarten und bitten Sie (mit Erlaubnis der Erzieherin) alle Sechsjährigen die Hand zu heben, die singen können. Jede Hand wird nach oben gehen. Wie viele können tanzen? Jede Hand. Wie viele können zeichnen? Jede Hand. Jetzt fragen Sie, wie viele lesen können: ein paar Hände gehen vielleicht nach oben. Dann gehen Sie in eine zehnte Klasse und stellen Sie den Sechzehnjährigen dieselben Fragen: Wie viele können singen? Eine oder zwei Hände. Wie viele können tanzen? Ein paar. Wie viele können zeichnen? Der eine oder andere. Dann fragen Sie, wie viele lesen können. Alle Hände gehen nach oben.

Verstehen Sie mich nicht falsch: Es ist natürlich nichts verkehrt daran, lesen zu lernen. Aber was ist mit dem Singen, Tanzen und Zeichnen passiert? Wir haben mal geglaubt, wir würden diese Dinge beherrschen – im Kindergartenalter haben die meisten von uns sie täglich voller Freude ausgeübt –, also warum vergessen so viele von uns zehn Jahre später, was wir einmal konnten? Und wenn wir sie vergessen (oder vielleicht auch nur denken, wir hätten sie vergessen), fehlt uns etwas Grundlegendes bei unseren angeborenen Problemlösungsfähigkeiten, das uns in der schwarz-weißen, richtigen oder falschen, quantitativen Geschäftswelt nützlich sein könnte?

Während wir uns dem Ende dieses Buches nähern, habe ich noch eine letzte Geschichte zu erzählen, und diese ist das beste Beispiel dafür, wie man ein problemlösendes Bild *nicht* präsentiert. Es ist eine furchteinflößende Geschichte, und oberflächlich betrachtet scheint sie eine Menge dessen, worüber wir bisher gesprochen haben, zu untergraben – zumindest dachte ich das, als ich sie erlebte. Erst als ich darüber nachgedacht hatte, wurde mir klar, dass diese Geschichte eigentlich eine Lanze für das visuelle Denken bricht, besonders weil sie mich zwang zurückzugehen und meinen Ansatz des visuellen Denkens noch mal zu überdenken.

Vor einem Jahr gehörte ich zu einem Team von Beratern, das die Verkaufsstrategie für ein riesiges Technologieprojekt erarbeitete. Jedes Mitglied des Teams war handverlesen aufgrund seiner nachweislichen Erfahrung in einem bestimmten Bereich, und jeder Einzelne hatte weltweit erfolgreiche Projekte verkauft und geführt. Schon als ich den Konferenzraum betrat, um die anderen kennenzulernen, war ich beeindruckt. Wenn man beabsichtigte, 100 Millionen Dollar für ein neues unternehmensweites Technologieprojekt auszugeben, waren das genau die Leute, die man dafür brauchte: Sie sahen einfach *richtig* aus.

Obwohl ich nur bei den Grafiken helfen sollte, erlebte ich eine hervorragende Zusammenarbeit mit diesem Team, und ich schaffte es sogar, sie zu überzeugen, für zentrale Teile der Verkaufspräsentation Bilder zu verwenden anstelle der üblichen Stichpunkte. Das Team war dafür, denn sie hatten schon erlebt, dass Zuhörer nach der zweiten Seite mit Stichpunkten eingeschlafen waren, und nach nahezu dreiwöchiger Arbeit waren wir alle begeistert von dem, was wir erreicht hatten. Gemeinsam hatten wir es geschafft, Hunderte Seiten von Datenmaterial auf sechs Handouts und ein Dutzend Dias zu reduzieren, ohne die zentralen Informationen aufs Spiel zu setzen und ohne den übergeordneten Zusammenhang des Angebots aus den Augen zu verlieren.

Das Paradestück der Präsentation war ein multivariables Schaubild ganz ähnlich dem, das wir soeben für SAX Inc. erstellt haben. Es zeigte die Branche des Kunden, indem es verschiedene Variablen zusammenführte (Mitbewerber, Marktanteil, Arbeitsablauf, Verkaufszahlen), die den Zuhörern zwar im Einzelnen bekannt, aber nie zuvor gemeinsam betrachtet worden waren. Das resultierende Bild lieferte zahlreiche Erkenntnisse. Es zeigte, dass der Kunde mit seinem Geschäftsmodell mehrere nicht miteinander verbundene Positionen innerhalb der Branche besetzte; es zeigte, dass er in zwei dieser Positionen die Führung besaß, in anderen nicht; es zeigte, dass sein größter Konkurrent sich darauf konzentrierte, nur einzelne Positionen zu dominieren und so weiter. Mit anderen Worten, dieses Bild konnte eine Reihe von faszinierenden Diskussionen in Gang bringen, die alle für den Entscheidungsprozess des Kunden von Bedeutung waren und auf die das Team vorbereitet war.

Als Verantwortlicher für die Grafiken hatte ich am Tag der Präsentation keinen Wortbeitrag zu leisten, deshalb übernahm ich die ungewohnte Rolle, in der letzten Reihe zu sitzen, wo ich die Reaktionen des Publikums auswerten und mir für die spätere Nachbesprechung Notizen machen konnte. Als unser Team hereinkam, um die Präsentation zu starten, war ich bereit, mich verblüffen zu lassen. Und das sollte ich auch sein, aber nicht aus den erwarteten Gründen.

Lauren, die Teamleiterin, begann die Präsentation auf brillante Weise. Sie war eine hervorragende Rednerin – charmant, mitreißend, *laut*. Ihre Einleitung bestand aus einer witzigen Anekdote, die den ganzen Saal voller Geschäftsführer, Technologen und Finanzleute zum Kichern brachte. Der Einstieg hätte nicht besser funktionieren können.

Aber dann drückte sie auf den »Nächstes-Bild«-Button, blickte hoch zu dem multivariablen Schaubild mit seinen vier Schichten nahtlos integrierter visueller Informationen, präkognitiven Eigenschaften und intuitiven Koordinatensystemen … und erstarrte.

Es war wie in einem Comic: Laurens Mund öffnete sich, aber es kam nichts heraus; ihre Augen wanderten über die viereinhalb Meter hohe Projektionsleinwand, aber sie nahmen nichts wahr. Als Lauren dort stand, ihre Hände hilflos ineinander verschränkt, hielten alle im Saal die Luft an und warteten darauf, dass sie erklären würde, was sie sahen, was es bedeutete und warum es sie interessieren sollte. Aber kein Geräusch war zu hören. Ich krümmte mich in Qualen auf meinem Stuhl und konnte mich kaum zurückhalten zu schreien: *»Lauren! Sag einfach, was dieses Schaubild darstellt, und zeig darauf!«*

Glücklicherweise schaffte ich es, still zu bleiben, und Lauren – der perfekte Beratungsprofi – ließ sich nicht lange von ein paar bunten Kreisen auf einem Diagramm aus der Bahn werfen. Sie atmete tief durch, sammelte sich wieder und sagte: »Dieses Schaubild haben wir erstellt, um Ihnen zu zeigen, wo innerhalb der Branche Sie sich befinden. Das nächste Dia, bitte.«

Wir haben die Ausschreibung nicht gewonnen.

In der Nachbesprechung waren wir uns alle einig, was passiert war: Obwohl Lauren und das Team jetzt wussten, wie man ein Bild zur Problemlösung zeichnet, hatten wir nie besprochen, wie man darüber redet. Als sie für die Präsentation auf die Bühne ging, hatte Laurens Verstand erwartet, dass die Dias hinter ihr Listen von Wörtern zeigen würden, etwas, worüber sie schon Hunderte Male gesprochen hatte. Aber als sie sich umdrehte und bunte Kreise sah und Textteile, die durch Linien und Pfeile miteinander verbunden waren, wurde ihr Kopf ganz leer. Wo sollte sie anfangen? Was sollte sie sagen? Außer der Überschrift und der Bezeichnung der Koordinaten gab es hier nichts zu lesen: keine Stichpunkte, keine Zusammenfassung, keine *Wörter*.

Ich wusste, dass ich in diesem Augenblick über die größte Herausforderung der Problemlösung mithilfe von Bildern gestolpert war: Obwohl wir wissen, wie man *hinschaut, betrachtet, vorstellt* und *zeigt,* hat uns seit dem Kindergarten niemand mehr gesagt, wie man über etwas spricht, das man sieht. Es ist wie mit dem Singen, Tanzen und Zeichnen: Wir wussten mal, wie man *zeigt* und *erklärt,* und wir konnten das ohne Stichpunkte. Aber jetzt nicht mehr.

Eine Zeit lang war ich verzweifelt: Gab es keine Zukunft für irgendwelche anderen Präsentationswerkzeuge als einfache Tabellen, Venn-Diagramme und Balkendiagramme? Wie war das möglich, nach all meinen Studien und persönlichen Erfahrungen, die mir bewiesen hatten, wie gut Bilder funktionierten? Dann erinnerte ich mich an das englische Frühstück und an die zahllosen anderen Bilder, die ich mit Teams in Dutzenden Unternehmen aus einem halben Dutzend Ländern erarbeitet hatte, an die Ausschreibungen, die nur aufgrund einer einzigen Tabelle gewonnen worden waren, die der CEO auf Anhieb erfasst hatte, und an die Projektteams, die erst dann wussten, was von ihnen verlangt wurde, wenn sie dieses ausführliche Gantt-Diagramm aufgearbeitet hatten. Nein, dachte ich, das Problem sind nicht die Bilder – das Problem ist, dass *Zeigen* und *Erklären* zwei verschiedene Wörter sind.

Dann kam mir die Erkenntnis: Wir kennen die Antwort bereits, und genau wie der Prozess des visuellen Denkens selbst ist die Antwort etwas, das wir alle die ganze Zeit tun, ohne uns dessen bewusst zu sein. Genau genommen ist der Prozess des Redens über ein Bild der Prozess visuellen Denkens. Ich werde Ihnen zeigen, was ich meine. Gehen wir mal für einen Moment zurück zu SAX Inc. und führen wir der Geschäftsleitung diese abschließende 9-Millionen-Dollar-Präsentation vor.

Sehen, Betrachten, Vorstellen, Zeigen: Ideen verkaufen durch Bilder in vier Schritten

Kurzer Rückblick: Wir haben eine Reihe von Bildern erzeugt, um das Problem der stagnierenden Verkäufe in unserer Buchhaltungssoftwarefirma SAX Inc. zu lösen. Diese Bilder haben uns auf eine mögliche Lösung gebracht – eine vollständige Überarbeitung unserer Softwareplattform für 9 Millionen Dollar. Gut, damit ist ein Problem gelöst und ein anderes geschaffen. Wie können wir unsere Geschäftsführer davon überzeugen, 9 Millionen Dollar für ein wichtiges Projekt auszugeben, wenn der Verkauf stagniert? Zu diesem Zweck haben wir eine Reihe weiterer Bilder gezeichnet. Wir haben den Entscheidungsprozess der Geschäftsleitung skizziert, haben Ursache und Wirkung anhand eines Ablaufdiagramms dargestellt, damit wir sehen konnten, was wir vermitteln mussten, und dann haben wir ein *ausführliches, quantitatives, visionäres, vergleichendes, vorausdenkendes* Bild entworfen, um ihnen die ganze Geschichte zu erzählen.

Stellen Sie sich vor, es wäre ein Meeting angesetzt, um der Geschäftsführung unsere Idee zu präsentieren. Wir sind 30 Minuten vor der Zeit im Konferenzraum und bereiten uns auf die Ankunft der Vorgesetzten vor. Keine Sorge. Unser Ansatz ist genau derselbe wie bei den Bildern: Wir werden die Geschäftsführer durch den vierstufigen Prozess visuellen Denkens begleiten, indem wir die Informationslandschaft *anschauen,* darin die wichtigsten Dinge *betrachten,* uns *vorstellen,* was sie bedeuten, und schließlich die Ergebnisse *zeigen*. Der einzige Unterschied ist, dass die Informationslandschaft diesmal eine Skizze ist, die wir schon entworfen haben, und dass wir bereits genau wissen, was wir zeigen wollen.

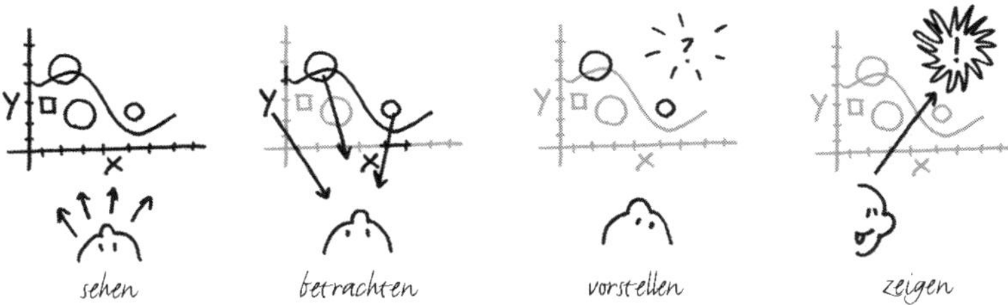

Sehen, betrachten, vorstellen, zeigen. Das haben wir alles schon gemacht, und jetzt machen wir es noch mal.

Während wir auf die Geschäftsführer warten, fahren wir nicht unsere Computer hoch, suchen nach Drahtlosverbindungen oder verkabeln den Projektor, der einfach nicht die richtige Bildauflösung hat, aber das bedeutet nicht, dass wir keine Bilder zu zeigen hätten. Wir errichten auch keine Stapel von Farbausdrucken an jedem Platz, aber das bedeutet nicht, dass wir keine Blätter und Informationen hätten, die wir zu gegebener Zeit austeilen. Nein, was wir machen, ist dies: Wir zeichnen unser Bild an das Whiteboard, und zwar so groß wie möglich. Wir fügen die Koordinaten und die ersten vier Variablen unserer Skizze ein *(Mitbewerber, Plattform, Funktionen, Vorjahresumsatz)* und bereiten uns darauf vor, die Geschäftsführer von dem *Warum* zu überzeugen, indem wir sie durch eine interaktive (wirklich vor und zurück), live vorgeführte (das heißt aber nicht improvisierte), auf das Wesentliche reduzierte (das heißt aber nicht grob vereinfachende) Session visuellen Denkens begleiten.

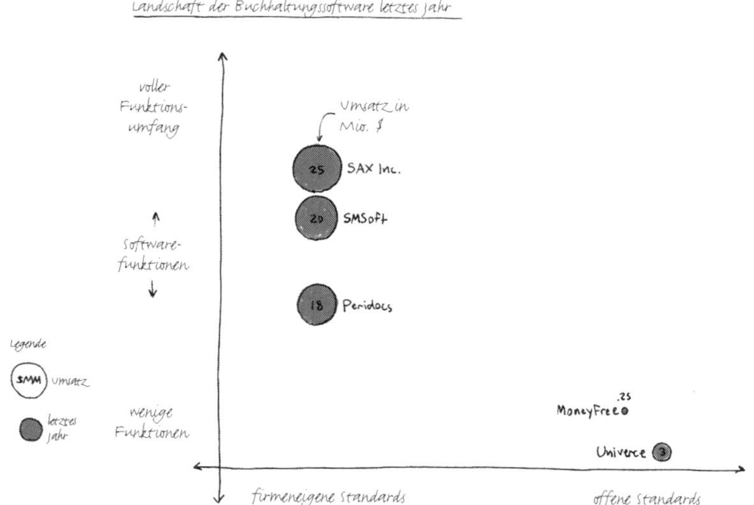

Das zeichnen wir an das Whiteboard, bevor die Geschäftsführer hereinkommen – Überschrift, Koordinaten, Legende und die ersten fünf Variablen der Skizze.

Wenn die Zeichnung erledigt ist, setzen wir uns hin und atmen tief durch. Die Geschäftsführer treffen pünktlich ein. Sie halten zurzeit nicht viel von Smalltalk, deshalb stehen wir auf und lenken ihre Aufmerksamkeit direkt auf das Whiteboard.

»Wie wir alle wissen, haben wir ein größeres Problem zu lösen. Der Verkauf von SCS stagniert, und wenn wir ihn nächstes Jahr nicht beleben können, steht unsere Marktführerschaft auf dem Spiel. Unser Team glaubt, dass wir eine

Lösung gefunden haben, und die möchten wir Ihnen vorstellen, indem wir Ihnen einen visuellen Marktüberblick verschaffen.«

Kurze Randbemerkung. Die Tatsache, dass wir eine ausführliche Skizze an das Whiteboard gezeichnet haben, wirkt sich bereits zu unseren Gunsten aus. Da die Geschäftsführer sofort erkennen, dass wir etwas Wohldurchdachtes im Sinn haben, es aber noch nicht vollständig verstehen, sind sie begierig zu erfahren, was wir zu sagen haben. Sie werden uns wahrscheinlich sogar ein bisschen mehr Zeit als normal einräumen, um auf den Punkt zu kommen. An dieser Stelle beginnen wir laut zu *sehen*.

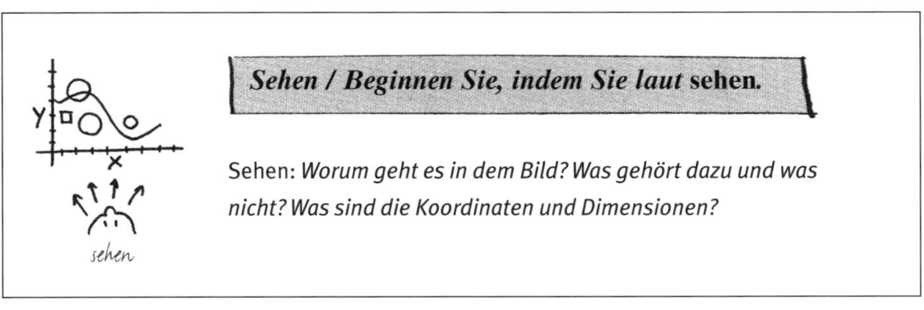

Laut *sehen* heißt, dass wir unsere Geschäftsführer nicht mitten in die metaphorische Bowlingbahn werfen. Wir nehmen sie an der Hand und führen sie hin, erläutern unterwegs die Koordinaten und Dimensionen des Raums, geben ihnen Zeit, um herauszufinden, wo wir sind und was wir dort tun sollen.

Mit diesem Ansatz im Hinterkopf beginnen wir die Reise durch unser Bild. »Unser Ziel beim Erstellen dieses Modells war eine Grundlagenbetrachtung unserer Branche anhand verschiedener entscheidender Faktoren, die von der Plattform über die Funktionsausstattung bis hin zum Umsatz reichen. Wir nahmen an, dass wir durch diese integrierte Betrachtung unseres Geschäfts das

Problem in einem neuen Licht sehen und dadurch neue und unerwartete Lösungsansätze entdecken würden.

In dieser Skizze ist eine Menge enthalten – und es kommt noch einiges dazu –, deshalb möchte ich Ihnen kurz zeigen, was wir haben. Als Erstes haben wir uns angesehen, welchen Arten von Mitbewerbern wir gegenüberstehen und ob sie firmeneigene oder offene Systeme verwenden, was wir hier durch die untere Linie dargestellt haben.« *Wir zeigen auf die horizontale Achse.*

»Als Nächstes stellten wir die Frage, welche Funktionen die Software jeder Firma anbietet, ob volle Bandbreite oder nur ein paar. Das haben wir hier eingezeichnet, an der Seite nach oben.« *Wir zeigen auf die vertikale Achse.*

»Dann haben wir die Umsätze des letzten Jahres hinzugefügt und dafür Kreise von entsprechender Größe verwendet, die in die jeweils passenden Quadranten der Abbildung gezeichnet wurden. Sie sehen uns hier oben an der Spitze mit Vorjahresumsätzen von 25 Millionen Dollar und der größten Funktionsvielfalt, aufgesetzt auf einer firmeneigenen Plattform, während MoneyFree sich hier unten befindet, mit nur wenigen Funktionen auf einer offenen Plattform und so gut wie keinen Umsätzen.« *Wir zeigen auf die Kreise an den äußeren Enden der Skalen.*

Wir richten den Blick auf die Geschäftsführer und sehen sie nicken; bis jetzt können sie uns folgen. Es ist an der Zeit, ihre Hände loszulassen und einen Schritt zurückzutreten: Wir lassen gleich eine Bombe hochgehen.

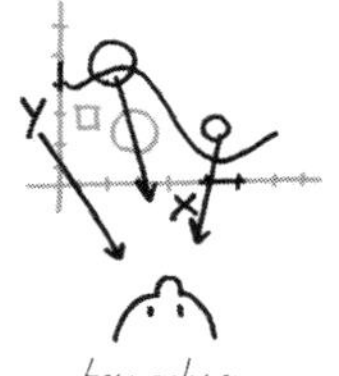

***Betrachten / Fahren Sie fort, indem Sie laut* betrachten.**

Betrachten: Was sind die drei wichtigsten Dinge, die auffallen? Wie stehen sie miteinander im Zusammenhang? Bildet sich ein Muster heraus? Gibt es irgendetwas Entscheidendes, das wir nicht erkennen?

Beim *Betrachten* geht es darum, das Wichtigste an dem Bild herauszustellen – etwas, das wir noch nicht mal eingezeichnet haben. Während wir nun also sagen: »Dies sind die für nächstes Jahr erwarteten Umsätze derselben Unternehmen«, zeichnen wir die Kreise für nächstes Jahr ein, beginnend mit unserem eigenen Quadranten, erläutern den Zusammenschluss von SMSoft-Peridocs und so weiter und fügen dann MoneyFree und schließlich Univerce hinzu.

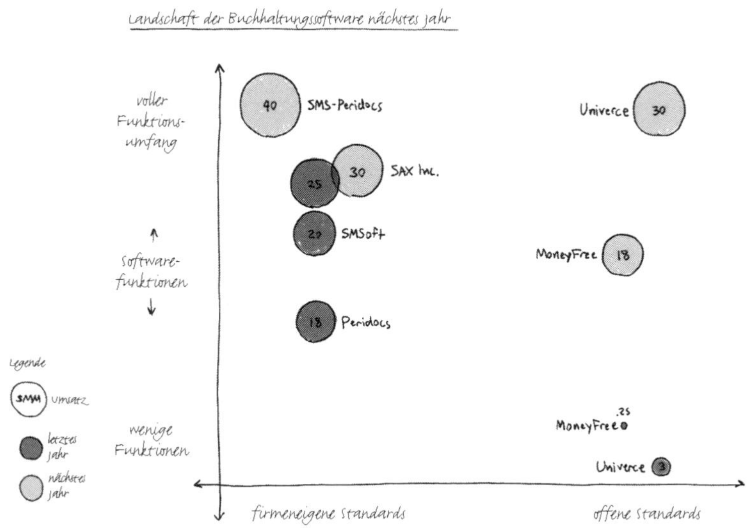

Nach und nach zeichnen wir die Kreise für nächstes Jahr ein, in unserer Ecke beginnend, und Univerce heben wir uns bis zum Schluss auf.

»Univerce wird seinen Umsatz voraussichtlich nicht nur verzehnfachen, sondern könnte auch ohne Weiteres unseren Funktionsumfang übertreffen, womit es uns hinsichtlich Angebot und Größe auf Platz drei zurückdrängt.« Bumm.

Unsere Geschäftsführer haben jetzt begriffen, um was es geht, und Fragen werden laut. Einige sind eher defensiv, zum Beispiel: »Das kann nicht sein. Woher haben Sie diese Zahlen?« Andere sind aggressiv, etwa: »Was zum Teufel hat Univerce vor?« Manche sind auch vorsichtig forschend, ungefähr so: »Hmm – gibt es irgendwas, das wir dagegen tun können?«

Die erste Frage beantworten wir präzise, denn wir wissen genau, woher die Zahlen kommen, und an dieser Stelle teilen wir die ausführlichen Diagramme aus, die wir bei den Recherchen zu diesem Bild erstellt haben. Die zweite Frage beantworten wir, indem wir die für nächstes Jahr erwarteten Verbesserungen der Sicherheit und Zuverlässigkeit auf der offenen Plattform beschreiben und die unmittelbaren Auswirkungen, die das auf den Verkauf offener Software haben wird. Und was die dritte Frage betrifft – »Was können wir tun?« –, nun, auch darauf sind wir vorbereitet. »Danke, das war das Stichwort«, erwidern wir, »wir wollen Ihnen jetzt mal zwei Optionen vorstellen, die wir erarbeitet haben.«

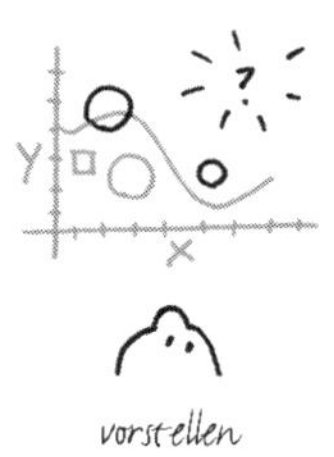

***Vorstellen / Fahren Sie fort, indem Sie sich laut etwas* vorstellen.**

Vorstellen: Wie können wir sich abzeichnende Muster beeinflussen oder zu unserem Vorteil nutzen? Bieten sich Gelegenheiten? Was ist hier nicht sichtbar? Wo haben wir das schon mal gesehen?

Laut *vorstellen* heißt, die Optionen durchzusprechen, die unser Bild präsentiert, und den leeren Raum mit Leben zu füllen. Während wir Option eins erläutern – die preisgünstige Behelfslösung –, zeichnen wir genau das ein, was wir beschreiben, und machen deutlich, dass die potenzielle Auswirkung des Verbleibens auf derselben Plattform leicht verbesserte Serviceleistungen und Funktionen wären – vielleicht sogar ausreichend, um eine Zeit lang besser als SMS-Peridocs zu bleiben.

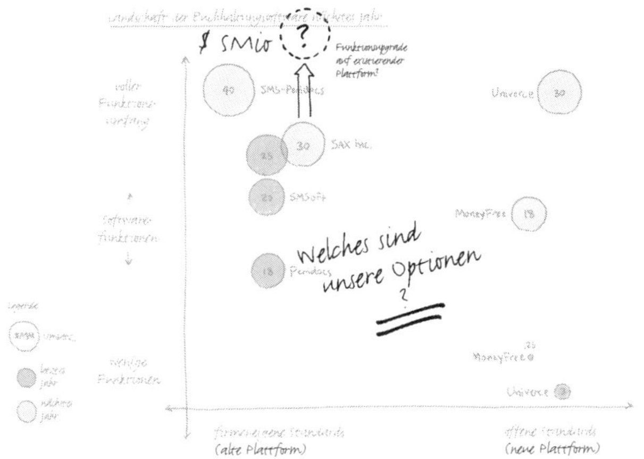

Option eins: Wir erklären, dass Ausgaben für eine Verbesserung der Plattform unsere Führungsposition beim Funktionsangebot wahrscheinlich wiederherstellen würden, aber nur teilweise Auswirkungen auf die Verbesserung der gesamten Sicherheit, Zuverlässigkeit und Flexibilität hätten.

Dann zeichnen wir Option zwei ein, die beschreibt, wie ein 9 Millionen Dollar teures Redesign der Plattform echte Verbesserungen bei allen Angeboten bringt und uns der aufsteigenden Open-Source-Meute ein Schnippchen schlagen lässt – wir hängen sie ab, indem wir uns ihnen anschließen.

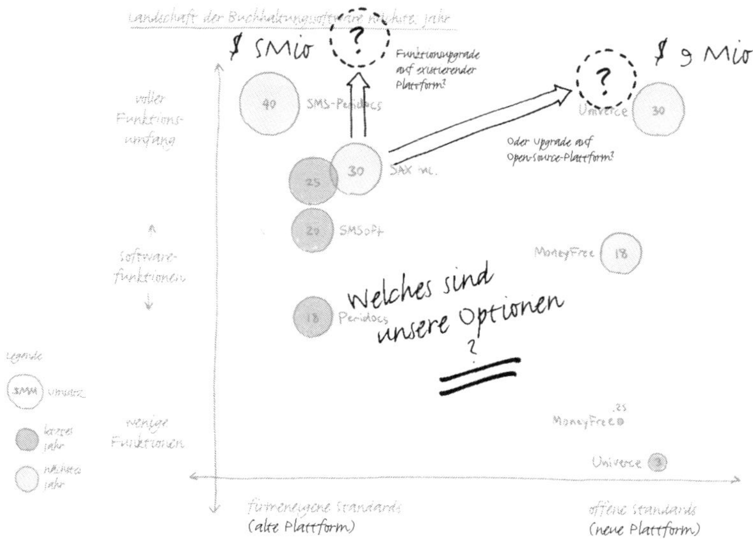

Option zwei: Wir erklären, wie ein 9-Millionen-Dollar-Umbau unter Verwendung einer Open-Source-Plattform uns an die Führungsposition auf der am schnellsten aufsteigenden Seite des Bildes setzt.

Die Geschäftsführer werden jetzt noch eine große Frage haben. »Okay«, werden sie sagen, »Sie haben eine Menge Zeit mit diesem Bild zugebracht, was sollen wir Ihrer Meinung nach tun?«

Zeigen / Schließen Sie, indem Sie laut zeigen

Zeigen: Das ist es, worum es unserer Meinung nach geht. Sehen Sie das auch so? Das halten wir für unsere Optionen. Sind Sie derselben Ansicht?

Und jetzt kommen wir endlich zu der Frage, *warum* wir Option zwei wählen und diese große Summe ausgeben müssen: Unabhängig von unserer derzeitigen Marktstellung haben wir auf unserer gegenwärtigen Plattform in den kommenden Jahren keine Chance, in Sachen Flexibilität, Sicherheit und Zuverlässigkeit mitzuhalten. Offene Plattformen werden uns schlicht ausbooten. Wir waren in den vergangenen zehn Jahren Branchenführer, und wenn wir unsere Führungsposition aufrechterhalten wollen, gibt es nur eine Möglichkeit: eine grundlegende Erneuerung auf der Basis offener Standards. Soweit wir das beurteilen können, ist das nicht mal eine Frage.

Wenn wir die Führerschaft in unserer selbst errichteten Branche behalten wollen, haben wir keine andere Wahl als die Erneuerung auf einer offenen Plattform.

Unsere Argumentation ist abgeschlossen. Das Meeting ist noch lange nicht vorbei, aber unser Bild hat seinen Zweck erfüllt. Es hat in kürzerer Zeit mehr Konzepte vorgestellt, als wir das mit Worten allein jemals hätten schaffen können; es hat diese Konzepte sichtbar, begreifbar und erinnerbar gemacht; und es hat einen visuellen Rahmen errichtet, in den wir und die Geschäftsführer während der nächsten Stunde weitere Pfeile und Optionen einzeichnen werden. Große Entscheidungen stehen an. Wollen wir hoffen, dass wir bei dem, was wir gezeichnet haben, ehrlich waren.

Manchmal ist eine Pizza genug manchmal nicht

Die Unterschiede – und die damit verbundenen Ergebnisse – zwischen Laurens Ansatz bei der großen Präsentation und dem, was wir gerade im Konferenzraum der SAX Inc. erlebt haben, sind gewaltig. Dennoch lassen sie sich auf einen einzigen Aspekt reduzieren: Wenn wir mithilfe eines Bildes verkaufen wollen, müssen wir darauf vorbereitet sein, darüber zu reden.

Das bringt uns zu dem letzten Problem in diesem Buch, nämlich der Frage, ob ein problemlösendes Bild »schlecht« ist, wenn es erklärt werden muss. Besagt nicht schließlich die alte Redewendung »Ein Bild sagt mehr als tausend Worte«, dass gute Bilder immer für sich selbst sprechen?

Die Antwort lautet nein. Gute Bilder müssen *nicht* selbsterklärend sein, aber sie müssen *erklärbar* sein. Nur die wenigsten problemlösenden Bilder – welcher Art auch immer – vermitteln eine klare Aussage, eine tiefe Bedeutung und erhellende Erkenntnisse, ohne auch nur eine Überschrift zu benötigen. Sicherlich sollte ein grundlegendes Porträt, ein Balkendiagramm oder ein einfacher Zeitstrahl unmittelbar einleuchtend sein, aber wenn wir an die ausführlicheren und aufschlussreichen Bilder denken, die nötig sind, um das komplexe Zusammenspiel von *Wann, Wo, Wie* und *Warum* zu zeigen, dann geht es nicht darum, *alle* Wörter zu ersetzen, sondern es geht darum, mit einem Bild jene Wörter zu ersetzen, die sich viel besser *visuell* vermitteln, verstehen und erinnern lassen.

Am besten kann man sich das anhand von Pizza vorstellen. Genauer gesagt, indem wir darüber nachdenken, warum Pizza das ideale Essen für Gäste ist und wann ein dreigängiges Menü angemessener ist. Das meine ich folgendermaßen. An die meisten geschäftlichen Meetings haben wir als Teilnehmer recht geringe Erwartungen. Wir haben die Leute alle schon mal gesehen, haben das meiste von dem, was sie zu sagen haben, schon mal gehört, und es gibt genügend andere Dinge, die wir stattdessen tun könnten. Solche Konferenzen nenne ich Pizza-Meetings: Sie sind mehr wie ein Treffen von Nachbarn, um sich gemeinsam ein Spiel im Fernsehen anzuschauen, als wenn alle sich schick machen, um ein Gourmet-Menü zu genießen. In beiden Fällen sollen alle etwas zu essen bekommen, aber die Ansprüche an das Essen bei einem Pizza-Meeting sind nur, dass es sättigt, einigermaßen schmeckt und dass man nachher nicht viel Abwasch hat.

Die meisten Bilder im Businessbereich sind Pizzas: Sie müssen einfach und leicht verdaulich sein und aus so wenigen Zutaten bestehen, dass sie keine Verstopfung hervorrufen. Diese Pizzabilder sollte man nicht groß erklären müssen. Sie sollen das Meeting voranbringen und alle so rasch und befriedigend wie möglich mit Informationen sättigen. Es gibt neue Kundendaten? Toll. Zeigt sie uns als Balkendiagramm. Das Projekt hat einen neuen Arbeitsablauf und eine neue Abgabefrist bekommen? Schön. Wo ist der einfache Zeitstrahl? Ist er das? Prima, verstanden. Danke. Weiter.

Doch an viele Meetings werden ganz andere Erwartungen gestellt. Stellen Sie sich vor, Sie sind der neue Chef und setzen sich mit dem Vorstand zusammen, um die beeindruckenden Ergebnisse Ihrer ersten neunzig Tage zu übermitteln. Stellen Sie sich vor, Sie haben gerade ein neues Unternehmen erworben und müssen der Führungsmannschaft erläutern, wie sich das Geschäftsmodell verändern wird; stellen Sie sich vor, Sie treffen einen Kunden bezüglich des größten Auftrags der Unternehmensgeschichte. Die Gäste solcher Meetings erwarten, dass man sie beeindruckt, dass sie etwas hinzulernen, was sie noch nicht wussten, dass sie etwas zu sehen bekommen, was nie zuvor gezeigt wurde … und mit Pizzabildern werden Sie dem nicht gerecht.

Solche Meetings sind wie Festessen mit allem Drum und Dran, und die Bilder, die Sie zeigen, müssen maßgebliche Erkenntnisse vermitteln, interessante Gespräche in Gang bringen und wichtige Entscheidungen stützen. Wir reden hier über mehr als befriedigende Informationen. Wir müssen das bildliche Gegenstück zu einem Drei-Gang-Menü liefern. Hier werden unsere ausgeklügelten *Wie-* und *Warum*-Bilder zur Empfehlung des Tages: Sie haben viel Inhalt, sie zeigen viel, und – wie wir gerade im Konferenzraum von SAX gesehen haben – sie erfordern viele Erklärungen.

Daran ist nichts verkehrt. Bei unserem metaphorischen Drei-Gang-Menü haben unsere Gäste nicht nur mehr Zeit, sondern sie erwarten auch durchaus, in ausführliche Gespräche verwickelt zu werden, und sind bereit, Zeit und Energie zu investieren, um sicherzustellen, dass sie den größtmöglichen Nutzen aus dem ziehen, was wir ihnen zeigen. *Sie sagen, wir sollten über ein Vordringen in neue internationale Märkte nachdenken? Interessant. Wie kommen Sie darauf? Jetzt in neue Produktentwicklungen investieren? Wie sollte das aussehen? Sie brauchen 9 Millionen Dollar? Zeigen Sie mir warum.*

Bei diesen Gelegenheiten – wenn die Erwartungen unserer Gäste ebenso hoch sind wie ihre Bereitschaft zum Engagement – sollten wir immer die großen Bilder aus dem Ärmel ziehen. Die ausführlichen Karten, die vergleichenden Zeitstrahlen, die quantitativen Wertschöpfungsketten, die visionären Schaubilder. Diese Bilder dienen als Ausgangsplattformen, auf denen Ideen wachsen können, und das ist das ganze Geheimnis der Problemlösung. Wir zeigen kein erkenntnisreiches Bild, weil es tausend Worte erspart; wir zeigen es, weil es genau die tausend Worte auslöst, auf die es ankommt.

KAPITEL 16

Schlussfolgerungen ziehen

Visuelles Denken: Der Problemlösungs-Werkzeugkasten für unterwegs

An jenem Morgen im Zug nach Sheffield habe ich nicht nur die Macht der Servietten kennengelernt, sondern ich habe auch erfahren, dass wir alle einen zuverlässigen Problemlösungs-Werkzeugkasten brauchen, den wir überallhin mitnehmen können; etwas, das wir im Handumdrehen aus der Tasche ziehen können, um ein Problem zu betrachten, seine Gesetzmäßigkeiten zu erkennen, uns Lösungswege vorzustellen und unsere Lösungen dann jemand anderem zu zeigen. Wir brauchen ein universelles Werkzeug visuellen Denkens – und da wir es spontan anwenden wollen, muss es vor allem einprägsam sein.

Drei-vier-fünf-sechs: Das Taschenmesser visuellen Denkens

Eine letzte Visualisierungsübung. Stellen Sie sich vor, Sie sitzen im Flughafenrestaurant und warten auf Ihren Abflug. Sie sehen ein paar Freunde oder Kollegen vorbeigehen und winken sie heran. Als sie sich zu Ihnen setzen, fragen sie Sie, womit Sie sich in letzter Zeit so beschäftigt haben.

»Problemlösung mithilfe von Bildern«, sagen Sie. »Das visuelle Denken verbessern.«

»Wirklich?«, sagen sie. »Um was geht's denn da?«

»Ich zeig's Ihnen«, antworten Sie, nehmen sich eine Serviette und ziehen einen Stift aus der Tasche. Sie skizzieren die Umrisse eines Schweizer Taschenmessers und sagen: »Stellen Sie sich das visuelle Denken wie das Taschenmesser der Problemlösung vor. Es hat verschiedene Klingen, um beinahe jedes Problem visuell zu lösen, aber sie sind nach einem einfachen Muster angeordnet, deshalb kann man sich leicht merken, wofür sie gut sind.«

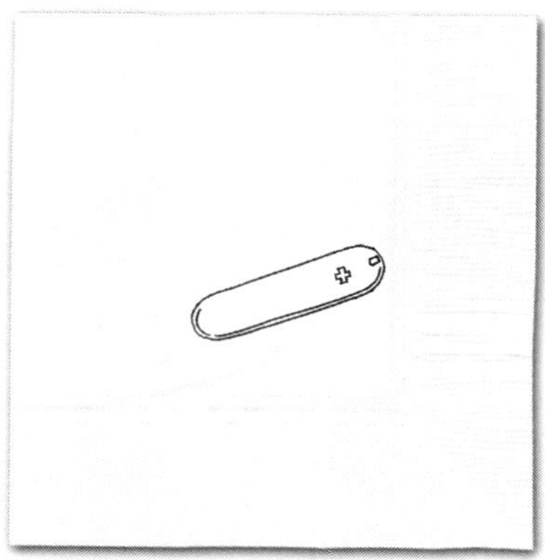

»Als Erstes sind da unsere drei grundlegenden visuellen Werkzeuge: unsere Augen, unsere Vorstellungskraft und unsere Auge-Hand-Koordination.«

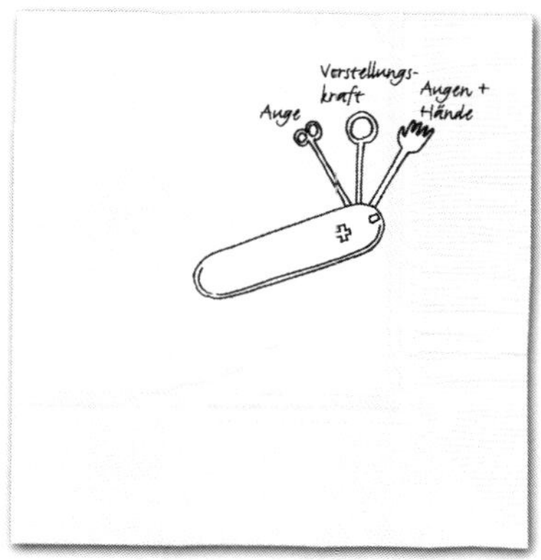

»Danach kommen die vier Schritte des visuellen Denkprozesses. Vier Schritte, die wir schon beherrschen: *sehen, betrachten, vorstellen* und *zeigen*.«

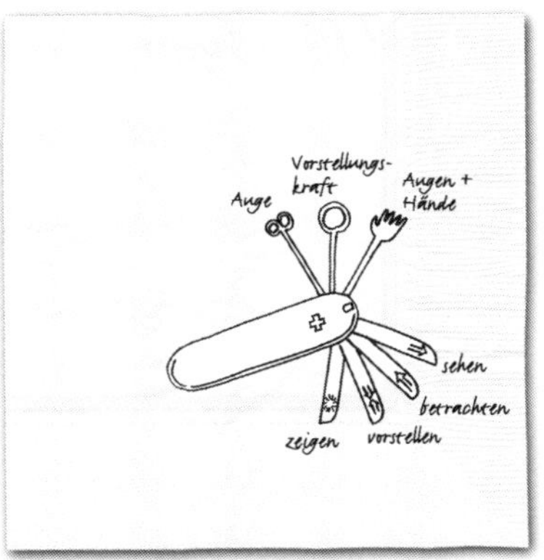

»Als Nächstes haben wir SQVID, die fünf Fragen, die unsere Vorstellungskraft anregen: simpel oder ausführlich, qualitativ oder quantitativ, Vision oder Durchführung, Individuum oder Vergleichsgruppe, Wandel oder Status quo?«

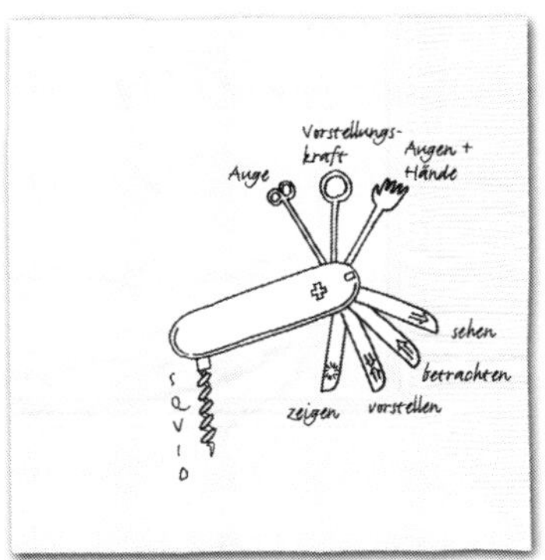

»Zum Schluss kommen die sechs Arten des Betrachtens und die sechs entsprechenden Arten der Vermittlung: *wer/was, wie viel, wo, wann, wie* und *warum*.«

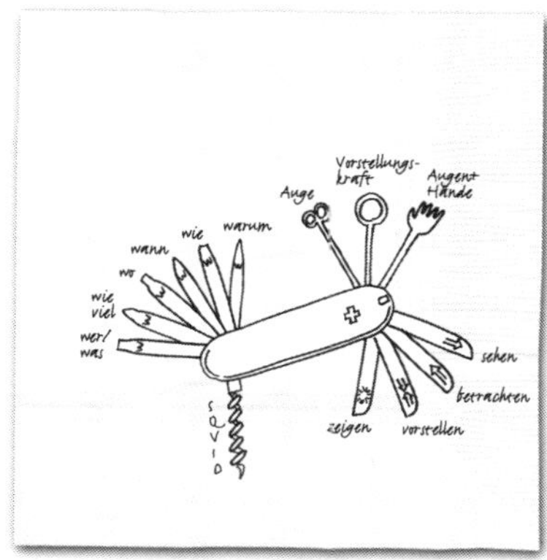

»Das ist mein visueller Problemlösungs-Werkzeugkasten. Mehr muss ich nicht im Gedächtnis behalten, und ich kann ihn für jedes Problem einsetzen, jederzeit und überall.«

»Das ist ja interessant«, sagt Ihr erster Kollege. »Ich hab noch ein bisschen Zeit … können Sie mir noch mehr zeigen?«

»Natürlich«, sagen Sie und greifen nach der nächsten Serviette.

»Das ist wirklich interessant«, sagt der andere Kollege. »Ich würde gern noch ein bisschen darüber nachdenken, aber ich muss los. Macht es Ihnen was aus, wenn ich die Serviette behalte?«

»Aber nicht im Geringsten«, erwidern Sie und reichen sie ihm lächelnd.

In zwei Minuten haben Sie Ihre eigene Idee umrissen, sie anderen gezeigt und weitervermittelt. So funktioniert visuelles Denken, und so kann man mithilfe von Bildern Probleme lösen und Ideen verkaufen.

Danksagung

DANKSAGUNGEN
FAMILIE:
Leute, die das Buch mit mir zusammen geschrieben haben.
Celeste
Sophie
Isabelle
Dad
Mom
Karl
Mike
VERLAGSTEAM:
Leute, die das Buch verwirklicht haben.
Ted Weinstein
Adrian Zackheim
Will Weisser
Branda Maholtz
Mark Fortier
Courtney Nobile
KUNDEN:
Leute, die mir gestattet haben, mit ihnen zusammenzuarbeiten – und dann darüber zu schreiben.
Andy Ruben
Jen Anderson
Jim Kent
Brian Kaufman
Laila Tarraf
Chris Arnold
Anthony Dugnan-Cabrera
Dan
Lisa DePaschalis
Janey Lyod Singer
Secil Watson
Ciaran Doyle
Lori
Harriet Heutges
Joel Creekmore
Franz Aman
MK McCarey
Nancy Dickinson
Susan Lusk
BJ Moore
Kimarie Matthews
Dana Prestigiacomo
Mary Cay Carsello
DK
Gary Braitman
Kari Hovland
Christian Rohrer
Cindy Puma
Dave Gallo
Raj Joshi
Thomas Sowa
Pam Dunn
Megan van Kricken
DANKE!

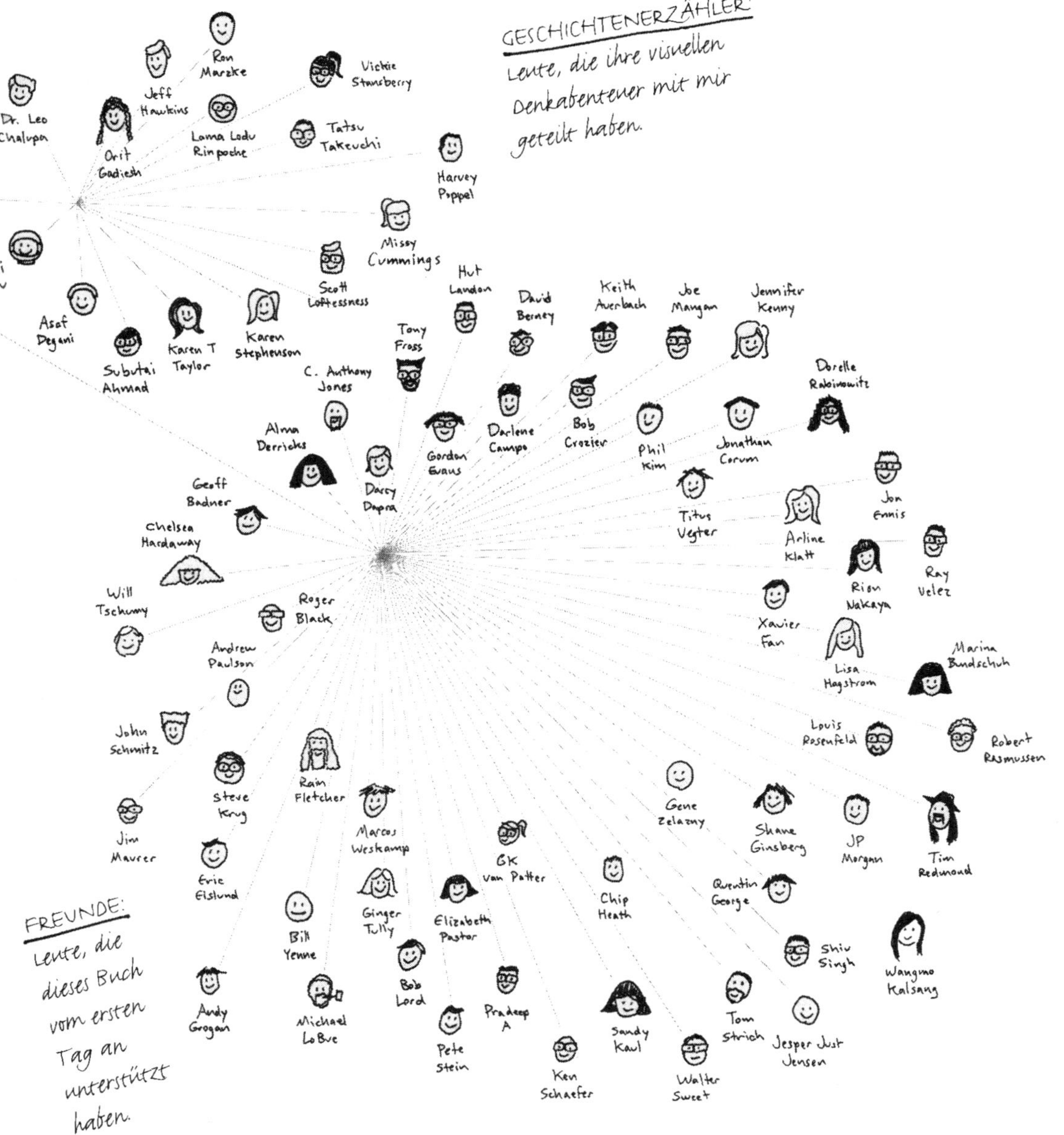
GESCHICHTENERZÄHLER:
Leute, die ihre visuellen Denkabenteuer mit mir geteilt haben.
Dr. Leo Chalupa
Orit Gadiesh
Jeff Hawkins
Ron Marzke
Lama Lodu Rinpoche
Vickie Stansberry
Tatsu Takeuchi
Harvey Poppel
Missy Cummings
Scott Loftessness
exei
onov
Asaf Degani
Subutai Ahmad
Karen T Taylor
Karen Stephenson
Hut Landon
Tony Fross
C. Anthony Jones
David Berney
Keith Auerbach
Joe Mangan
Jennifer Kenny
Dorelle Rabinowitz
Alma Derricks
Gordon Evans
Darlene Campo
Bob Crozier
Phil Kim
Jonathan Corum
Darcy Dapra
Titus Vegter
Jon Ennis
Geoff Badner
Arline Klatt
Ray Velez
Chelsea Hardaway
Rion Nakaya
Will Tschumy
Roger Black
Xavier Fan
Lisa Hagstrom
Marina Bundschuh
Andrew Paulson
John Schmitz
Louis Rosenfeld
Robert Rasmussen
Rain Fletcher
Steve Krug
Gene Zelazny
Shane Ginsberg
JP Morgan
Tim Redmond
Jim Maurer
Marcos Weskamp
GK van Patter
Eric Elslund
Chip Heath
Quentin George
Ginger Tully
Elizabeth Pastor
Bill Yenne
Shiv Singh
Wangmo Kalsang
FREUNDE:
Leute, die dieses Buch vom ersten Tag an unterstützt haben.
Andy Grogan
Michael LoBue
Bob Lord
Pradeep A
Tom Strich
Jesper Just Jensen
Pete Stein
Sandy Kaul
Ken Schaefer
Walter Sweet

ANHANG A

Die Wissenschaft des visuellen Denkens

Russisches Roulette

Dieses Buch ist das, was Wissenschaftler als empirisch bezeichnen. Das bedeutet, ich habe die hierin vorgestellten Gedanken in der realen Welt entdeckt und überprüft, durch berufliche Praxis und Beobachtung, zunächst durch das Ausprobieren visueller Problemlösungsansätze, die sich intuitiv richtig anfühlten, und dann durch die Bestätigung, dass sie bei der Lösung alltäglicher Businessprobleme tatsächlich funktionierten. Wenn ich feststellte, dass ein Ansatz »funktionierte« – indem er entweder qualitativ bessere Ideen und Kommunikation oder quantitativ messbare Verbesserungen der Verkäufe, der Produktivität oder der Effizienz lieferte –, entwickelte ich ihn so lange weiter, bis die Werkzeuge in diesem Buch entstanden waren. Wenn die Ansätze nicht funktionierten, tauchen sie hier auch nicht auf.

Es gab für mich keine Alternative zu dieser grundlegenden Learning-by-doing-Einführung in die visuelle Problemlösung. Anfang 1990 leitete ich eine Agentur für Marketingkommunikation in Russland, in einem Land, dessen Sprache ich nicht einmal sprach. Falls sich das anhört wie ein Widerspruch in sich (wie kann jemand mit Kommunikation arbeiten, wenn er die Sprache nicht beherrscht?): Es war einer, aber es war auch eine einzigartige Situation, die mich zwang, nach neuen, *nonverbalen* Möglichkeiten zur Lösung geschäftlicher Probleme zu suchen.

Das waren arbeitsreiche Jahre, und auch wenn ich schließlich Russisch lernte, fand ich es nützlicher, weiterhin Bilder zu verwenden, um Ideen zu vermitteln, selbst nachdem ich die Sprachbarriere überwunden hatte. Wieder machte ich die Erfahrung, dass Bilder einfach funktionierten. Es kam mir nie in den Sinn, eine wissenschaftliche Erklärung dafür zu suchen, dass manche Bilder auf Anhieb einen komplizierten geschäftlichen Sachverhalt verdeutlichten, während andere die Situation noch verschlimmerten. Ich lernte einfach, meinem »visuellen Gefühl« zu vertrauen. Als ich Ende der neunziger Jahre in die USA zurückkehrte, hatte ich in den effektiveren Bildern genügend immer wiederkehrende visuelle Grundthemen erkannt, um schnell problemlösende Skizzen erstellen zu können (wie die Serviette bei dem englischen Frühstück), die auch andere Leute hilfreich fanden – aber mir war nie klar, *warum* irgendeins dieser Bilder funktionierte.

Erst als ich meinen Ansatz verfeinerte, um Kollegen und Kunden zu helfen, selbst ähnliche Bilder zu zeichnen, kam ich auf die Idee, nach Zusammenhängen zu suchen zwischen dem, was ich intuitiv als nützlich erkannte, und dem, was Neurologen über die Funktionsweise der menschlichen Wahrnehmung zu sagen hatten.

Ich las eine Reihe wissenschaftlicher Abhandlungen über die Wahrnehmung und spürte, wie sich Verbindungen herauskristallisierten, aber mein Biologieunterricht war schon so lange her, dass diese Verbindungen außerhalb meiner Reichweite blieben. Dann erzählte mir ein Kunde von einem Buch namens *Phantoms in the Brain: Probing the Mysteries of the Human Mind* (dt. *Die blinde Frau, die sehen kann,* Anm. d. Übers.) von V. S. Ramachandran. Ich besorgte es mir und las ein Kapitel über das Begreifen der Wahrnehmung. Plötzlich fiel der

Groschen, und es machte deutlich *Klick*, als der neurologische Schlüssel zu visuellem Denken sich im Schloss herumdrehte.

Ramachandran (der Leiter des Zentrums für Gehirnforschung und Wahrnehmung an der University of California in San Diego) stellt in seinem Buch eine faszinierende Geschichte nach der anderen vor, die sich alle mit den inneren Abläufen des Gehirns beschäftigen. Aber was mir sofort ins Auge sprang, war ein Diagramm der Wahrnehmungswege – die Nervenbahnen, denen visuelle Signale folgen, wenn sie sich von den Augen zu unserem visuellen Kortex bewegen. Als Ramachandran sein Buch 1998 schrieb, waren gerade mehrere Entdeckungen gemacht worden, welche diese Bahnen beschrieben und die Rolle, die sie bei der Umwandlung eingehender Signale in die einzelnen für die Verarbeitung im Gehirn notwendigen Bestandteile zu spielen schienen. Das Diagramm zeigte drei dieser Wahrnehmungswege, und was ich dort entdeckte, war verblüffend: ihre Bezeichnungen deckten sich mit drei der 6 W.

Ich hatte schon lange vorher herausgefunden, dass man durch die visuelle Aufschlüsselung eines Problems in die 6 W (*wer/was, wie viel, wo, wann, wie* und *warum*) und durch das Entwerfen eines einzelnen Bildes für jedes davon nahezu jedes Problem visuell verdeutlichen kann, aber als ich die Namen für diese vor kurzem entdeckten Nervenbahnen las, konnte ich es kaum glauben. Der Verlauf dieser Bahnen war schon an sich interessant, aber was mir wirklich den Atem raubte, waren ihre wunderbar unwissenschaftlichen Namen: die *Was*-Nervenbahn, die *Wo*-Nervenbahn und die *Wie*-Nervenbahn. Das waren dieselben »Arten des Betrachtens«, auf die ich mich immer bezogen hatte, aber jetzt waren es keine abstrakten Ideen mehr, die in der visuellen Welt gesucht werden mussten, sondern es waren physische Nervenbahnen, die direkt in bestimmte Bereiche des Gehirns führten.

»Moment mal«, sagte ich mir. »So einfach kann das doch nicht sein. Es kann nicht sein, dass wir physikalisch entsprechend den 6 W sehen – *wer, was, wann, wo* und so weiter. Das wäre zu simpel. Das sind doch nur vereinfachende journalistische Bezeichnungen, die wir erfunden haben, um diese komplizierte Geschichte zu verstehen und vermitteln zu können, oder?«

Irrtum. Mittlerweile war ich fasziniert genug, um alles zu lesen, was ich über die Wahrnehmung und das Sehen finden konnte, und ich entdeckte zweierlei: Erstens gibt es hinreichende wissenschaftliche Beweise für die Richtigkeit eines Modells des visuellen Denkens, welches besagt, dass die 6 W die »ideale« Methode sind, die Welt zu betrachten, weil sie im wahrsten Sinne des Wortes den Arten unserer Wahrnehmung entsprechen. Zweitens, wie alles in der Wissenschaft ist das nicht *vollständig* richtig.

Wie wir sehen, Teil 1: Die Wege der Wahrnehmung

Zu Beginn von Kapitel 4 beschrieb ich das Sehen als Sammeln visueller Informationen durch unsere Augen. Wir sprachen darüber, wie Licht in unsere Augen dringt und in elektrische Impulse umgewandelt wird, die an unseren Sehnerven entlang in verschiedene Bereiche unseres Gehirns weitergeleitet werden, wo sie irgendwie in die Bilder umgewandelt werden, die wir im Kopf sehen. Das ist eine präzise und nützliche Zusammenfassung der Grundlagen unseres Wahrnehmungssystems, aber es berührt kaum die Oberfläche. Die Wahrnehmung ist ein Mysterium, ein Prozess, der immer bemerkenswerter wird, je mehr die Neurologen darüber herausfinden, und doch bleibt sie bis zum heutigen Tage im Großen und Ganzen ein Geheimnis.

Was wir wissen, ist Folgendes: In jeder Sekunde, die unsere Augen geöffnet sind, werden Millionen visueller Signale in Form von Photonen aufgenommen, durch die Retina umgehend in elektrische Impulse umgewandelt und dann an den Millionen Sehnervenbahnen entlang in das Gehirn transportiert. Nachdem die Signale des linken und des rechten Auges sich an der Sehnervenkreuzung überkreuzt haben, werden rund 10 Prozent der Signale entlang einer dreihundert Millionen Jahre alten Nervenbahn in die Colliculi superiores am oberen Ende des Hirnstamms befördert.

Die alte Nervenbahn

Der Hirnstamm ist auch als Reptilienhirn bekannt und hat seinen Namen deshalb, weil er der alte Kernbereich unseres Gehirns ist, den wir mit Reptilien gemeinsam haben; es ist derjenige Teil des Hirns, der für unsere grundlegenden »Angriff-oder-Flucht«-Überlebenstechniken zuständig ist. Die relativ geringe Anzahl von visuellen Signalen, die hier in den Colliculi superiores festgehalten werden, wird zur schnellen Ausgangsverarbeitung in das Pulvinar und dann zur Endverarbeitung in die Parietallappen weitergeleitet. Diese Aneinanderreihung von Stationen wird als der alte Pfad oder als ursprüngliche *Wo*-Nervenbahn bezeichnet, weil die hier verarbeiteten Signale uns lediglich eins mitteilen: *wo* etwas ist.

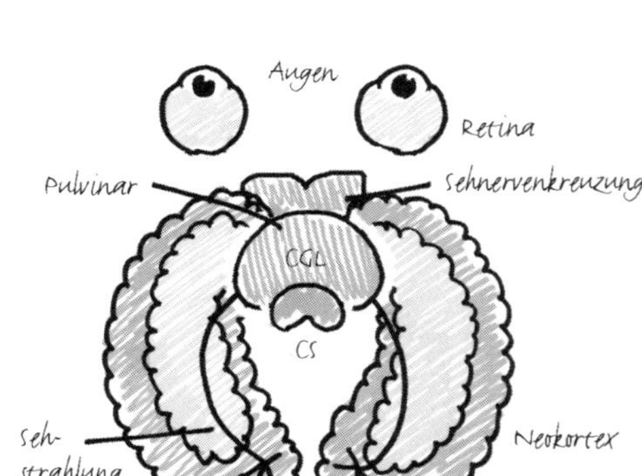

Unser Wahrnehmungssystem umfasst unsere Augen sowie mehrere Bereiche unseres Gehirns. Die älteren Colliculi superiores (CS) sitzen oben am Hirnstamm; der jüngere Corpus geniculatum laterale (CGL) befindet sich auf dem Neokortex.

Erinnern Sie sich daran, wie wir in die Bowlingbahn kamen und unser Verstand sofort den »Raum auslas«, indem er die Koordinaten, die Orientierung und unsere eigene Position sowie die der uns umgebenden Objekte bestimmte? Das ist die Aufgabe dieser alten *Wo*-Nervenbahn. Sie liefert keinerlei Information darüber, *was* wir sehen, sie identifiziert nicht einmal irgendetwas namentlich – das Einzige, was uns diese *Wo*-Nervenbahn mitteilt, ist, ob wir aufrecht stehen oder nicht und ob etwas auf uns zukommt. Es spielt auch gar keine Rolle, was dieses Etwas ist. Wenn es näherkommt, handeln wir, so einfach ist das.

Kein Wunder, dass Reptilien nicht allzu clever sind. Das einzige Wahrnehmungssystem, das sie haben, beschränkt sich auf *Wo*-Informationen; sie besitzen nicht die Fähigkeit, die von ihnen wahrgenommenen Dinge visuell wiederzuerkennen und zu »benennen«. Probieren Sie mal folgendes aus: Werfen Sie einem (menschlichen) Freund einen Softball an den Kopf. Die ersten paar Male wird er sich ducken, doch wenn er erst mal gemerkt hat, dass es nicht wehtut, hat er kein Problem damit stillzuhalten, während der Ball ihn trifft. Jetzt probieren Sie dasselbe mit einem Alligator. Obwohl der Alligator dreihundert Millionen Jahre länger auf diesem Planeten lebt als der Mensch, wird er niemals herausfinden, dass er einem Softball nicht auszuweichen braucht. Er zuckt zurück, wie oft Sie ihn auch mit dem Softball bewerfen. Genau genommen wird er versuchen, Sie zu fressen, egal mit was Sie ihn bewerfen.

Die unterschiedlichen Reaktionen auf Softbälle haben zum Teil damit zu tun, was mit den restlichen 90 Prozent der visuellen Signale geschieht, die das menschliche Auge aufnimmt.

Die neuen Nervenbahnen

Die restlichen 90 Prozent der visuellen Signale wandern an einem neueren Pfad entlang dem Corpus geniculatum laterale (CGL), unserer zentralen »visuellen Prüfstelle«, die sich vorne am rechten und linken Lappen des Neokortex befindet, der klumpigen Oberseite des Gehirns. Der Neokortex ist der neueste Teil des menschlichen Gehirns, tauchte bei Säugetieren erstmals vor zehn Millionen Jahren auf und hat sich beim Menschen während der letzten paar Millionen Jahre rapide weiterentwickelt. Der Neokortex ist zuständig für bewusstes Denken, analytische Entscheidungsfindung, Benennen, Verarbeitung auf hohem Niveau – so ziemlich für alles außer grundlegendem Überleben (für das der Hirnstamm verantwortlich ist) und Gefühlen (die vom limbischen System bestimmt werden, der Schicht zwischen dem Reptilienhirn und dem Neokortex).

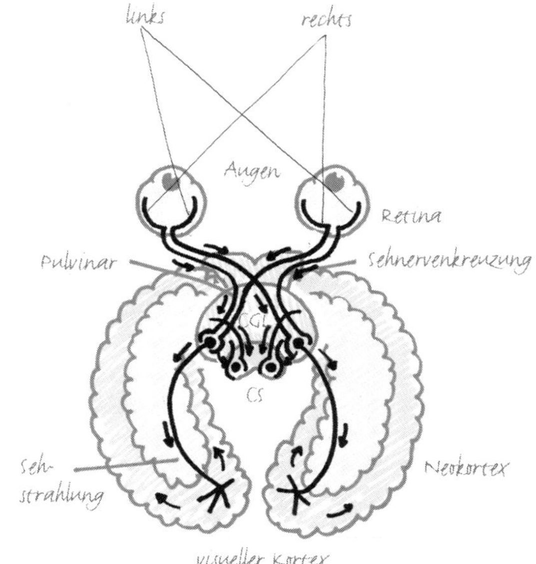

90 Prozent der eingehenden visuellen Daten wandern von unseren Augen über den CGL zum visuellen Kortex, 10 Prozent nehmen über die CS einen anderen Weg (eine Tatsache mit interessanten Folgen).

Nach einer ersten Kategorisierung im CGL werden die visuellen Signale durch unsere Sehstrahlungskanäle in den primären visuellen Kortex weitergeleitet, der sich im hinteren Bereich des Gehirns befindet. Dort durchlaufen die Impulse einen gründlicheren Abgleich und werden auf zwei weitere Pfade aufgeteilt: die *Was*-Nervenbahn zu den Temporallappen, in denen Objekte wiedererkannt und identifiziert werden, und die neue *Wo*-Nervenbahn in die Parietallappen, wo ausführlichere Informationen zur Position und Orientierung von Objekten verarbeitet werden.

Interessanterweise hat sich diese neuere *Wo*-Nervenbahn als visueller Leitfaden für unser motorisches System erwiesen, der dafür sorgt, dass wir uns selbst positionieren, die Position von Objekten im Verhältnis zu uns selbst erkennen und nach ihnen greifen. Aufgrund dieser doppelten Funktion – uns mitzuteilen, wo sich Objekte befinden, und uns zu lenken, wenn wir räumlich mit ihnen interagieren – wird dieser zweite Pfad auch als *Wie*-Nervenbahn bezeichnet.

Von der *Was*- und von der *Wo-/Wie*-Nervenbahn aus werden die visuellen Signale dann in irgendeine der dreißig Regionen des visuellen Kortex weitergeleitet, wo die wirklich ausführliche Verarbeitung stattfindet. Und von da aus … nun, von da aus können wir nur noch raten. Bis jetzt weiß niemand mit Sicherheit, was als Nächstes geschieht. Aber aus der Perspektive visuellen Denkens – und das ist es, was mich fasziniert – wissen wir, dass unser Wahrnehmungssystem beim Betrachten einer Szene die Dinge sofort in *Wo*- und *Was*-Informationsströme unterscheidet, die anfänglich jeweils unabhängig voneinander verarbeitet werden. Später dann, wenn die Signale in die höheren Verarbeitungszentren des Gehirns gelangt sind, können wir das *Wie viel,* das *Wann,* das *Wie* und schließlich das *Warum* verarbeiten.

Der Punkt ist: Es scheint, als könnte es einen überzeugenden neurologischen Grund dafür geben, warum das visuelle Aufgliedern eines Problems in separate *Wer-/Was-, Wie-viel-, Wo-* und *Wann*-Komponenten eine nützliche Methode darstellt, uns selbst und anderen bei der Bestimmung des *Wie* und *Warum* zu helfen. Das könnte daran liegen, dass dies einfach eine der grundlegenden Funktionsweisen unseres Gehirns ist.

Wie wir sehen, Teil II: Rechte Gehirnhälfte versus linke Gehirnhälfte

Als ich in Kapitel 6 SQVID einführte, wies ich darauf hin, dass wir mit den fünf Fragen »beide Seiten« unseres Gehirns zur Aktivität zwingen. Inzwischen sind die meisten Menschen vertraut mit dem Konzept, dass die beiden Hemisphären unseres Gehirns Informationen unterschiedlich verarbeiten: Die linke Hemisphäre ist *analytisch* und setzt kleine Datenmengen zu linearen, rationalen Gedanken zusammen. Diese linke Seite enthält sowohl die Gehirnzentren für geschriebene und gesprochene Sprache als auch für die meisten mathematischen Vorgänge. Die rechte Hemisphäre dagegen ist *synthetisch*, sie vearbeitet große und weniger fest umrissene Informationsblöcke anhand von Bildern, Mustern und räumlicher Orientierung. Diese rechte Hälfte hat eine stärkere Tendenz, mit Komplexität und Mehrdeutigkeit umzugehen, und scheint der Sitz des Kreativitätszentrums zu sein.

Diese Unterscheidung wurde erstmals in den frühen siebziger Jahren durch die Forschungen des Psychobiologen Roger W. Sperry und die Split-Brain-Operationen des Neurochirurgen Joseph Bogen vorgenommen. In das Allgemeinwissen hielten sie hauptsächlich durch die Arbeit zweier Frauen Einzug, einer Autorin und einer Künstlerin. Unter Verwendung von Joseph Bogens Forschungen schrieb Dr. Gabriele Rico das bedeutende Buch *Writing the Natural Way* (dt. *Garantiert schreiben lernen,* d. Übers.), in dem sie schilderte, wie man die kreativen Tendenzen der rechten Gehirnhälfte nutzt, um die Schreibfähigkeiten der linken Hälfte zu unterstützen. In der Zwischenzeit schrieb Dr. Betty Edwards den Klassiker *Drawing on the Right Side of the Brain* (dt. *Garantiert zeichnen lernen,* d. Übers.), der einen ähnlichen Weg einschlug und davon ausging, dass der Vorgang des Zeichnens für eher analytisch orientierte Menschen eine sinnvolle Methode sei, ihre kreativen Fähigkeiten zu entwickeln.

Beide Bücher gerieten schnell in den Blickpunkt der Öffentlichkeit, und bald wurde die Linke-Gehirnhälfte-/Rechte-Gehirnhälfte-Analogie auf alles Mögliche angewendet, von künstlerischem Verständnis bis zu den Schwankungen der Börse. Bis heute bietet die Unterscheidung ein eindrucksvolles Modell für die Unterteilung der Problemlösung in zwei Hauptgruppen: Geschäftsleute, die die Welt aus einer rationalen, quantitativen Perspektive betrachten, und Kreative, die die Welt auf emotionale, qualitative Weise sehen.

Am meisten fasziniert mich daran, dass der Wahrnehmungsprozess gleichermaßen in beiden Hälften des Gehirns stattzufinden scheint, was möglicherweise darauf hindeutet, dass visuelles Denken, wie ich es hier beschreibe (aktives Hinsehen, Betrachten der 6 W, Verwendung von SQVID, Nutzen des <6><6>-Modells und so weiter) sowohl unsere analytischen als auch unsere kreativen Fähigkeiten auf eine Weise aktiviert, wie es weder Sprechen und Schreiben noch Zeichnen und Kritzeln allein fertigbringen.

Wie wir sehen, Teil III: Dinge, die wir nicht wissen

Von Rechts wegen müsste dies der längste Abschnitt dieses Anhangs sein. Die Lektüre von Büchern über das Wahrnehmungssystem und Gespräche mit Professoren der Neurologie führen immer zum selben Ergebnis: Wir haben gerade erst angefangen, ein bisschen an der Oberfläche dessen zu kratzen, wie Wahrnehmung funktioniert. Abgesehen davon wächst unser Wissen exponentiell, während Neurowissenschaftler, Mediziner, Kognitionspsychologen, Forscher für Maschinelles Sehen, Ingenieure für Künstliche Intelligenz und Spezialisten auf zahllosen anderen Gebieten der Wahrnehmung ständig weiter forschen.

In gewisser Weise wissen wir, ob wir wirklich begreifen, wie wir sehen, wenn es uns gelingt, Maschinen zu konstruieren, die so sehen wie wir. Überall in Labors, Forschungszentren, Universitäten, Firmenparks und Garagen arbeiten die klügsten Köpfe der Welt derzeit an solchen Maschinen. Ich vermute, in ein paar Jahren wird es Computer geben, die eine Szene sehen und unmittelbar das *Wer, Was, Wie viel, Wo* und *Wann* erkennen können, um daraus ihre eigenen Schlüsse über das *Wie* und *Warum* der Welt, wie sie sie »sehen«, zu ziehen. Wenn es so weit ist, vermute ich außerdem, dass ihre Zeichnungen eine große Ähnlichkeit mit Serviettenskizzen haben werden.

ANHANG B

Hilfsmittel für das visuelle Denken

Software

Ich habe in diesem Buch immer wieder die problemlösende Kraft eines Stiftes in der Hand betont. Notizbücher, Servietten und Whiteboards sollten die Hilfsmittel der Wahl sein für alle, die ihre angeborenen Fähigkeiten des visuellen Denkens verbessern wollen. Abgesehen davon sorgen ihre unschlagbaren Verarbeitungs-, Speicher-, Bearbeitungs- und Kommunikationsfähigkeiten dafür, dass die meisten von uns heutzutage fast ausschließlich mit Computern arbeiten.

Bis also die Grafiktablett-PCs sowohl in puncto Hardware als auch in Bezug auf Software genügend weit entwickelt sind, um spontanes Zeichnen direkt am Bildschirm, mühelose Bildveränderung und -bearbeitung sowie sofortiges Weitervermitteln an Dritte zu ermöglichen, lautet mein Rat an alle reisenden visuellen Denker, sich entweder eine Digitalkamera der Mittelklasse zu kaufen (egal von welchem Hersteller) oder sogar einen transportablen Flachbettscanner (gute Modelle gibt es von einer Handvoll Firmen, darunter Canon, HP und andere). Mit einem dieser Hilfsmittel in Ihrem Reisegepäck können Sie nahezu überall auf alles zeichnen, es sofort digital aufzeichnen und Ihre Bilder – selbst unter Verwendung der einfachsten Bildbearbeitungssoftware – innerhalb weniger Minuten bereinigen, verändern, mit Anmerkungen versehen, speichern, drucken, per Mail versenden und präsentieren.

Ich wünschte, ich könnte auch drucksensitive digitale Grafiktabletts als sinnvolles Werkzeug visuellen Denkens empfehlen, aber ich habe etliche davon benutzt und finde, dass sie mehr Probleme bereiten, als wenn man einfach einen Scanner mit sich herumträgt. Wenn Sie nicht gerade ausgefeilte künstlerische Zeichnungen erstellen wollen, haben sie keinerlei Vorzüge gegenüber Papier und Stift, dafür allerdings viele Nachteile.

Für diejenigen, welche die in diesem Buch beschriebenen Bilder nur mit Software erstellen dürfen (und es gibt häufig überzeugende Gründe dafür, besonders wenn es um quantitative, datenintensive oder vielschichtige Bilder geht), schlage ich die folgenden vor (immer jeweils von der niedrigsten Lernstufe über den durchschnittlichen Geschäftsmann bis hin zur höchsten Ebene):

1. **Porträts:** Microsoft PowerPoint, Apple Keynote, Adobe Illustrator
2. **Diagramme:** Microsoft Excel, Microsoft PowerPoint, Apple Keynote, Adobe Illustrator
3. **Karten:** Mindjet, Microsoft PowerPoint, Apple Keynote, Microsoft Visio, Adobe Illustrator
4. **Zeitstrahlen:** Microsoft PowerPoint, Microsoft Project, Graphus
5. **Ablaufdiagramme:** Mindjet, Microsoft Visio
6. **Multivariable Schaubilder:** Microsoft PowerPoint, Apple Keynote, Adobe Illustrator

Bücher

Die folgende Bücherliste dient sowohl als Bibliografie wie auch als Quelle für diejenigen, die im Buchladen oder in der Bibliothek gern ihr Wissen über visuelles Denken vertiefen wollen. All diese Titel fand ich besonders faszinierend und erkenntnisreich, während ich an diesem Buch arbeitete.

Kreative Problemlösung

Buzan, Tony: *The Mind Map Book: How to Use Radiant Thinking to Maximize Your Brain's Untapped Potential.* New York 1996.

Degani, Asaf: *Taming HAL: Designing Interfaces Beyond 2001.* New York 2004.

Gelb, Michael J.: *How to Think Like Leonardo da Vinci; Seven Steps to Genius Every Day.* New York 1998.

Grandin, Temple: *Thinking in Pictures: My Life with Autism.* New York 2006.

Kelley, Tom: *The Art of Innovation.* New York 2000.

Root-Bernstein, Robert und Michele: *Sparks of Genius: The 13 Thinking Tools of the World's Most Creative People.* New York 1999.

Sawyer, R. Keith: *Explaining Creativity: The Science of Human Innovation.* Oxford 2006.

Stafford, Tom und Matt Webb: *Mind Hacks: Tips & Tools for Using Your Brain.* Sebastopol 2005.

Thorpe, Scott: *How to Think Like Einstein: Simple Ways to Break the Rules and Discover Your Hidden Genius.* Naperville 2000.

Von Oech, Roger: *A Whack on the Side of the Head.* New York 1983.

Neurobiologie und die Wissenschaft der Wahrnehmung

Chalupa, Leo M. und John S. Werner: *The Visual Neurosciences.* Cambridge 2004.

Hawkins, Jeff mit Sandra Blakeslee: *On Intelligence.* New York 2004.

Palmer, Stephen E.: *Vision Science: Photons to Phenomenology.* Cambridge 1999.

Ramachandran, V. S. und Sandra Blakeslee: *Phantoms in the Brain: Probing the Mysteries of the Human Mind.* New York 1999.

Wahrnehmungsübungen und Erkenntnisse für Nicht-Künstler (und natürlich auch für Künstler!)

Arnheim, Rudolf: *Visual Thinking.* Berkeley 1969.

DiSpezio, Michael A.: *Visual Thinking Puzzles.* New York 1998.

Edwards, Betty: *The New Drawing on the Right Side of the Brain.* New York 1979.

Few, Stephen: *Show Me the Numbers: Designing Tables and Graphs to Enlighten.* Oakland 2004.

Tufte, Edward R.: *The Visual Display of Quantitative Information.* Cheshire 1983.

Wainer, Howard: *Graphic Discovery: A Trout in the Milk and Other Visual Adventures.* Princeton 2004.

Zelazny, Gene: *Say It with Charts: The Executive's Guide to Visual Communication.* New York 2001.

Sonstige Anmerkungen zu den Quellen

Die Geschichte über Orit Gadiesh und den Ursprung des Bain-Logos wurde angeregt durch den Artikel »Orit Gadiesh, Consulting in the Right Direction«, *The Economist,* 20. Oktober 2005.

Die Geschichte über Herb Kelleher, Rollin King und die Southwest-Airlines-Serviette wurde angeregt durch Informationen auf der Southwest-Homepage unter http://www.southwest.com/programs_services/adopt/about_southwest.html.

Das Denkseminar in Buchform

Das *Auf der Serviette erklärt- Arbeitsbuch* unterstützt den Leser dabei, die Arbeitsprinzipien des Autors aus *Auf der Serviette erklärt* Schritt für Schritt in der Praxis umzusetzen. Detaillierte Fallstudien und viel Raum für Zeichnungen laden den Leser zu zahlreichen und spannenden Übungen ein.
All diejenigen, die Strichmännchen, Kreise, Vierecke und Pfeile zeichnen können, können die Methode des visuellen Denkens für ihr Zwecke einsetzen. Das Buch ist so strukturiert, dass sich die eigenen Fähigkeiten Schritt für Schritt in kürzester Zeit steigern lassen!

432 Seiten
Softcover
19,99 € (D) | 20,60 € (A)
ISBN 978-3-86881-763-8